高等职业院校精品教材系列

省级精品课
配套教材

CAD/CAM 技术与应用

史翠兰　主　编

王新江　副主编

电子工业出版社

Publishing House of Electronics Industry

北京·BEIJING

内 容 简 介

本书按照最新的职业教育教学改革要求，在作者多年的校企合作与教学改革经验基础上，以 Pro/E 野火版软件为平台，介绍了 CAD/CAM 技术的应用。本书注重职业技能的培养，以真空泵产品和一些典型零件为实例，采用图文并茂和表格的形式，达到一目了然、简单明了的效果，使读者在实例练习中较快地掌握命令的应用。本书主要内容有零件的实体造型、曲面造型、装配模型的建立、模具设计、工程图的创建及数控加工 Pro/NC 等方面的知识。本书配有"职业导航"、"教学导航"、"知识分布网络"、"知识梳理与总结"，便于读者高效率地学习知识和操作技能。

本书为高等职业本专科院校计算机辅助设计与制造、数控技术应用、数控设备应用与维护、模具设计与制造、机械设计与制造、玩具设计与制造、机电一体化等专业的教材，也可作为开放大学、成人教育、自学考试、中职学校、培训班等的教材，以及工程技术人员的参考书。

本书配有免费的电子多媒体课件、习题参考答案及**精品课链接网址**等，详见前言。

未经许可，不得以任何方式复制或抄袭本书之部分或全部内容。

版权所有，侵权必究。

图书在版编目（CIP）数据

CAD/CAM 技术与应用/史翠兰主编. —北京：电子工业出版社，2009.8（2025.1重印）
高等职业院校精品教材系列
ISBN 978-7-121-09365-4

Ⅰ. C… Ⅱ. 史… Ⅲ. ① 计算机辅助设计—高等学校：技术学校—教材② 计算机辅助制造—高等学校：技术学校—教材 Ⅳ. TP391.7

中国版本图书馆 CIP 数据核字（2009）第 132923 号

策划编辑：陈健德（E-mail:chenjd@phei.com.cn）
责任编辑：张 帆
印　　刷：涿州市般润文化传播有限公司
装　　订：涿州市般润文化传播有限公司
出版发行：电子工业出版社
　　　　　北京市海淀区万寿路 173 信箱　邮编　100036
开　　本：787×1 092　1/16　印张：19　字数：486.4 千字
版　　次：2009 年 8 月第 1 版
印　　次：2025 年 1 月第 12 次印刷
定　　价：55.00 元

凡所购买电子工业出版社图书有缺损问题，请向购买书店调换。若书店售缺，请与本社发行部联系，联系及邮购电话：（010）88254888，88258888。

质量投诉请发邮件至 zlts@phei.com.cn，盗版侵权举报请发邮件至 dbqq@phei.com.cn。

本书咨询联系方式：chenjd@phei.com.cn。

职业教育 继往开来（序）

自我国经济在新的世纪快速发展以来，各行各业都取得了前所未有的进步。随着我国工业生产规模的扩大和经济发展水平的提高，教育行业受到了各方面的重视。尤其对高等职业教育来说，近几年在教育部和财政部实施的国家示范性院校建设政策鼓舞下，高职院校以服务为宗旨、以就业为导向，开展工学结合与校企合作，进行了较大范围的专业建设和课程改革，涌现出一批示范专业和精品课程。高职教育在为区域经济建设服务的前提下，逐步加大校内生产性实训比例，引入企业参与教学过程和质量评价。在这种开放式人才培养模式下，教学以育人为目标，以掌握知识和技能为根本，克服了以学科体系进行教学的缺点和不足，为学生的顶岗实习和顺利就业创造了条件。

中国电子教育学会立足于电子行业企事业单位，为行业教育事业的改革和发展，为实施"科教兴国"战略做了许多工作。电子工业出版社作为职业教育教材出版大社，具有优秀的编辑人才队伍和丰富的职业教育教材出版经验，有义务和能力与广大的高职院校密切合作，参与创新职业教育的新方法，出版反映最新教学改革成果的新教材。中国电子教育学会经常与电子工业出版社开展交流与合作，在职业教育新的教学模式下，将共同为培养符合当今社会需要的、合格的职业技能人才而提供优质服务。

近期由电子工业出版社组织策划和编辑出版的"全国高职高专院校规划教材·精品与示范系列"，具有以下几个突出特点，特向全国的职业教育院校进行推荐。

（1）本系列教材的课程研究专家和作者主要来自于教育部和各省市评审通过的多所示范院校。他们对教育部倡导的职业教育教学改革精神理解得透彻准确，并且具有多年的职业教育教学经验及工学结合、校企合作经验，能够准确地对职业教育相关专业的知识点和技能点进行横向与纵向设计，能够把握创新型教材的出版方向。

（2）本系列教材的编写以多所示范院校的课程改革成果为基础，体现重点突出、实用为主、够用为度的原则，采用项目驱动的教学方式。学习任务主要以本行业工作岗位群中的典型实例提炼后进行设置，项目实例较多，应用范围较广，图片数量较大，还引入了一些经验性的公式、表格等，文字叙述浅显易懂。增强了教学过程的互动性与趣味性，对全国许多职业教育院校具有较大的适用性，同时对企业技术人员具有可参考性。

（3）根据职业教育的特点，本系列教材在全国独创性地提出"职业导航、教学导航、知识分布网络、知识梳理与总结"及"封面重点知识"等内容，有利于老师选择合适的教材并有重点地开展教学过程，也有利于学生了解该教材相关的职业特点和对教材内容进行高效率的学习与总结。

（4）根据每门课程的内容特点，为方便教学过程对教材配备相应的电子教学课件、习题答案与指导、教学素材资源、程序源代码、教学网站支持等立体化教学资源。

职业教育要不断进行改革，创新型教材建设是一项长期而艰巨的任务。为了使职业教育能够更好地为区域经济和企业服务，我们殷切希望高职高专院校的各位职教专家和老师提出建议，共同努力，为我国的职业教育发展尽自己的责任与义务！

中国电子教育学会

全国高职高专院校机械类专业课程研究专家组

主任委员：

    李　辉　　石家庄铁路职业技术学院机电工程系副主任

副主任委员：

    孙燕华　　无锡职业技术学院机械技术学院院长

    滕宏春　　南京工业职业技术学院、省级精密制造研发中心主任

常务委员（排名不分先后）：

    柴增田　　承德石油高等专科学校机械工程系主任

    钟振龙　　湖南铁道职业技术学院机电工程系主任

    彭晓兰　　九江职业技术学院副院长

    李望云　　武汉职业技术学院机电工程学院院长

    杨翠明　　湖南机电职业技术学院副院长

    周玉蓉　　重庆工业职业技术学院机械工程学院院长

    武友德　　四川工程职业技术学院机电工程系主任

    任建伟　　江苏信息职业技术学院副院长

    许朝山　　常州机电职业技术学院机械系主任

    王德发　　辽宁机电职业技术学院汽车学院院长

    陈少艾　　武汉船舶职业技术学院机械工程系主任

    窦　凯　　番禺职业技术学院机械与电子系主任

    杜兰萍　　安徽职业技术学院机械工程系主任

    林若森　　柳州职业技术学院副院长

    李荣兵　　徐州工业职业技术学院机电工程系主任

    丁学恭　　杭州职业技术学院机电工程系主任

    郭和伟　　湖北职业技术学院机电工程系主任

    宋文学　　西安航空技术高等专科学校机械工程系主任

    皮智谋　　湖南工业职业技术学院机械工程系主任

    刘茂福　　湖南机电职业技术学院机械工程系主任

    赵　波　　辽宁省交通高等专科学校机械电子工程系主任

    孙自力　　渤海船舶职业学院机电工程系主任

    张群生　　广西机电职业技术学院高等职业教育研究室主任

秘书长：

    陈健德　　电子工业出版社职业教育分社首席策划

如果您有专业与课程改革或教材编写方面的新想法，请与我们及时联系。

电话：010-88254585，电子邮箱：chenjd@phei.com.cn

前　言

　　CAD/CAM 技术是先进制造技术的重要组成部分，它的发展和应用使传统的产品设计、制造内容和工作方式等都发生了根本性的变化，是提高产品与工程设计水平、降低消耗、缩短产品开发与工程建设周期，大幅度提高劳动生产率的重要手段，在我国机械、电子、自动化等许多领域得到了广泛应用。掌握 CAD/CAM 软件已经成为必备的职业技能，许多高职高专院校都开设了"CAD/CAM 技术与应用"课程，并作为必修的专业课。

　　Pro/E 是美国 PTC 公司于 20 世纪 80 年代首家推出的以参数化为基础的 CAD/CAM 集成软件，是世界最著名的 CAD/CAM 软件之一，在我国应用非常广泛。它具有零件设计、产品装配、模具开发、二维工程图制作、NC 加工、板金件设计、结构分析、机构仿真、产品数据库管理等功能。本教材以 Pro/E 野火版软件为平台，综合论述应用该软件进行产品设计与制造的方法与步骤，使读者在掌握该软件的同时，能够快速掌握 CAD/CAM 技术在制造业的应用。

　　全书共分为 10 章，各章主要内容如下：

　　第 1 章介绍 CAD/CAM 定义及有关基本概念、基本功能等。

　　第 2 章介绍 Pro/E 软件特点，文件操作和管理。

　　第 3 章介绍草图绘制方法及步骤，包括图元绘制、尺寸标注、建立约束等。

　　第 4 章介绍各种实体特征创建和编辑方法，包括基础特征、工程特征和基准特征的创建方法、复制和阵列等特征操作。

　　第 5 章介绍两种高级建模方法，即变截面扫描特征、螺旋扫描特征的创建。

　　第 6 章介绍基本曲面的创建方法和曲面编辑的一般方法和技巧。

　　第 7 章介绍零部件装配的操作步骤，各种约束的含义及应用，分解图的生成方法，在装配模块中创建零件和形成模型结构特征的基本方法。

　　第 8 章介绍各种工程视图的创建方法，尺寸标注，尺寸公差及形位公差标注，各种注释的创建。

　　第 9 章以吊环为实例，介绍了模具型腔设计的基本方法和步骤。并以曲轴、输液器管接头为实例，进一步介绍模具设计的基本技术与技巧，尤其是分型面的创建。

　　第 10 章介绍 Pro/NC 的加工过程，制造模型概念，几种常用加工方法及操作，Pro/NC 后处理等内容。

　　本书编写特点是：

　　（1）采用图文并茂和表格的形式，达到简单明了、一目了然的效果。

　　（2）以项目带教学。本书选用工业中具有典型结构的真空泵产品为主要实例，并将其贯穿于教材各有关章节。使教材具有连续性、完整性，知识脉络清晰，有利于学生对知识的理解、掌握和应用。

（3）知识覆盖面较广。全书包含零件实体造型、曲面造型、装配造型、模具设计、工程图创建、数控加工等内容。

（4）通俗易懂，操作步骤叙述详尽，讲解由浅入深，循序渐进，既有基础知识又有高级应用。

（5）教材配有"职业导航"，使读者能清楚地了解本教材与职业岗位的关系；在各章正文前配有"教学导航"，为本章内容的教与学过程提供指导；正文中的"知识分布网络"，使教师和学员对本节内容了然于心，有利于实现教学目标和掌握内容重点；每章结尾配有"知识梳理与总结"，以便于读者高效率地学习、提炼与归纳。

参加本书编写的有：江西现代职业技术学院的林绢华（第1、6章），辽宁机电职业技术学院的史翠兰（第2、3、4、8章）及王新江（第5、7、9章），四川职业技术学院的杨丁（第10章），史翠兰任主编，王新江任副主编。本书在编写过程中得到了曙光汽车集团丹东黄海汽车有限责任公司客车研究院工程师宋勇的指导，在此表示感谢！

由于 CAD/CAM 技术的不断发展和对课程教学改革的不断改进，其内涵和外延也在不断变化，加之编者水平有限，书中难免存在不足和疏漏之处，希望同行专家和读者能给予批评指正。

为了方便教师教学和读者自学，本书配有免费的电子教学课件和习题参考答案，请有此需要的教师登录华信教育资源网（http://www.hxedu.com.cn）免费注册后进行下载，有问题时请在网站留言板留言或与电子工业出版社联系（E-mail:hxedu@phei.com.cn）。读者也可通过精品课链接网址（http://jpkc.lnmec.cn/CAD/jiaoxuedagang.asp）浏览和参考更多的教学资源。

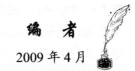

编　者

2009 年 4 月

职业导航

前导课程

机械制图	机械设计基础	模具设计基础	机械加工技术	数控编程及操作

本教材重要知识点

零件实体造型设计	模具创建方法及步骤	零部件装配造型设计	工程图创建	自动编程操作方法

未来工作去向或相关的职位

机械设计人员	模具设计与制造人员	数控编程及操作员

目 录

第 1 章　CAD/CAM 技术基础 ·· 1

教学导航 ·· 1

1.1　CAD/CAM 技术概念 ··· 2

   1.1.1　CAD/CAM 定义 ·· 2

   1.1.2　CAD/CAM 的相关概念 ·· 2

1.2　CAD/CAM 的基本功能 ··· 3

   1.2.1　计算机辅助设计技术（CAD） ··· 4

   1.2.2　计算机辅助制造技术（CAM） ··· 5

1.3　目前国内常用的 CAD/CAM 软件 ·· 5

实训 1　参观有关机械加工企业 ·· 8

知识梳理与总结 ·· 8

习题 1 ·· 8

第 2 章　Pro/E 操作基础 ··· 9

教学导航 ·· 9

2.1　Pro/E 系统特点 ·· 10

2.2　Pro/E 工作界面 ·· 11

2.3　Pro/E 文件操作与管理 ·· 13

   2.3.1　新建文件 ·· 13

   2.3.2　打开文件 ·· 14

   2.3.3　设置工作目录 ··· 15

   2.3.4　关闭窗口 ·· 15

   2.3.5　保存和备份文件 ·· 15

   2.3.6　重命名 ·· 16

   2.3.7　拭除和删除文件 ·· 17

知识梳理与总结 ·· 17

习题 2 ·· 17

第 3 章　草图绘制 ·· 18

教学导航 ·· 18

3.1　草绘界面简介 ·· 19

   3.1.1　进入草绘模式 ··· 19

   3.1.2　草绘菜单 ·· 19

3.1.3 草绘工具条 ·· 20

3.1.4 草绘显示工具条 ··· 20

3.2 常用绘图命令 ·· 21

3.2.1 直线绘制 ··· 21

3.2.2 矩形绘制 ··· 22

3.2.3 圆绘制 ··· 22

3.2.4 圆弧绘制 ··· 23

3.2.5 样条曲线绘制及修改 ····································· 24

3.2.6 点和坐标系绘制 ··· 25

3.2.7 文字绘制 ··· 25

3.2.8 草绘器调色板 ·· 25

3.3 草图编辑 ·· 27

3.3.1 图元选取 ··· 27

3.3.2 草图编辑 ··· 27

3.4 尺寸标注及修改 ·· 28

3.4.1 尺寸标注 ··· 28

3.4.2 尺寸数值的修改 ··· 30

3.5 约束操作 ·· 31

3.5.1 增加约束 ··· 31

3.5.2 删除约束 ··· 32

3.5.3 禁用约束 ··· 32

3.5.4 锁定约束 ··· 32

3.5.5 过约束 ··· 33

实训 2 简单草图绘制 ·· 33

实训 3 复杂草图绘制 ·· 35

知识梳理与总结 ··· 36

习题 3 ·· 37

第 4 章 零件实体特征创建 ··· 38

教学导航 ··· 38

4.1 零件模块概述 ·· 39

4.1.1 进入零件模块 ·· 39

4.1.2 草绘平面和草绘方向 ····································· 39

4.2 拉伸特征 ·· 40

4.2.1 拉伸特征创建 ·· 41

4.2.2 拉伸要素分析 ·· 43

4.3 旋转特征 ·· 44

4.3.1 旋转特征概念 ·· 44

4.3.2 旋转特征的创建 ··· 45

4.4 扫描特征 ··· 46

    4.4.1 扫描特征创建 ··· 46

    4.4.2 扫描轨迹 ·· 47

4.5 混合特征 ··· 49

    4.5.1 混合特征的概念 ·· 49

    4.5.2 混合要素 ·· 50

    4.5.3 平行混合 ·· 52

    4.5.4 旋转混合 ·· 53

4.6 基准特征 ··· 54

    4.6.1 基准平面 ·· 54

    4.6.2 基准轴 ··· 56

    4.6.3 基准点 ··· 57

    4.6.4 基准曲线 ·· 59

    4.6.5 基准坐标系 ··· 60

4.7 筋特征 ··· 61

4.8 孔特征 ··· 62

    4.8.1 简单孔 ··· 63

    4.8.2 标准孔 ··· 64

4.9 圆角特征 ··· 66

    4.9.1 常数倒圆角 ··· 66

    4.9.2 完全倒圆角 ··· 67

    4.9.3 变量倒圆角 ··· 67

    4.9.4 通过曲线倒圆角 ·· 68

4.10 倒角特征 ·· 68

    4.10.1 边倒角 ·· 69

    4.10.2 拐角倒角 ··· 70

4.11 壳特征 ·· 70

4.12 拔模特征 ·· 71

4.13 特征阵列 ·· 74

    4.13.1 尺寸阵列 ··· 74

    4.13.2 方向阵列 ··· 76

    4.13.3 轴阵列 ·· 77

    4.13.4 填充阵列 ··· 77

4.14 特征复制 ·· 79

    4.14.1 新参考复制特征 ··· 79

    4.14.2 相同参考复制特征 ······································ 80

    4.14.3 镜像复制特征 ··· 80

    4.14.4 移动复制特征 ··· 81

4.14.5　特征组 ……………………………………………………………… 82

实训 4　连杆几何造型 ……………………………………………………… 82

实训 5　带轮几何造型 ……………………………………………………… 85

知识梳理与总结 ……………………………………………………………… 87

习题 4 ………………………………………………………………………… 87

第 5 章　Pro/E 高级建模 ……………………………………………………… 89

教学导航 ……………………………………………………………………… 89

5.1　变截面扫描 ……………………………………………………………… 90

　　5.1.1　关于变截面扫描特征 …………………………………………… 90

　　5.1.2　变截面扫描的选项说明 ………………………………………… 90

　　5.1.3　创建变截面扫描特征的操作步骤 ……………………………… 91

5.2　螺旋扫描 ………………………………………………………………… 92

实训 6　创建漏斗 …………………………………………………………… 93

实训 7　创建变形管接头 …………………………………………………… 95

实训 8　创建凸轮 …………………………………………………………… 97

实训 9　创建普通螺纹螺栓 ……………………………………………… 100

知识梳理与总结 …………………………………………………………… 101

习题 5 ……………………………………………………………………… 101

第 6 章　曲面造型 ………………………………………………………… 104

教学导航 …………………………………………………………………… 104

6.1　曲面的基本概念 ……………………………………………………… 105

6.2　曲面特征创建 ………………………………………………………… 105

　　6.2.1　基本曲面创建 ………………………………………………… 106

　　6.2.2　边界混合 ……………………………………………………… 108

6.3　曲面特征编辑 ………………………………………………………… 110

　　6.3.1　曲面修剪 ……………………………………………………… 111

　　6.3.2　曲面合并 ……………………………………………………… 113

　　6.3.3　曲面延伸 ……………………………………………………… 114

　　6.3.4　曲面复制 ……………………………………………………… 115

　　6.3.5　曲面特征转化为实体模型 …………………………………… 118

实训 10　水槽 …………………………………………………………… 118

实训 11　电话听筒 ……………………………………………………… 123

知识梳理与总结 …………………………………………………………… 132

习题 6 ……………………………………………………………………… 133

第 7 章　装配模型的建立 ………………………………………………… 137

教学导航 …………………………………………………………………… 137

7.1　装配设计概述 ………………………………………………………… 138

7.2　装配模型建立方法 …………………………………………………… 138

7.2.1 装配模块及装配操作简介 ································· 138

7.2.2 装配约束 ··· 140

7.2.3 装配模型分解 ·· 143

7.2.4 装配环境下零件创建及操作 ······························· 147

实训 12 泵体的装配 ··· 153

实训 13 开关组件的装配 ·· 156

知识梳理与总结 ·· 159

习题 7 ··· 159

第 8 章 工程图创建 ··· 162

教学导航 ·· 162

8.1 工程图模块的基本概念 ·· 163

8.1.1 视图的形成 ·· 163

8.1.2 视图类型 ·· 164

8.1.3 进入工程图模块 ·· 164

8.1.4 工作环境设置 ·· 165

8.2 工程图视图创建 ··· 167

8.2.1 一般视图创建 ·· 168

8.2.2 投影视图创建 ·· 168

8.2.3 详细视图创建 ·· 169

8.2.4 辅助视图创建 ·· 170

8.2.5 旋转视图创建 ·· 171

8.3 视图操作 ··· 171

8.3.1 视图移动 ·· 172

8.3.2 视图修改 ·· 172

8.3.3 视图删除 ·· 173

8.4 尺寸标注 ··· 173

8.4.1 显示尺寸 ·· 173

8.4.2 手工标注尺寸 ·· 175

8.5 尺寸公差和形位公差标注 ·· 176

8.5.1 尺寸公差标注 ·· 176

8.5.2 形位公差标注 ·· 178

8.6 表面粗糙度和注释 ·· 180

8.6.1 表面粗糙度标注 ·· 180

8.6.2 注释创建 ·· 182

实训 14 轴零件工程图创建 ·· 183

实训 15 泵体零件工程图创建 ·· 187

知识梳理与总结 ·· 191

习题 8 ··· 192

第9章　模具设计 ··· 195

　　教学导航 ·· 195

　　9.1　模具设计有关的基本概念 ··· 196

　　9.2　模具设计流程 ··· 198

　　　　9.2.1　模具设计的一般流程 ··· 198

　　　　9.2.2　进入模具模块 ··· 198

　　　　9.2.3　模具装配 ·· 200

　　　　9.2.4　设定收缩率 ·· 203

　　　　9.2.5　设计分型面 ·· 205

　　　　9.2.6　创建模具体积块 ·· 207

　　　　9.2.7　创建模具元件 ··· 208

　　　　9.2.8　试模 ·· 210

　　　　9.2.9　开模 ·· 210

　　实训16　曲轴模具设计 ··· 212

　　实训17　输液器管接头模具设计 ··· 219

　　知识梳理与总结 ··· 224

　　习题9 ·· 225

第10章　数控加工——Pro/NC ··· 227

　　教学导航 ·· 227

　　10.1　数控加工过程 ··· 228

　　　　10.1.1　Pro/NC的功能简介 ··· 228

　　　　10.1.2　Pro/NC数控加工过程 ·· 228

　　　　10.1.3　制造模型 ·· 229

　　　　10.1.4　Pro/NC的基本操作 ··· 230

　　10.2　平面铣削——型腔平面铣削加工 ··· 233

　　10.3　体积块铣削——型腔粗加工 ··· 240

　　10.4　轮廓铣削——凸轮加工 ·· 245

　　10.5　腔槽加工——型腔精加工 ··· 252

　　10.6　曲面铣削——曲面型腔加工 ··· 257

　　10.7　轨迹铣削——曲线槽加工 ··· 263

　　10.8　孔加工——圆盘孔系加工 ··· 269

　　10.9　局部铣削——模具型腔清根 ··· 274

　　10.10　后置处理 ·· 277

　　知识梳理与总结 ··· 280

　　习题10 ··· 280

附录A　真空泵零部件图 ·· 282

第1章
CAD/CAM 技术基础

教学目标	1. 掌握 CAD/CAM 定义
	2. 了解 CAD/CAM 的一些相关概念
	3. 了解 CAD/CAM 的基本功能
	4. 了解目前国内常用的 CAD/CAM 软件
知识点	1. CAD/CAM 定义
	2. CAD、CAE、CAPP、CAM 概念
	3. CAD/CAM 的基本功能
	4. 常用的 CAD/CAM 软件
重点与难点	1. CAD/CAM 定义
	2. CAD、CAM 概念
教学方法建议	结合国内各地、各行业软件使用的实际情况，概括性地介绍知识
学习方法建议	掌握 CAD/CAM 相关概念，开拓思维，加强对 CAD/CAM 软件的理解
建议学时	1 学时

1.1 CAD/CAM 技术概念

计算机辅助设计与制造（CAD/CAM）技术，是在 20 世纪 50 年代初随着计算机和数字化信息技术的发展而形成的一门新技术，它的应用和发展引起了社会和生产的巨大变革，因此 CAD/CAM 技术被视为 20 世纪最杰出的工程成就之一。目前，CAD/CAM 技术广泛应用于机械、电子、航空、航天、汽车、船舶、纺织、轻工及建筑等各个领域，它的应用水平已成为衡量一个国家技术发展水平及工业现代化水平的重要标志。

1.1.1 CAD/CAM 定义

CAD/CAM（Computer Aided Design/Computer Aided Manufacturing，计算机辅助设计与制造）技术是由计算机技术、机械设计和制造技术相互结合形成的一门多学科、综合性的应用技术。一般认为，CAD/CAM 技术具有狭义和广义两种概念。

（1）狭义的 CAD/CAM 技术，是指利用 CAD/CAM 系统进行产品的造型设计、模型计算分析和数控程序的编制（包括加工刀具路径的生成、加工工艺的设计、刀具轨迹的仿真及数控代码的生成）等。

（2）广义的 CAD/CAM 技术，是指利用计算机辅助技术进行产品设计与制造的整个过程及相关活动，包括产品设计（几何造型、分析计算、工程绘图、结构分析和优化设计等）、工艺准备（计算机辅助工艺设计、计算机辅助工装设计与制造、NC 自动编程、工时定额和材料定额编制等）、生产作业计划、物料作业计划的运行控制（加工、装配、检测、输送和存储等）、生产控制、质量控制及工程数据管理等。

1.1.2 CAD/CAM 的相关概念

与 CAD/CAM 技术及应用相关的概念有以下几个。

1. CAD（Computer Aided Design，计算机辅助设计）

CAD 指工程技术人员以计算机为工具，用各自的专业知识，对产品进行总体设计、绘图、分析和编写技术文档等设计活动的总称。一般认为 CAD 的功能可归纳为 4 大类，即建立几何模型、工程分析、动态模拟和自动绘图。因而，一个完整的 CAD 系统，应由科学计算、图形系统和工程数据库等组成。

科学计算包括有限元分析、可靠性分析、动态分析、产品的常规设计和优化设计等；图形系统包括几何（特征）造型、自动绘图（二维工程图、三维实体图等）和动态仿真等；工程数据库可对设计过程中需要使用和产生的数据、图形和文档等进行存储和管理。

2．CAE（Computer Aided Engineering，计算机辅助工程分析）

CAE 指以现代计算力学和有限元分析为基础、以计算机仿真为手段，对设计产品进行结构参数、强度、寿命、运动状态及优化性能等方面的工程分析，一般用于测量与校核产品的可靠性和优化程度。

3．CAPP（Computer Aided Process Planning，计算机辅助工艺设计）

CAPP 指以计算机为辅助工具，并根据产品的设计信息、要求及产品制造工艺要求，交互地或自动地确定出产品的加工方法和方案。一般认为，CAPP 系统的功能包括毛坯设计、加工方法选择、工序设计、工艺路线制定和工时定额计算等。其中，工序设计又可包含装夹设备选择或设计、加工余量分配、切削用量选择，以及机床、刀具和夹具的选择和必要的工序图生成等。

4．CAM（Computer Aided Manufacturing，计算机辅助制造）

CAM 有广义和狭义两种定义。广义的 CAM 是指借助计算机来完成从生产准备到产品制造出来的全过程中的各项活动，包括工艺过程设计（CAPP）、工装设计、计算机辅助数控加工编程、生产作业计划、制造过程控制、计算机辅助质量检测（CAQ）与分析和产品数据管理（PDM）等。狭义的 CAM 通常只是指 NC 程序编制，包括刀具路径规划、刀位文件生成、刀具轨迹仿真及 NC 代码生成等。

1.2　CAD/CAM 的基本功能

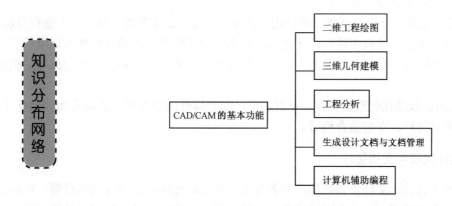

CAD/CAM 是一个人机交互的过程，从产品图形的绘制、几何模型的建立，到 NC 代码生成和加工过程仿真，系统都应保证用户能随时进行观察、修改中间数据。用户的每一次操作，也应从显示器上及时得到反馈，直到获得最佳的设计结果为止。

1.2.1 计算机辅助设计技术（CAD）

CAD 技术是一种以"计算机技术"和"计算机图形学"为技术基础，融合了各工程学科知识，可以帮助设计人员快速、高效、低成本地完成产品设计任务的高新技术。

从广义上来看，CAD 技术所包含的功能主要有以下几个方面。

1．二维工程绘图

二维工程绘图可利用计算机进行平面工程图样的绘制，从而取代传统的手工绘图。据统计，CAD 绘图可以比人工绘图提高 5 倍以上的效率，而且绘图质量好，也有利于图样的标准化。

2．三维几何建模

三维几何建模可利用计算机构造产品的三维几何模型，并记录三维模型的数据，在屏幕上显示出真实的三维形状效果。几何建模功能是 CAD 系统的核心功能，它能提供有关产品设计的各种信息，是后续作业的基础。

产品的几何建模包括以下两部分内容。

（1）零件建模，即在计算机中构造每个零件的三维几何结构模型。

（2）装配建模，即在计算机中构造整个部件或子部件的装配模型。

3．工程分析

工程分析是指根据建立的三维几何模型及工程设计需要进行计算和分析，包括以下 5 个方面。

（1）装配与干涉分析：分析和评价产品的装配性，以及机构之间、机构与周围环境之间是否有干涉碰撞现象。

（2）可制造性分析：分析和评价产品的可制造性能，力求避免那些将导致后续制造困难或使制造成本增加的不合理的设计。

（3）运动学、动力学分析与仿真：对机构的位移、速度、加速度及关节的受力进行分析，并以形象直观的方式在计算机中进行运动仿真，从而全面了解机构的设计性能和运动情况。

（4）有限元分析与仿真：对重要的零部件进行应力、应变分析，根据分析结果评价机构设计的合理性。

（5）优化设计：借助优化设计技术，可以实现产品整体性能或在某一性能方面的最优化，如体积最小、重量最轻、寿命最合理等。

4．生成设计文档与文档管理

快速生成产品的设计文档资料，如产品各零部件的工程图图样、装配图图样等。产品越复杂，越能显示出利用 CAD 技术完成这项工作的优越性。同时，还可以将设计的虚拟产品数据通过因特网送向世界各地，以实现企业的动态联盟。

随着 CAD 技术的发展，其功能还将更加强大，对设计人员的帮助会更大。它可以将产品的信息直接送到计算机辅助制造系统（CAM）中，并将部分信息送到计算机信息管理系统（MIS）中。

1.2.2　计算机辅助制造技术（CAM）

近年来，由于计算机及相关技术的不断发展，CAM 的内涵也不断增加，作为 CAM 重要组成部分的计算机辅助工艺设计（CAPP）也逐渐成为了一门独立的技术分支。采用计算机辅助数控编程加工零件，是指利用 CAM 系统对 CAD 系统产生的产品数学模型，选择确定的加工工艺参数，生成、编辑、仿真刀具的运动轨迹，以实现产品的虚拟加工，并编制 NC 机床的控制程序。该技术的应用和发展，降低了数控加工编程的工作难度，提高了编程效率，并有效地减少和避免了数控加工程序的错误，成为数控加工中不可缺少的工具。

根据 CAM 技术覆盖的领域不同，可以将其分为两大类。

1. 狭义的 CAM（计算机辅助编程）

（1）代码生成：根据零件的设计模型，利用计算机自动生成该零件的数控加工代码。

（2）代码仿真：在使用代码之前，在计算机中运行该数控代码，进行虚拟的数控加工，观察加工中的机床运行情况和零件的切除情况，确保在切削中没有干涉碰撞现象，确保零件加工的正确性。

2. 广义的 CAM（应用计算机进行制造信息处理的全过程）

（1）计算机辅助工艺设计 CAPP（Computer Aided Process Planning）：利用计算机编写零件加工的工艺路线，选择合理的加工设备和切削参数，制定合理的检验方法。

（2）计算机辅助质量控制 CAQ（Computer Aided Quality）：对产品质量进行及时的检查，并提出分析报告，对生产的组织、进度和其他的管理问题及时跟踪、反馈，并辅助做出决策。

1.3　目前国内常用的 CAD/CAM 软件

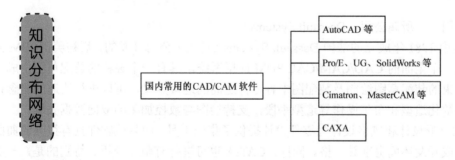

1. AutoCAD

国家：美国　　　所属公司：Autodesk

AutoCAD 是 Autodesk 公司的主导产品，是当今最流行的二维绘图软件，在二维绘图领域拥有广泛的用户群。AutoCAD 具有强大的二维功能，如绘图、编辑、剖面线和图案绘制、尺寸标注，以及二次开发等功能，同时还具有部分三维功能。AutoCAD 提供 AutoLISP、ADS、ARX 作为二次开发的工具。在许多实际应用领域（如机械、建筑、电子）中，一些软件开发

商在 AutoCAD 的基础上已开发出了许多符合实际应用的软件。

2．Pro/E

国家：美国　　所属公司：PTC

Pro/E（Pro/Engineer）是由 1985 年成立的美国参数技术公司（Parametric Technology corporation，PTC）推出的新一代 CAD/CAE/CAM 软件。它具有单一数据库、参数化、基于特征、全相关的特点，其总体设计思想体现了机械自动设计（MDA）软件的新发展方向，从概念上改变了机械设计软件的传统观念，成为当今世界上机械 CAD/CAE/CAM 领域的新标准。Pro/Engineer 软件可以将从设计到生产的全过程集成到一起，让所有的用户能够同时进行同一产品的设计制造工作，即实现所谓的并行工程。

PTC 公司凭借以 Pro/Engineer 为代表的软件产品而成为全球最大的、发展最快的 MDA 厂商之一。

3．UG

国家：美国　　所属公司：EDS

UG（Unigraphics）是起源于美国麦道（MD）公司的产品，1991 年 11 月归属美国通用汽车公司 EDS 分部。UG 是其独立子公司 Unigraphics Solutions 公司（UGS）开发的产品。UG 软件突破了传统 CAD/CAM 模式，为用户提供了一个全面的产品建模系统。它将优越的参数化和变量化技术与传统的实体、线框和曲面功能结合在一起，成为强有力的、被大多数厂商所采用的 CAD/CAM 软件。

> **小提示：** 自从 NX 版本诞生后，UGS 公司已经正式将 UG 更名为 NX，但许多用户仍然习惯称之为 UG。

4．CATIA

国家：法国　　所属公司：Dassault Systems

CATIA 是由 1981 年成立的法国 Dassault Systems（达索）公司开发的，后被美国 IBM 公司收购。它是一个全面的 CAD/CAM/CAE/PDM 应用系统，具有一个独特的装配草图生成工具，支持欠约束的装配草图绘制及装配图中各零件之间的连接定义，可以进行快速的概念设计。它支持参数化造型和布尔操作等造型手段，支持绘图与数控加工的双向数据关联。

CATIA 的外形设计和风格设计为零件设计提供了集成工具，而且该软件具有很强的曲面造型功能，集成开发环境也别具一格。同样，CATIA 也可进行有限元分析。特别的是，一般的三维造型软件都是在三维空间内观察零件，而 CATIA 能够进行四维空间的观察，也就是说该软件能够模拟观察者的视野进入到零件的内部去观察零件，并且它还能够模拟真人进行装配，如使用者只要输入人的性别、身高等特征，就会出现一个虚拟装配的工人。

5．SolidWorks

国家：美国　　所属公司：SolidWorks

公司的创始人是 CV 公司和 PTC 公司的两位前副总裁。Solidorks 软件开发的核心人物就

是主持开发 Pro/Engineer 软件的技术副总裁。SolidWorks 软件的底层图形核心又同 Unigraphics 一样采用的是 Parasolid。这种强强结合就足以使 SolidWorks 具备超越大型 CAD 软件的功能，在 Windows 环境下充分利用了 OLE 的技术更使得 SolidWorks 软件如虎添翼。

自 1995 年 SolidWorks 首发以来，它就成为了服务于主流设计师的 Windows 原创三维机械设计系统。Solidworks 是微机版参数化特征造型软件的新秀，该软件旨在以工作站出版的相应软件价格的 1/4～1/5 向广大机械设计人员提供用户界面更友好、运行环境更大众化的实体造型实用功能。它是基于 Windos 平台的全参数化特征造型软件，它可以十分方便地实现复杂的三维零件实体造型、复杂装配和生成工程图。它的图形界面友好，用户上手快。该软件可以应用于以规则几何形体为主的机械产品设计及生产准备工作中。

今天，SolidWorks 已成为 CAD/CAE/CAM 软件产业中有史以来增长最快的公司。它价格合理、功能丰富、使用方便，对于希望从二维绘图转向实体设计的用户，SolidWorks 给出了简明的实现途径，使他们能少走弯路。

6. SolidEdge

国家：美国　　所属公司：EDS

SolidEdge 是 Windows 平台软件，它不是将工作站软件生硬地搬到 Windows 平台上，而是充分利用 Windows 基于组件对象模型（COM）的先进技术重写代码。SolidEdge 与 Microsoft Office 兼容，与 Windows 的 OLE 技术兼容，这使得设计师们在使用 CAD 系统时，能够进行 Windows 下的字处理、电子报表和数据库操作等。

7. Cimatron

国家：以色列　　所属公司：Cimatron

Cimatron 是由 1982 年成立的以色列 Cimatron 公司为军用飞机制造而开发的 CAD/CAM/PDM 产品，是较早在微机平台上实现三维 CAD/CAM 全功能的系统。该系统提供了比较灵活的用户界面，优良的三维造型、工程绘图，全面的数控加工，各种通用、专用数据接口，以及集成化的产品数据管理。

Cimatron 系统自 20 世纪 80 年代进入市场以来，在国际上的模具制造业中备受欢迎，用户覆盖机械、铁路、科研和教育等领域。

8. MasterCAM

国家：美国　　所属公司：CNC software

MasterCAM 是美国 CNC softwar 公司开发的基于 PC 平台的集设计和制造于一体的 CAD/CAM 软件。它虽然不如工作站软件功能全、模块多，但性能价格比较高。它对硬件的要求不高且操作灵活、易学易用，能使企业很快地见到效益。

MasterCAM 自 1984 年诞生以来，以其强大的加工功能闻名于世。它分为 DESIGN 设计模块，MILL 铣床加工模块，LATHE 车床加工模块和 WIRE 线切割加工模块。

9. PowerMILL

国家：英国　　所属公司：Delcam

PowerMILL 是 Delcam 的核心多轴加工产品。PowerMILL 可通过 IGES、VDA、STL 和多种不同的专用接口直接接收来自任何 CAD 系统的数据。它功能强大，易学易用，可快速、准确地产生能最大限度发挥 CNC 数控机床生产效率的、无过切的粗加工和精加工刀具路径，以确保生产出高质量的零件和工模具。

10. CAXA 电子图板和 CAXA—ME 制造工程师

国家：中国　　　所属公司：北京北航海尔软件有限公司

CAXA 电子图板是一套高效、方便、智能化的通用中文设计绘图软件，可帮助设计人员进行零件图、装配图、工艺图表和平面包装的设计，适合所有需要二维绘图的场合。它使设计人员可以把精力集中在设计构思上，彻底甩掉图板，满足现代企业快速设计、绘图、信息电子化的要求。

CAXA—ME 是面向机械制造业的、自主开发的、具有中文界面和三维复杂型面的 CAD/CAM 软件。作为国产 CAD/CAM 软件的代表，它充分考虑了中国特色，符合国内工程师的操作习惯。它高效易学，为数控加工行业提供了从造型、设计到加工代码生成、加工仿真、代码校验等一体化的解决方案。

实训 1　参观有关机械加工企业

参观有关机械加工企业，了解如下内容：
（1）产品设计过程；
（2）所使用的软件；
（3）从设计到生成工程图的方法；
（4）数控加工自动编程过程。

知识梳理与总结

本章介绍了 CAD/CAM 技术的定义，以及与 CAD/CAM 相关的一些重要概念，包括 CAD、CAE、CAPP 和 CAM 等。本章还简略介绍了 CAD/CAM 的基本功能，以及国内常用的 CAD/CAM 软件，可以扩充信息量、开拓视野。

习　题　1

1. 简述 CAD 和 CAM 的基本概念。
2. 简述 CAD/CAM 的基本功能。

第2章
Pro/E 操作基础

教学目标	1. 了解 Pro/E 系统特点
	2. 认识 Pro/E 工作界面
	3. 会进行文件操作与管理
知识点	1. Pro/E 工作界面
	2. 文件操作与管理
重点与难点	1. 拭除和删除文件
	2. 设置工作目录
教学方法建议	采用投影仪和多媒体教学软件组织教学，与以前学过的软件对比讲解，边讲边练，也可将本章内容穿插到后面章节学习
学习方法建议	1. 课堂：多动手操作实践
	2. 课外：课前预习、课后练习、勤于动脑，与所学过的知识联系应用
建议学时	1 学时

2.1 Pro/E 系统特点

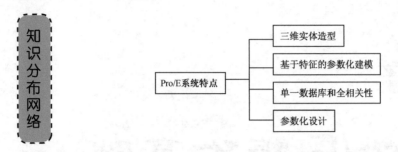

Pro/E 是美国 PTC（Parametric Technology Corporation）公司于 1988 年首家推出的以参数化为基础的 CAD/CAE/CAM 集成软件。它具有零件设计、产品装配、模具开发、二维工程图制作、NC 加工、板金件设计、结构分析、机构仿真和产品数据库管理等功能，可用于机械、汽车、模具、工业设计、航空、家电和玩具等行业，已是目前我国最为普及的 CAD/CAE/CAM 软件之一。该软件主要经历了 2000、2000i、2001、Wildfire（野火）版本的升级过程，本书将以 Wildfire 4.0 版本进行介绍，其高版本的基本功能和操作方法与此类似，因此熟练掌握本书内容后就能容易地应用其他版本进行设计。

Pro/E 系统有如下几个主要特点。

1．三维实体造型

Pro/E 是一个实体建模器，可使设计者在三维环境中工作，并通过各种造型手段达到设计目的。它还能够将设计者的思想以真实的模型在计算机上表现出来，使设计者更直接地了解设计的真实性，并可随时计算出产品的质量、体积、表面积、重心和惯性矩等相关物理特性，弥补了传统的点、线、面设计的不足。

2．基于特征的参数化建模

在 Pro/E 中，特征是建模的基础，是组成模型的基本单元，实体模型是通过创建特征来完成设计的。特征一般在机械设计上可理解为具有实际意义的元件，如孔、圆角、倒角、筋和壳等，通过给定这些特征合理的参数即可建立出三维实体模型。

3．单一数据库和全相关性

Pro/E 系统包含众多模块，它们是建立在单一数据库上的，即所有数据放置在一个数据库中，并且所有模块都是全相关的，也就是说设计者在任何一个模块中对模型进行修改，系统都会自动传送到与此相关的各个模块中并进行模型自动修改，从而保证了设计数据的统一性和准确性，也避免了因反复修改而花费大量的时间。

4．参数化设计

Pro/E 是一个参数化系统，特征的尺寸、形状和特征之间的关系是由参数来决定的。改变某个参数，也就同时改变了特征的大小、形状，以及特征之间的相互关系。

2.2 Pro/E 工作界面

知识分布网络

成功启动 Pro/E 软件后，系统出现初始界面，新建一个文件，进入完整的工作界面。如图 2-1 所示为零件模块的工作界面，其他模块界面的风格也大致一样。工作界面主要由标题栏、菜单栏、工具栏、导航区、工作区、信息提示区等组成。

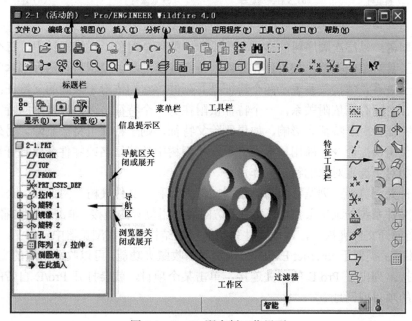

图 2-1 Pro/E 野火版工作界面

1．菜单栏

菜单栏位于窗口的上方，也称主菜单。根据进入模块的不同，系统会添加不同的菜单项，一般菜单包括文件、编辑、视图、插入、分析、信息、应用程序、功能、窗口和帮助等，Pro/E 菜单的界面及命令风格与 Word 基本相同。

2．工具栏

工具栏由多个图标按钮组成，通过单击这些按钮可以快捷地选择常用的命令，提高建模效率。

3．导航区

导航区包括模型树、文件夹浏览器、收藏夹和连接4 个选项卡，如图 2-2 所示为各选项卡中的内容。

CAD/CAM 技术与应用

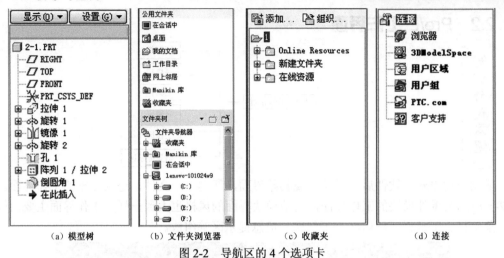

| （a）模型树 | （b）文件夹浏览器 | （c）收藏夹 | （d）连接 |

图 2-2　导航区的 4 个选项卡

（1）模型树：以层次顺序树的格式列出设计中的每个对象。在模型树中，每个项目旁边的图标反映了其对象的类型，如组件、零件、特征或基准等。模型树有两种基本关系，即邻接关系和父子关系。邻接关系表示两个特征是并列的，它们依附于共同的父特征；父子关系表示两个特征之间存在依附关系，一个特征依附在另一个特征之上，被依附的特征叫做父特征，修改父特征会对子特征有影响，如果删除父特征，则子特征也将被删除。另外，还可以在模型树中使用快捷命令，即用鼠标右键单击模型树中的特征名或零件名，打开快捷菜单，从中可选择相对于选定对象的特定操作命令。

（2）文件夹浏览器：浏览器分为"公用文件夹"和"文件夹树"两部分。公用文件夹包含用于访问文件系统的顶层节点，以及用于访问最常用位置的链接。单击 ▾ 可收缩和展开"文件夹树"，当展开文件夹树时，本地文件系统的层次结构显示在浏览器中。

（3）收藏夹：类似于 Internet Explorer 浏览器的收藏夹功能，可以收藏常用的文件或网址。

（4）连接：列出了 Pro/E 的相关连接，单击某个项目，就会打开 Pro/E 自带的浏览器，连接到相应的项目或网址。

4．特征工具栏

特征工具栏中将使用频繁的特征操作命令以快捷图标按钮的形式显示出来，用户可以根据需要设置快捷图标的显示状态。不同模块在该栏显示的快捷图标有所不同。

5．工作区

界面中央面积最大的区域就是最重要的设计工作区，所有模型都显示在此范围内，在该区域内对模型进行相关操作。

6．信息提示区

当有命令时该区域中出现控制面板，没有命令时显示有关信息。该区可设置在图形区域的上方或下方，默认在上方。设置方法：单击【工具】→【定制屏幕】，在对话框中单击【选项】栏，选取控制面板的位置。

7. 过滤器

过滤器位于窗口的右下角，使用过滤器的相应选项，可以有目的地选择模型中的对象。利用该功能，可以在较复杂的模型中快速选择要操作的对象。单击其右侧按钮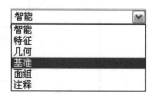，打开下拉菜单，如图 2-3 所示。不同模块、不同工作阶段过滤器下拉列表中的内容会有所不同。系统默认的选项为"智能"，即智能过滤器。当光标移动到模型某个特征上时，系统会自动识别出该特征。

图 2-3　过滤器

2.3　Pro/E 文件操作与管理

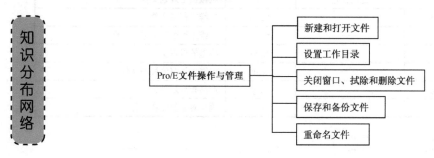

单击主菜单中的【文件】项，弹出下拉菜单如图 2-4 所示，使用文件菜单中的相应命令选项，可对图形文件进行相应操作。

2.3.1　新建文件

单击主菜单【文件】→【新建】选项或图标按钮，弹出如图 2-5 所示的【新建】对话框。该对话框中包含要建立的文件类型及其子类型、名称（不可出现中文）和选择模板等。对于不同的文件类型，系统都会有默认的文件名和扩展名与之对应。Pro/E 提供了 10 种文件类型，如表 2-1 所示为所有文件类型和子类型的说明，本书只介绍前 5 种文件类型。

表 2-1　文件类型和子类型说明

文件类型	子类型	后缀名	说明
草绘	——	*.sec	二维草图文件
零件	实体	*.prt	三维实体零件文件（系统默认模式）
	复合	*.prt	复合零件文件
	板金件	*.prt	板金零件文件
	主体	*.prt	主体零件文件
组件	设计	*.asm	装配模型文件（系统默认模式）
	互换	*.asm	自动替换装配零件文件
	校验	*.asm	零件模型的验证文件（常用于逆向工程）
	处理计划	*.asm	零件模型装配的规划文件
	NC 模型	*.asm	数控加工模型的装配文件
	模具布局	*.asm	模具布局规划文件
	Ext.简化表示	*.asm	外部简化表示装配文件

续表

文件类型	子类型	后缀名	说明
制造	NC 组件	*.mfg	数控加工文件
	Expert Machinist	*.mfg	机械加工专家系统文件
	CMM	*.mfg	坐标测量仪工作设置文件
	板金件	*.mfg	板金成型加工文件
	铸造型腔	*.mfg	铸造成型加工文件
	模具型腔	*.mfg	模具加工文件
	模面	*.mfg	冲压成型加工文件
	硬度	*.mfg	马鞍形式的加工文件
	处理计划	*.mfg	机械加工规划文件
绘图	——	*.drw	二维工程图文件
格式	——	*.frm	二维工程图图纸格式文件
报表	——	*.rep	模型的报表文件
图标	——	*.dgm	电路、管路流程图文件
布局	——	*.lay	产品布局规划文件
标记	——	*.mrk	模型对象的注释文件

图 2-4　文件下拉菜单

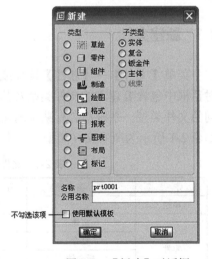

图 2-5　【新建】对话框

2.3.2　打开文件

单击主菜单【文件】→【打开】选项或图标按钮，弹出如图 2-6 所示的【文件打开】对话框。在文件位置下拉列表中选择要打开文件所在的文件夹，在此文件中选择要打开的文件。单击"预览"按钮，可以预览欲打开文件的缩略图。也可以使用左侧的"文件夹浏览器"打开文件。

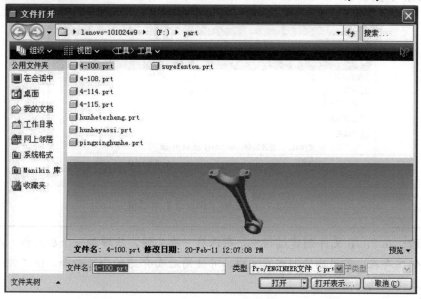

图 2-6　【文件打开】对话框

2.3.3　设置工作目录

工作目录是指存储 Pro/E 文件的磁盘区域。Pro/E 默认的工作目录是安装目录，一般情况下不要用这种默认目录，最好建立自己的工作目录，这样便于文件的管理和操作。单击主菜单【文件】→【设置工作目录】，弹出如图 2-7 所示【选取工作目录】对话框。在对话框中选择现有的文件夹作为工作目录，或在对话框工作区中单击右键，在弹出的下拉菜单中选择【新建文件夹】命令新建一个文件夹，也可以切换到"文件夹浏览器"，打开【文件夹树】，右击要设置为工作目录的文件夹，在弹出的下拉菜单中选择【设置工作目录】命令。

> **小经验：**进入 Pro/E 系统时应养成一个习惯，即先设置好系统的工作目录，这样当前所做的文件创建、保存、打开、删除等各种文件操作，全部在该目录中进行。

2.3.4　关闭窗口

单击主菜单【文件】→【关闭窗口】选项，可关闭当前模型的工作窗口。关闭窗口后，建立的模型仍保留在内存中，仍可在【文件打开】对话框中打开该模型。

2.3.5　保存和备份文件

1. 保存文件

单击主菜单【文件】→【保存】选项或图标按钮，可将当前工作窗口中模型用原名保存，并将文件保存在原有目录下或当前设定的工作目录下。

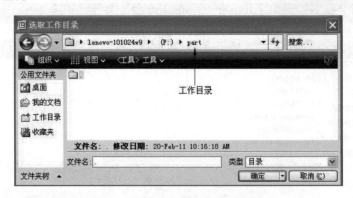

图 2-7　【选取工作目录】对话框

> **小经验：** 在 Pro/E 文件创建过程中，每保存一次文件，就增加一个新文件，原来的版本仍然存在。若想删除旧版本文件，可使用后面介绍的删除命令，但文件一定要保存在设置的当前工作目录中。

2. 保存副本

单击主菜单【文件】→【保存副本】选项，可将当前工作窗口中的模型以其他文件类型和文件名保存在相同或不同的目录下。若当前窗口为组合件，执行更名保存时要先单击右下方的  按钮对每个零件进行更名保存，然后再保存组合件。

3. 备份文件

单击主菜单【文件】→【备份】选项，可将当前窗口中的模型以原名在指定目录位置备份，但内存及活动窗口并不加载此备份文件，而是仍保留原文件名。当备份组件时，与之相关的所有零件文件都将一起备份。

2.3.6　重命名

单击主菜单【文件】→【重命名】选项，弹出如图 2-8 所示的【重命名】对话框，在对话框中输入新的文件名，然后根据需要选择下方的单选按钮。

图 2-8　【重命名】对话框

（1）在磁盘上和进程中重命名：更改模型在硬盘及内存中所有该文件的文件名。

（2）在进程中重命名：仅改变内存中该文件的文件名。

小经验： 任意重命名模型都会影响与其相关的装配模型或工程图，因此重命名模型文件应该慎重。

2.3.7 拭除和删除文件

1. 拭除

拭除用于释放内存中 Pro/E 文件所占有的空间，即将窗口中的模型从内存中删除，减小内存负担，但仍然保存在硬盘中。单击【拭除】命令后，系统出现下拉菜单如图 2-9 所示。

（1）当前：将当前窗口中的模型文件从内存中删除。

（2）不显示：将不在任何窗口上，但存在于内存中（曾经打开或建立过）的所有文件，从内存中删除。

2. 删除

删除用于将文件从硬盘中永久删除。单击【删除】命令后，系统出现下拉菜单如图 2-10 所示。

（1）旧版本：删除当前模型的所有旧版本，只保留最新版本。

（2）所有版本：删除当前模型的所有版本文件。

当前(C)
不显示(D)...
元件表示

图 2-9 拭除文件

旧版本(O)
所有版本(A)

图 2-10 删除文件

知识梳理与总结

本章主要学习了 Pro/E 软件的一些基本知识。首先是 Pro/E 软件的特点和工作界面的组成。Pro/E 软件主要有 4 个特点，其中基于特征的参数化设计是 Pro/E 软件的主要特点。然后重点介绍了 Pro/E 文件的操作和管理，它是今后应用 Pro/E 其他功能的基础，应熟练掌握。

习 题 2

1. 填空题

Pro/E 野火版中可创建的文件类型有_____、_____、_____、_____、_____、_____、_____、_____、_____和_____10 种。

2. 问答题

（1）简述 Pro/E 野火版文件拭除与删除的区别。

（2）简述 Pro/E 野火版中保存文件、保存副本和备份文件的区别。

第3章

草图绘制

教学导航

教学目标	1. 会进入草绘环境
	2. 了解草绘工作界面
	3. 掌握草图绘制和编辑的方法
	4. 掌握几何约束含义并熟练建立约束条件
	5. 会进行尺寸标注和修改
知识点	1. 图元绘制
	2. 图元编辑
	3. 增加约束、删除约束、过约束
	4. 尺寸标注和修改
重点与难点	1. 建立约束和过约束的处理
	2. 同时修改多个尺寸
	3. 弱尺寸与强尺寸的区别
教学方法建议	采用投影仪和多媒体教学软件组织教学，结合其他 CAD 软件（如 AutoCAD）对比讲解。讲练结合，通过实例进行强化训练
学习方法建议	1. 课堂：多动手操作实践
	2. 课外：课前预习、课后练习、勤于动脑，平时多观察身边的物体与所学知识联系应用
建议学时	4 学时

创建三维实体特征时，需要先绘出一个二维（2D）的截面草图，然后生成实体特征。草图绘制是建立零件模型过程中一个最基本且极其重要的阶段，因此 2D 草图绘制是建立三维实体特征的基础。

在 Pro/E 系统中，草图截面一般包含 3 个要素，即 2D 几何图形、尺寸标注和约束条件。其中，尺寸标注既不能少也不能多，而约束的存在可以减少尺寸标注的数量。由于 Pro/E 采用参数化绘图，所以在草绘模式下绘制 2D 草图时只需给出大致的形状，不需使用真实尺寸。之后通过标注合适的尺寸并修改尺寸值，系统会自动以正确尺寸值来修正几何形状。

3.1　草绘界面简介

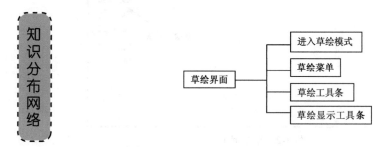

3.1.1　进入草绘模式

系统进入草绘模式有以下两种途径。

1．建立新的草图截面文件

选择【文件】→【新建】选项或单击 按钮进入草绘文件的【新建】对话框，选择【草绘】类型，输入文件名，如图 3-1 所示。执行新建文件操作后，系统随即进入如图 3-2 所示的草绘模式。草绘完截面后可将其单独保存成*.sec 文件，以便在创建特征时直接调用。

2．创建特征过程中

在零件实体模块创建特征时，选择草绘平面和参照平面后系统会自动进入草绘模式。

与基本界面相比，主菜单中增加了草绘菜单，图标工具栏中增加了草绘显示工具条和草绘工具条。

3.1.2　草绘菜单

图 3-1　【新建】对话框

单击主菜单栏中的【草绘】命令，出现【草绘】菜单，如图 3-3 所示。该菜单包括了图元绘制、尺寸标注和增加约束等命令。

菜单中的第一项是目的管理器，如果勾选，系统会出现草绘工具条，在草绘图元时系统能够对设计进行意向假设或捕捉，并自动添加尺寸和约束，帮助设计者快速准确地进行设计；如果不勾选目的管理器，草绘工具条消失，系统出现菜单管理器。系统在进入草绘模式时会自动勾选目的管理器。

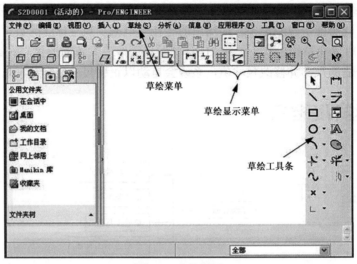

图 3-2　草绘界面

3.1.3　草绘工具条

草绘工具条提供了绝大部分的草图绘制图标按钮，通过此工具条用户可进行草图绘制、尺寸标注和修改，以及约束的定义等操作。

3.1.4　草绘显示工具条

草绘显示及诊断工具条如图 3-4 所示，按下按钮为"开"，否则为"关"。在创建特征过程中进入草绘模式会增加后两个按钮。

图 3-3　【草绘】菜单

图 3-4　草绘显示及诊断工具条

3.2　常用绘图命令

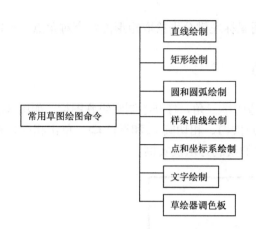

在草绘模式下，可单击【草绘】菜单中的绘图命令或草绘工具条中的相应按钮来绘制所需图形。下面介绍使用草绘工具条按钮绘制草图的方法。先将草绘显示工具条各按钮处于"关"状态。

3.2.1　直线绘制

图 3-5　绘制直线级联图标

单击 ＼ 按钮右边的小三角，打开绘制直线级联图标，如图 3-5 所示。直线分 3 种形式：几何线 ＼、相切线 ＼ 和中心线 ⋮，单击相应按钮可绘制出不同的直线。如表 3-1 所示列出了不同类型直线的绘制方法及实例。

表 3-1　不同类型直线的绘制方法及实例

直线类型	绘 制 方 法	实 　 例
几何线 ＼	用来构建特征的几何外形，采用两点方式画线；依次用鼠标左键给出直线的起点和终点，单击鼠标中键结束或取消画线命令。可连续画出多条线段	
相切线 ＼	依次拾取两个圆弧，绘制与圆弧相切的直线，切线的位置由选择圆弧时的拾取点位置决定	
中心线 ⋮	绘制方法参照几何线的绘制。 　中心线是无限长且不具有形成实体边特征的线；常用于辅助绘图，如用做几何图元的对称轴线、旋转特征的轴线或几何图形的镜像参考等	

3.2.2 矩形绘制

单击□按钮，用鼠标左键分别拾取矩形的两个对角点，绘制出矩形，如图 3-6 所示。

3.2.3 圆绘制

单击 ○ 按钮右边的小三角，打开绘制圆级联图标，如图 3-7 所示。有 5 种画圆方式：圆 ○、同心圆 ◎、三点圆 ○、相切圆 ○ 和椭圆 ○，单击相应按钮绘制出相应圆。如表 3-2 所示列出了不同类型圆的绘制方法及实例。

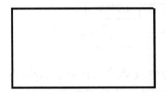

图 3-6　矩形的绘制

图 3-7　圆绘制级联图标

表 3-2　不同类型圆的绘制方法及实例

圆 的 类 型	绘 制 方 法	实 例
圆 ○	先拾取圆心位置，再沿径向拖拉圆周并单击给定一圆周点，由圆周点来决定该圆大小	2选取　+选取
同心圆 ◎	先拾取要同心的参考圆或弧，再沿径向拖拉圆周确定大小，可连续产生多个同心圆，单击鼠标中键结束命令	2选取　1选取　参考圆弧
三点圆 ○	拾取圆上 3 点，自动产生通过此 3 点的圆	1选取　2选取　3选取
与 3 个图元相切的圆 ○	拾取欲相切的 3 个圆或圆弧，即自动产生与之相切的圆，内切还是外切由选取的圆周点位置决定	1选取　参考圆　2选取　3选取
椭圆 ○	拾取中心位置再拖拉圆周以确定长轴和短轴的大小	2选取　+1选取

　　另外，若要绘制构造圆，可先绘制一个圆，然后选中该圆单击鼠标右键，出现一个下拉菜单，在菜单中选择【构建】选项，该圆立即变成构造圆；也可以利用主菜单单击【编辑】→【切换构造】选项，将该圆变成构造圆，如图 3-8 所示。构造圆是一个假想圆，它不能用来形成实体边，多用于辅助定位。其他线的构造线也可用相同方法创建。

3.2.4　圆弧绘制

　　单击 ⌒ 按钮右边的小三角，打开绘制圆弧级联图标，如图 3-9 所示。有 5 种画圆弧方式：三点圆弧 ⌒、同心圆弧 ⤳、圆心和端点圆弧 ⌒、相切圆弧 ✦ 和圆锥曲线 ⌒，单击相应按钮绘制出相应圆弧。如表 3-3 所示列出了不同类型圆弧的绘制方法及实例。

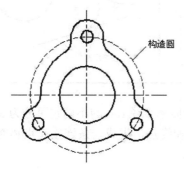

图 3-8　绘制构造圆

图 3-9　圆弧绘制级联图标

表 3-3　不同类型圆弧的绘制方法及实例

圆弧的类型	绘 制 方 法	实　　例
三点圆弧 ⌒	分别拾取圆弧上的起点、终点和弧上一点；如果选择了已有圆弧或直线的端点为圆弧的起点，将绘制出与已有弧和直线相切的圆弧	(a) 三点圆弧 (b) 相切圆弧
同心圆弧 ⤳	拾取要同心的参考圆或弧，动态拖拉鼠标拾取圆弧起点和终点，可连续产生多个同心圆弧，单击鼠标中键结束命令	
圆心和端点圆弧 ⌒	拾取圆弧中心，沿半径方向拖拉确定圆弧的起始点和终点	

续表

圆弧的类型	绘 制 方 法	实 例
相切圆弧	拾取欲相切的 3 个图元，拾取的顺序和位置不同，画出的圆弧也不同，图（a）和图（b）为选取不同的顺序和位置画出的圆弧	(a) (b)

圆锥曲线 按钮用来绘制二次参数曲线，随着曲率半径 rho 的不同它可分为 3 类，即抛物线、双曲线和椭圆线。分别拾取圆锥曲线的起点和终点，生成一条连接起点和终点的中心线，继续选择圆锥曲线上的一点，绘制出圆锥曲线。

3.2.5 样条曲线绘制及修改

1．样条曲线绘制

样条曲线是由一系列点（也称插值点）光滑连接而成的，绘制样条曲线的方法如下。

单击 按钮，用鼠标左键拾取样条曲线的起点、数个中间点及终点，然后单击鼠标中键完成样条线绘制，如图 3-10 所示。

2．样条曲线修改

样条曲线绘制完后可以进行修改，修改方法如下。

（1）进入样条曲线修改环境。

有两种方法：一是双击要修改的样条曲线；二是选定要修改的样条曲线，单击主菜单中的【编辑】→【修改】选项，或直接单击草绘工具栏中的 按钮，即可进入样条曲线修改环境。此时屏幕左下角出现操作控制板，如图 3-11 所示。操作控制板各项内容含义如下。

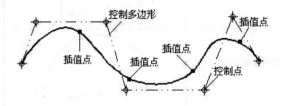

图 3-10　样条曲线和控制多边形

图 3-11　样条曲线操作控制板

- 点：显示和修改样条曲线插值点的坐标值，操作前需要选中插值点。
- 拟合：包括稀疏和平滑两项拟合类型，用于控制样条曲线的精度。
- 文件：系统提供了一个点文件（扩展名为.pts），利用这个文件可以保存和读取样条曲线点坐标，在操作前需要先选取一个坐标系，使插值点与该坐标系相关。
- △：创建和修改控制多边形。样条曲线除了有插值点外，还有控制点参数，它们都可以控制样条线的形状。控制点不在曲线上，它能更方便地对样条线进行控制，由控制点形成的多边形叫控制多边形，如图 3-11 所示。
- ⌒：对插值点进行增加、删除和移动操作。用鼠标指向样条曲线要插入点的位置，单击鼠标右键并按住，出现增加点菜单；用鼠标拾取插入点，然后单击鼠标右键并按住，出现增加点和删除点菜单。
- ⌢：显示控制多边形，使用控制点修改样条曲线。
- ✍：显示样条曲线曲率变化趋势，并可通过调整比例和密度两项更清楚地显示曲率变化情况。

（2）对样条曲线进行修改，如移动、添加和删除点，以及修改控制多边形等。

3.2.6　点和坐标系绘制

单击 ✕ 按钮右边的小三角，打开绘制点级联图标，如图 3-12 所示。

- 点 ✕：常用来辅助尺寸标注或用做草绘线条的参考，可建立于任何位置。单击 ✕ 按钮，然后拾取草绘点的位置即可创建草绘点。

图 3-12　点及坐标系的级联图标

- 坐标系 ⤳：常用来辅助图形定位或协助特征的建立。单击 ⤳ 按钮，然后拾取坐标系放置位置即可创建草绘坐标系，其 X 轴沿水平方向向右，Y 轴沿垂直方向向上，Z 轴垂直于绘图面朝向用户。

3.2.7　文字绘制

文字的绘制方法如下。

（1）单击 🅰 图标按钮。

（2）确定文本高度和方向。在屏幕上拾取两点，产生一条参考直线，第一点确定文本的起始点位置，第二点确定文本的高度和方向。随后系统弹出【文本】对话框，如图 3-13 所示。

（3）在对话框的【文本行】编辑框中输入文字内容，【字体】下拉列表框中选择适当字体，根据需要调整文字【长宽比】及【斜角】。

如果在对话框中勾选【沿曲线放置】复选框，则在拾取了事先绘制好的曲线后，文字将沿选定的曲线排列，如图 3-14 所示。

3.2.8　草绘器调色板

Pro/E 新增的草绘器调色板功能，提供了一个预定义形状的定制库，库中包括了工程中

常用的图形，用户可以方便地把预定的几何图形输入到当前草图中，同时可以对插入的图形进行调整大小、平移和旋转等操作。操作方法如下。

图 3-13 【文本】对话框　　　　　　　图 3-14 沿曲线放置的文字

（1）单击 按钮，系统弹出对话框如图 3-15 所示。有 4 类图形：多边形、轮廓、形状和星形。

（2）插入图形。以插入 T 形图为例，单击【轮廓】选项卡，在【T 形轮廓】选项上双击，然后在屏幕的适当位置拾取一点确定放置图形的位置，屏幕立即出现 T 形图，同时系统弹出【缩放旋转】对话框，如图 3-16 所示。

图 3-15 【草绘器调色板】对话框　　　图 3-16 【缩放旋转】对话框和插入的 T 形图

（3）完成图形插入。输入【比例】和【旋转】角度，单击 按钮，关闭对话框。最后单击鼠标左键完成图形的插入操作。

3.3 草图编辑

3.3.1 图元选取

在编辑图形时，经常要选取图元。单击草绘工具条中的选取按钮 ，系统进入选取状态。图元选取有以下几种方法。

（1）选取单个图元：用鼠标左键拾取图元。

（2）选取多个图元：按住【Ctrl】键，选取多个图元。

（3）选取全部图元：按下【Ctrl+Alt+A】组合键。

（4）窗口选取：按住鼠标左键，拖出一矩形，矩形区域内的图元都被选取。

3.3.2 草图编辑

常用的编辑命令有修剪 、镜像、旋转、复制、缩放 和删除，如表 3-4 所示为常用的草图编辑方法及实例。

表 3-4　草图编辑方法及实例

编 辑 命 令		实 例	操 作 方 法
	删除段	鼠标走过的轨迹	按下鼠标左键拖动鼠标，鼠标轨迹经过的图元被修剪或删除
修剪	拐角	选取要保留部位	在要保留部位选取两条直线。有两种情况： （1）两条直线没有相交，则系统延伸两条直线段； （2）两条直线相交，则系统修剪两条直线段
	分割	分割点　分割点 3.00　4.00　10.00	在图元的分割处单击鼠标左键，即可得到分割点

续表

编 辑 命 令	实 例	操 作 方 法
镜像	中心线	（1）选取要镜像图元； （2）单击镜像图标； （3）选取镜像中心线。 执行该命令前需要先做出一条中心线
缩放与旋转	平移符号 旋转符号 比例缩放符号 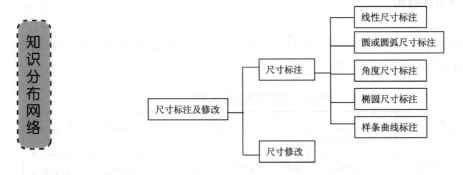	（1）选取图元； （2）单击缩放与旋转图标按钮； （3）系统弹出对话框，在工作区中选中状态的图元会被虚线的矩形框所包围，在矩形框的中部、右上角和右下角会出现3个符号，分别表示平移、旋转和缩放； （4）根据需要选取相应符号，用鼠标拖到所需位置，单击鼠标中键

3.4 尺寸标注及修改

知识分布网络

尺寸标注及修改
├─ 尺寸标注
│ ├─ 线性尺寸标注
│ ├─ 圆或圆弧尺寸标注
│ ├─ 角度尺寸标注
│ ├─ 椭圆尺寸标注
│ └─ 样条曲线标注
└─ 尺寸修改

在二维截面草绘阶段，当完成了图元的绘制后，系统会自动产生尺寸标注和约束条件，开始时这些尺寸都是以淡灰色显示的，这类尺寸称弱尺寸；但这些尺寸往往不能满足设计者的要求，需要对其进行修改或重新标注，修改或重新标注的尺寸称为强尺寸，以白色显示。当设计者利用手工标注方法加入一个新尺寸时，系统会自动删除多余的弱尺寸。

选取一尺寸后按鼠标右键出现快捷菜单，利用该菜单可进行尺寸的操作。

3.4.1 尺寸标注

在进行图形尺寸标注时，首先单击 按钮，进入尺寸标注状态，然后进行具体图元尺寸的标注。如表3-5所示列出了几种尺寸标注方法及实例。

表 3-5 尺寸标注方法及实例

尺寸标注类型		实 例	操 作 方 法
线性尺寸标注	线段长度或点到线		(1) 用鼠标拾取需要标注尺寸的直线线段; (2) 在要放置尺寸的位置单击鼠标中键
			(1) 用鼠标分别拾取点和线; (2) 在要放置尺寸的位置单击鼠标中键
	点到点		(1) 用鼠标分别拾取两个点; (2) 单击鼠标中键指定尺寸放置位置。 根据放置位置的不同,可产生水平尺寸或垂直尺寸
	圆到圆		(1) 用鼠标分别拾取两个圆周上的点; (2) 单击鼠标中键指定尺寸放置位置; (3) 系统提示标注水平还是垂直尺寸,选择后即可标注出其尺寸。 注意:拾取圆周的位置不同,标注出的尺寸也不同
圆或圆弧标注			圆的尺寸标注包括半径和直径尺寸。 (1) 用鼠标单击圆周标注半径尺寸,双击圆周标注直径尺寸; (2) 单击鼠标中键指定放置尺寸的位置
角度标注	两条直线夹角		(1) 用鼠标分别拾取两条直线; (2) 单击鼠标中键指定放置尺寸的位置; 注意:中键拾取位置决定了要标注的角度
	圆弧角度		(1) 用鼠标分别拾取圆弧两端点和圆弧上一点; (2) 单击鼠标中键指定放置尺寸的位置

续表

尺寸标注类型	实 例	操作方法
椭圆标注	Ry1.74 Rx4.05 椭圆... 选取 ⊙X半径(X) ○Y半径(Y) 接受	（1）用鼠标拾取椭圆圆周； （2）单击鼠标中键，弹出【椭圆半径】对话框； （3）在对话框中选取【X 半径】或【Y 半径】，标注出所需的椭圆长半轴和短半轴尺寸。 注意：【X 半径】或【Y 半径】的尺寸只会显示在椭圆弧的 X 方向（X 半径）或 Y 方向（Y 半径），要想改变位置，可拖动鼠标将尺寸放置在适当位置
样条曲线标注	中心线 65.00 70.00 3.00 20.00	（1）将两端点用中心线连接起来； （2）依次单击样条曲线、端点和中心线； （3）单击鼠标中键指定放置尺寸的位置。 注意：只需标注两端点的切线与两端点连线之间的角度尺寸，两端点的距离值系统会自动进行标注

3.4.2 尺寸数值的修改

尺寸数值的修改有以下两种方法。

1．双击尺寸值

在选取 ▶ 状态下，用鼠标直接双击尺寸值，系统出现尺寸值编辑框，输入新的尺寸值，按回车键或鼠标中键即可，Pro/E 支持+、−、×、/等运算符运算。此方法的特点是可快速修改单个尺寸，但是无法同时修改多个尺寸。由于每修改一个尺寸，系统就会立即再生，有可能造成图形失真。

2．使用修改按钮 ⇉

单击草绘工具条中的 ⇉ 按钮，选取要修改的尺寸，系统弹出【修改尺寸】对话框，如图 3-17 所示。可以选择多个需要修改的尺寸，在编辑框中输入新的尺寸值，单击 ✓ 按钮。草绘图形时尺寸最好一起修改。

若【修改尺寸】对话框中的【再生】被勾选，则每修改一个尺寸值图形就会再生一次，图元的几何形状和位置立即变化，经常会发生尺寸间的数值比例失调现象；常用的做法是先不勾选【再生】，等所有尺寸都修改完后再勾选【再生】。这样做的好处是修改尺寸过程中不会产生失真。

如果某些尺寸在图元修改过程中不希望改变，可以将其锁住，方法是选取要锁住的尺寸，长按鼠标右键出现快捷菜单，如图 3-18 所示，选择【锁定】选项即可。

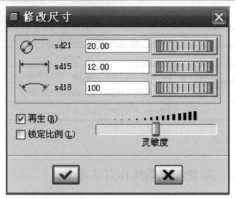

图 3-17　【修改尺寸】对话框

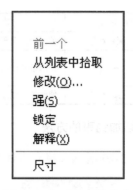

图 3-18　尺寸操作快捷菜单

3.5　约束操作

知识分布网络

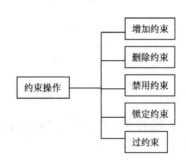

约束是指构成图形的各图元之间的特殊关系，如垂直、相切和对称等。Pro/E 具有自动约束功能，即草绘截面时系统自动添加并显示假设的约束条件。有时系统默认的约束并不能符合设计者的要求，这时需要进行约束操作。约束操作一般有 4 种：增加约束、删除约束、禁用约束和锁定约束。约束条件使用得越多，尺寸标注的数目就会越少。

3.5.1　增加约束

1．约束种类

单击草绘工具条中的约束按钮，系统弹出【约束】对话框，如图 3-19 所示。系统提供了 9 种约束条件，各种约束的含义如表 3-6 所示。

表 3-6　约束条件种类及含义

约 束 符 号	含 义	图上显示符号
竖直	使直线或两个点竖直放置	H
水平	使直线或两个点水平放置	V
垂直	使两个图元互相垂直	⊥
相切	使两个图元相切	T
锁定中点	使点位于直线的中点处	M
对齐	使两条直线共线、点在直线上或两点共点	图上显示符号依约束功能的不同而不同

续表

约束符号	含　义	图上显示符号
＋｜＋ 对称	使两个点关于中心线对称分布	→ ←
＝ 相等	使两条直线长度相等或两圆弧半径相等	"Ln" 或 "Rn"，n 是一个流水号，L 和 R 分别是 Length 及 Radius 的缩写
// 平行	使两条直线相互平行	//n，n 是一个流水号

2. 增加约束的方法

如图 3-20 所示，建立直线与圆相切约束，增加约束的操作方法如下。

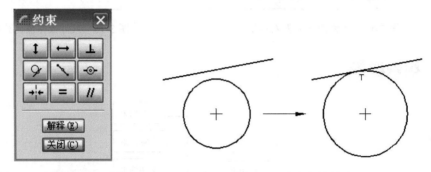

图 3-19　【约束】对话框　　　　　图 3-20　建立相切约束

（1）选取约束条件。单击 ▣ 按钮，在出现的【约束】对话框中选取一种需要的几何约束。本例选取相切约束按钮 ◌ 。

（2）选取约束图元。系统弹出【选取】对话框，选取需要约束的图元。分别选取直线和圆，系统立即建立直线和圆相切约束，图中显示出约束符号 T。

3.5.2　删除约束

将不需要的几何约束删除，其操作方法是在选取按钮 ▸ 激活的状态下，选取需要删除的约束，使其变成红色；按下键盘上的【Delete】键，即可完成删除约束操作。

3.5.3　禁用约束

由于目的管理器的作用，当绘制近似符合几何约束的图元时，如果光标出现在某些约束公差内，系统会捕捉该约束并在图元旁边显示其符号。有时该约束与设计者的设计意图不符，这时可以将几何约束禁用。如图 3-21 所示，已有直线 1，新增直线 2 时，系统会出现某些约束条件，如水平、相等或平行等。若要禁用这些约束，操作方法是当图上出现显示符号时，直接单击鼠标右键，图上显示的符号将会画上 "/" 符号。再次单击鼠标右键可取消约束禁用。

3.5.4　锁定约束

在绘制图元时，若满意默认的几何约束，可以对其进行锁定，系统将会画上 "○" 符号。

其操作方法同几何约束的禁用类似，只是在单击鼠标右键的同时按下【Shift】键即可。若图元的几何约束被锁定，则图元只能在几何约束规定的方向内移动。再次单击鼠标右键并同时按下【Shift】键可取消锁定约束。

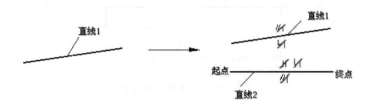

图 3-21 禁用约束示意图

3.5.5 过约束

完成截面草图的绘制后，图形上所标的尺寸和约束能唯一确定图形的几何形状和相对位置，此种情况称为完全约束。如果对处于完全约束的图形添加尺寸或约束，系统会弹出【解决草绘】对话框，并列出相冲突的尺寸或约束，如图 3-22 所示。这时需要把多余的尺寸或约束删除，也可以将多余尺寸转换为参考尺寸。对话框中的 4 个按钮含义分别如下。

（1）撤销：撤销造成过约束的操作，恢复到完全约束的状态。

（2）删除：删除多余的尺寸或几何约束。

（3）尺寸＞参照：将某一多余尺寸变成参考尺寸，尺寸后加 REF。

（4）解释：在信息区显示所选尺寸或约束的功能。

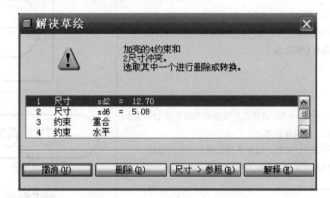

图 3-22 【解决草绘】对话框

实训 2 简单草图绘制

绘制如图 3-23 所示草图。通过本例可以掌握直线、矩形、圆和圆弧等图元的绘制方法，修剪和镜像编辑功能的使用，以及尺寸标注等内容。如表 3-7 所示列出了草图绘制的方法和步骤。

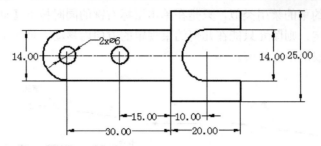

图 3-23　草图绘制实训 2

表 3-7　实训 2 简单草图绘制方法及步骤

步　骤	操 作 方 法	绘制的草图
建立新文件	单击主菜单【文件】→【新建】选项；在【新建】对话框的【类型】栏中选【草绘】选项；输入文件名"sketch1"，单击【确定】按钮	
绘制中心线和矩形	(1) 单击 ⋮ 按钮，在屏幕中间绘制一条水平中心线； (2) 单击 □ 按钮，相对中心线绘制一个矩形	
绘制右侧的U 形槽	(1) 单击 ＼ 按钮，绘制一条水平直线并镜像该直线； (2) 单击 ⌒ 按钮，过两条直线端点画相切圆弧； (3) 修剪右端竖线	
绘制左侧的U 形图和两个 $\phi6$ 圆	(1) 单击 ＼ 按钮，以矩形左端竖线为起点绘制一条水平直线，镜像该直线； (2) 单击 ⌒ 按钮，过两条直线端点画相切圆弧； (3) 单击 ○ 按钮，绘制两个小圆	
建立约束	单击 按钮，建立如下两个约束。 (1) 单击 ◉ 按钮，建立 $\phi6$ 小圆与左端圆弧两个圆心重合； (2) 单击 ＝ 按钮，建立两个 $\phi6$ 小圆半径相等	
标注尺寸并修改尺寸	(1) 如图 3-23 所示标注出所有尺寸； (2) 用矩形窗口将尺寸全部选中，单击 按钮，修改各尺寸值	
保存文件	保存该文件，关闭该窗口	

实训 3 复杂草图绘制

绘制如图 3-24 所示草图。通过本实例学会复杂图形的绘制方法，会利用中心线确定图元位置，进一步熟练掌握约束的建立和相切圆弧的绘制方法，能熟练进行尺寸标注和修改。如表 3-8 所示列出了草图绘制的方法和步骤。

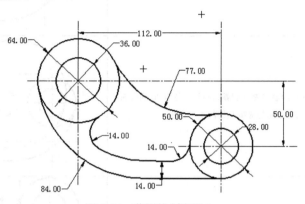

图 3-24 草图绘制实训 3

表 3-8 实训 3 草图绘制方法及步骤

步　骤	操 作 方 法	绘制的草图
建立新文件	单击主菜单【文件】→【新建】选项，在【新建】对话框中的【类型】栏中选【草绘】选项，输入文件名 "sketch2"	
绘制辅助中心线	（1）在屏幕适当位置绘制 4 条中心线； （2）标注并修改尺寸	
绘制圆和直线	（1）分别绘制φ28、φ50、φ36 和φ64 四个圆； （2）绘制下方直线	
绘制相切圆	（1）在适当位置绘制 R77 圆； （2）在适当位置绘制 R84 圆； （3）单击约束按钮，建立 R77 圆与φ50 和φ64 圆的相切关系； （4）建立 R84 圆与φ64 圆和直线的相切关系	

续表

步　骤	操 作 方 法	绘制的草图
修剪成圆弧	（1）修剪 $R77$ 圆弧； （2）修剪 $R84$ 圆弧，先修剪左侧圆弧，然后修剪右侧圆弧，再修剪直线。注意切点位置	
绘制与 $R84$ 圆弧和直线相距 14 的线	（1）绘制与 $R84$ 圆弧同心且半径为 70 的圆弧； （2）绘制与 $R70$ 相切的水平直线	
修剪上步绘制的线、倒圆角	（1）修剪 $R70$ 圆弧； （2）倒两个圆角，并建立相等关系，修改为 $R14$	
保存文件	保存该文件，关闭该窗口	

知识梳理与总结

　　本章主要介绍了 Pro/E 二维草绘模块的功能，包括的内容有基本几何图元的生成、编辑几何图元、尺寸标注与修改，以及约束操作等。

　　基本几何图元的生成是二维草图的一个最基本的功能，本章介绍了点、直线、圆和圆弧等基本几何图元的生成，以及样条曲线、文本等高级几何图元的生成。

　　编辑几何图元就是对生成的图形进行修剪、镜像、移动、缩放、旋转和复制等操作。在实际绘图过程中，灵活运用这些编辑功能可以减少重复操作，有利于提高工作效率。

　　尺寸驱动是 Pro/E 的一个重要特点，这也是参数化造型的一个基本特征。尺寸与约束主要介绍了基本尺寸的标注、样条曲线的尺寸标注、各种约束的功能及使用方法。在进行二维草图绘制时，一般先绘出基本草图轮廓形状，然后再设定尺寸和几何约束，最终形成准确的图形。

　　二维草图作为三维实体造型的基础，在工程设计中占有很重要的地位，应该熟练掌握二维草绘知识。学习本章内容时，需要结合大量的练习，才能对各种命令有更深入的了解，达到熟练灵活运用草绘知识完成草图绘制的目的。

习 题 3

1. 思考题

（1）Pro/E 的强尺寸和弱尺寸的区别是什么？

（2）Pro/E 提供了哪几种几何约束类型？

（3）如何建立结构线？

（4）如何标注直径尺寸，如何标注角度尺寸？

2. 绘制如图 3-25 所示的草图。

3. 绘制如图 3-26 所示的草图。

4. 绘制如图 3-27 所示的草图。

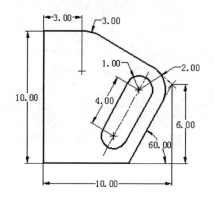

图 3-25 草绘练习 1

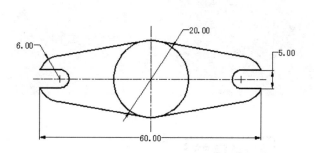

图 3-26 草绘练习 2

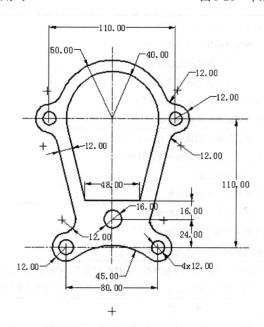

图 3-27 草绘练习 3

第4章
零件实体特征创建

教学导航

教学目标	1. 会进入实体模型创建环境 2. 了解实体模块工作界面 3. 掌握基本实体特征创建方法 4. 掌握工程特征创建方法 5. 掌握基准特征创建方法及使用 6. 掌握特征操作和编辑方法
知识点	1. 拉伸、旋转、扫描和混合特征的创建 2. 筋、孔、圆角、倒角和壳特征的创建 3. 基准特征的创建 4. 特征阵列、复制和镜像
重点与难点	1. 草绘平面与参考平面的含义及选取 2. 选取合适的拉伸深度形式 3. 综合应用各种特征创建实体零件
教学方法建议	采用投影仪讲解，结合多媒体教学软件组织教学，讲练结合；采用项目教学，通过项目强化训练和所学知识的应用；经常采用小竞赛和小测验激励学生的学习积极性和热情
学习方法建议	1. 课堂：多动手操作实践 2. 课外：课前预习，课后练习，勤于动脑，平时多观察身边的物体与所学知识联系应用
建议学时	18 学时

4.1　零件模块概述

知
识
分
布
网
络

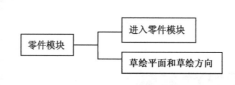

Pro/E 零件实体模型是由许多实体特征组成的，主要可分为基础实体特征和工程特征。

基础实体特征包括：拉伸特征、旋转特征、扫描特征和混合特征；这些特征在创建过程中必须绘制二维截面草图才能根据某种形式生成零件实体特征，因此它们也称草绘型特征。

工程特征包括：筋、圆角和倒角特征，拔模特征和壳特征等，在系统内部定义好了这些特征，在创建过程中用户只要按照系统的提示选择适当的参考、设定相关的参数即可生成。

4.1.1　进入零件模块

零件模块是 Pro/E 最基本的模块，进入零件模块的方法是单击主菜单【文件】→【新建】（或直接单击图标 ），进入如图 2-5 所示的【新建】对话框，在【类型】栏中选择【零件】单选钮，在【子类型】栏中选择【实体】单选钮，在【名字】栏中输入文件名，默认是 prt0001，下方复选框【使用默认模板】若勾选上是使用英制单位的系统模式；若不勾选单击【确定】按钮后进入【新文件选项】对话框，如图 4-1 所示。在对话框中有三种内置模板，一般选 mmns_part_solid（公制单位）模板。单击【确定】按钮进入【零件】模块，如图 2-1 所示。系统默认三个基准面：RIGHT、TOP、FRONT，一个基准坐标系：PRT_CSYS_DEF。其他界面的内容说明详见第 2 章 2.2 节。

单击主菜单【插入】命令，系统弹出下拉菜单如图 4-2 所示。该菜单提供了创建各种特征的命令。

4.1.2　草绘平面和草绘方向

在创建草绘型特征时需要选择一个草绘平面和一个草绘方向。草绘平面是用来绘制草图的平面，它可以是基准平面，也可以是实体的平面型表面，但不能是曲面。草绘方向用来确定草绘平面的放置方位，有时选取草绘平面后，系统会自动选取垂直于该草绘平面的基准平面或与基准平面平行的面作为默认方向进行参照。如果对自动创建的方向不满意或系统没有默认方向参照，可选取一个参照（平面、曲面或边）以定义视图方向。

当参照选取平面时，该平面要与草图平面垂直，它的法线方向可以为"顶"、"底"、"左"、"右" 4 个选择，从而决定如何摆放草图，在选择时应根据草绘时的具体情况视如何方便而定。也可以选择不与草图平面平行的直线作为方向参照。如图 4-3 所示连杆实体模型，选取前面为草绘平面，上面为参照平面，选取不同参照方向摆放草图情况。

图 4-2 【插入】菜单

图 4-1 【新文件选项】对话框

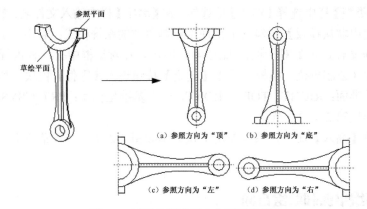

图 4-3 不同参照平面方向草图的摆放

4.2 拉伸特征

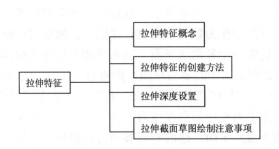

知识分布网络

40

拉伸特征是指将草绘截面沿指定的拉伸方向，以指定深度平直拉伸截面，如图 4-4 所示。拉伸是最常用的实体创建类型，适合构造等截面实体，可以创建出实心的实体、曲面、除料和薄壁四种三维模型。

4.2.1　拉伸特征创建

下面通过如图 4-4 所示的实例介绍拉伸特征的建立方法。

1．进入拉伸特征创建环境

图 4-4　拉伸实例——零件

单击【特征】工具栏上的 按钮，或者选择【插入】→【拉伸】，打开【拉伸】控制面板，如图 4-5 所示。

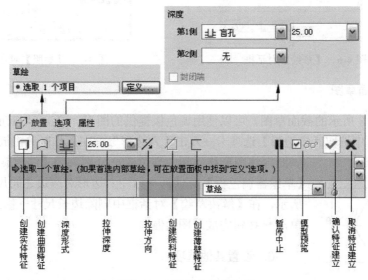

图 4-5　【拉伸】控制面板

2．确定模型类型

在控制面板中单击 按钮创建实体模型（系统默认）。

3．选取草绘平面和参照平面

单击【放置】面板中的【定义】按钮，系统显示【草绘】对话框，如图 4-6 所示。选取 TOP：F2（基准平面）为草绘平面，参照平面用默认的 RIGHT：F1（基准平面），方向列表选择【右】。单击【草绘】按钮，进入草绘模式。

4．选取尺寸参照

尺寸参照是标注尺寸的基准，可以是平面、中心线、边等，系统允许有多个尺寸参照，一般情况下最少有两个方向的尺寸参照，有时系统会自动添加默认的尺寸参照。在本例中系统自动添加了默认的尺寸参照，此步可以省略。

如果系统没有自动添加尺寸参照会弹出【参照】对话框，要求用户在工作区选择尺寸参照，如图 4-7 所示。选取参照后，单击【关闭】按钮，系统进入草绘模式。

如果系统自动添加的尺寸参照不合适可以重新设置，方法是单击主菜单【草绘】→【参照】，系统弹出如图 4-7 所示对话框，删除不需要的参照，选取合适的参照。

图 4-6 【草绘】对话框

图 4-7 【参照】对话框

5．绘制截面草图

绘制如图 4-8 所示的截面草图，可以使用调色板提供的图形。单击 ⬡ 按钮→在【草绘器调色板】对话框中选取【多边形】选项卡→双击"六边形"→在工作区单击放置位置→按住 ⊗ 图标将图形移动到中心位置→分别关闭【缩放旋转】对话框和【草绘器调色板】对话框→标注六边形对应边之间尺寸，如图 4-8 所示，在【解决草绘】对话框中删除边长尺寸→修改尺寸为 38→单击 ✔ 按钮完成草图绘制。

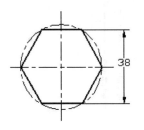

图 4-8 拉伸截面草图

6．设置其他选项

在控制面板中选择拉伸深度选项为 ⯗，输入深度值 25，再通过单击 ⯗ 按钮改变拉伸方向，本例默认方向向上。

7．预览拉伸特征

单击预览按钮 ☑𝌀，观察生成的拉伸特征。

8．完成特征

单击【拉伸】控制面板中的 ✔ 按钮，完成拉伸特征的创建。

拉伸特征其他几种形式：

（1）除料特征。在图 4-4 所示的实体模型上再创建一个孔除料特征，如图 4-9 所示。操作方法：在上面的第 2 步中单击 ⬭ 按钮，以模型的上面为草图面，绘制一个圆，拉伸深度选项为 ⯗⯗。

（2）薄壁特征。如果在上面的第二步中单击 ▢ 按钮将创建薄壁模型。如图 4-10 所示是创建壁厚为 3 的薄壁模型。

图 4-9　除料拉伸特征

图 4-10　薄壁拉伸特征

曲面特征将在后面章节介绍。

4.2.2　拉伸要素分析

拉伸实体时，主要包括以下两个方面，拉伸深度设置和拉伸截面草图绘制。

1．拉伸深度设置

拉伸特征需要指定深度，即拉伸到什么地方截止，若无任何实体特征存在时，有 3 种拉伸深度选项，若存在实体特征时，有以下 6 种选项，各种深度形式的含义如表 4-1 所示。

表 4-1　拉伸深度形式的含义

深度形式	含　　义	图示说明
① 止（盲孔）	通过输入具体数值确定拉伸深度	
② 日（对称）	与盲孔相似，以草绘面为基准，向两侧对称拉伸或旋转；注意：输入的尺寸值是总长度	
③ 凹（到下一个）	拉伸截面至下一曲面（平面）	
④ 非（穿透）	拉伸截面使之与所有曲面（平面）相交	
⑤ 止（穿至）	拉伸至所选定的曲面相交	
⑥ 止（到选定的）	拉伸截面至一个选定点、曲线、平面或曲面	

小提示：③、④、⑤深度形式中的曲面是指实体特征的曲面或平面；⑥深度形式中的面适用比较广，既可以是实体特征的面也可以是曲面特征的面。

2．拉伸截面草图绘制注意事项

拉伸截面草图绘制要注意以下几点。

1）截面几何尽量简单

2）实体的截面

（1）截面图形一般应封闭，首尾相接；但也可以开放，开放的端点必须与零件边对齐，如图 4-11 所示，约束两端点在实体边线上，另外，开放环截面只能有一个环。

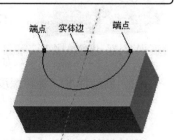

图 4-11　端点与实体边对齐

（2）封闭的截面可以包含一个或多个封闭环，若截面有多个封闭环，在拉伸时按"实—空—实"的原则形成实体。

（3）截面不能自相交或有多余线，环与环之间不能相交或相切，环与环之间也不能有直线（或圆弧等）相连。实体拉伸特征的几种错误截面如图 4-12 所示。

3）曲面、除料和薄壁截面

截面可以开放或封闭，开放的截面草图不用对齐端点。

以上截面草图原则也适用于旋转、扫描和混合等特征。

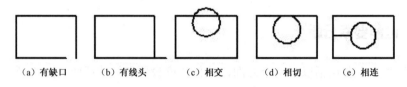

（a）有缺口　　（b）有线头　　（c）相交　　（d）相切　　（e）相连

图 4-12　实体拉伸特征的几种错误截面

4.3　旋转特征

4.3.1　旋转特征概念

旋转特征是由特征截面绕旋转中心线旋转而成的特征，如图 4-13 所示。旋转特征与拉伸特征一样可以创建出实心的实体、曲面、除料和薄壁四种三维模型，主要适合于构建回转体零件。

1．与拉伸特征不同之处

【旋转】控制面板与【拉伸】控制面板类似，如图 4-14 所示，不同之处有如下两点。

（1）旋转轴的类型：选取一条直线或边、基准轴作为旋转轴。如果在草图截面中绘出了中心线将显示"内部 CL"。

图 4-13　旋转模型

（2）旋转深度：旋转深度为角度，数值为角度尺寸，最大值为 360°。

2．旋转轴

旋转轴的创建方法有两种：

（1）在草绘截面上绘制中心线作为旋转轴，如图 4-15 所示。这时围绕中心线旋转的草图

只能绘制在该中心线的一侧，若草绘中使用的中心线多于一条，系统将自动选取草绘的第一条中心线作为旋转轴。

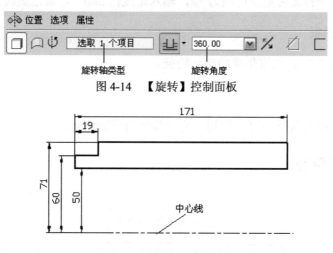

旋转轴类型　　　　旋转角度

图 4-14　【旋转】控制面板

图 4-15　旋转截面草图

（2）草绘截面时不绘制出中心线，而是在控制面板中选取基准轴或模型上的直边作为旋转轴，如图 4-16 所示。注意基准轴和直边要与草绘截面共平面。

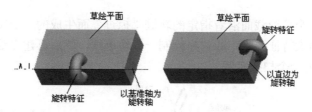

图 4-16　以基准轴、模型上的直边作为旋转轴

4.3.2　旋转特征的创建

下面通过如图 4-13 所示的实例介绍旋转特征的建立方法。

1．进入旋转特征创建环境

单击特征工具栏上的 ⊕ 按钮，或者选择【插入】→【旋转】，打开【旋转】控制面板。

2．选取草绘平面和参照平面

单击【位置】面板中的【定义】按钮，系统显示【草绘】对话框。选取 TOP 为草绘平面，参照平面用默认的 RIGHT：F1（基准平面），方向列表选择"右"。单击【草绘】按钮，进入草绘模式。

3．绘制截面草图

绘制如图 4-15 所示的截面草图，然后单击 ✔ 按钮，完成草图绘制，系统返回旋转特征模式。

4．设置其他选项

在控制面板中选择旋转角度选项为 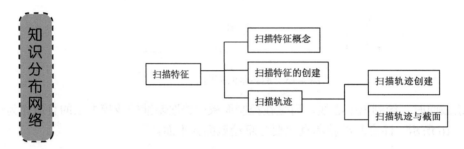，输入角度值 360°，确定旋转方向。

5．预览拉伸特征

单击预览按钮 ，观察生成的旋转特征。

6．完成特征

单击【旋转】控制面板中的 按钮，完成旋转特征的创建。

4.4　扫描特征

扫描特征是将一个草绘截面沿着指定的轨迹"掠过"而生成的三维实体特征。创建扫描特征时，必须给定两大特征要素，即首先绘制一条轨迹线，然后再建立沿轨迹线扫描的特征截面。图 4-17 所示为一个扫描实例。

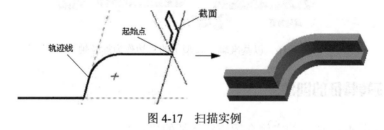

图 4-17　扫描实例

4.4.1　扫描特征创建

下面通过如图 4-17 所示的实例介绍扫描特征的创建方法。

1．进入扫描特征创建环境

单击主菜单【插入】→【扫描】→【伸出项】，创建加材料的实体扫描特征。另外，在扫描子菜单中还有薄板伸出项、切口、薄板切口、曲面等选项，分别建立薄板扫描特征、实体切除扫描、薄板切除扫描和曲面扫描等特征。

2．创建轨迹

系统弹出扫描特征对话框和【扫描轨迹】菜单，如图 4-18 所示。选取【草绘轨迹】，系

统弹出【草绘】对话框，选取 TOP 面为草绘平面，参照平面采用默认设置，在草绘模式下绘制轨迹线，如图 4-19（a）所示。

3．绘制扫描截面

扫描轨迹线确定后，系统会调整模型的视图方向自动进入草绘环境。草绘扫描截面与一般草绘截面的方式基本相同，只是不需要设计者选取草绘平面、参考平面和草绘参照，而采用系统提供的水平和竖直中心线作为参照（其交点即是轨迹的起点），绘制的扫描截面如图 4-19（b）所示。

图 4-18 扫描特征对话框及【扫描轨迹】菜单

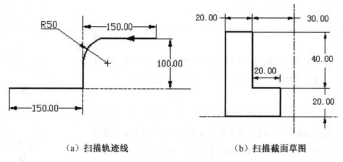

（a）扫描轨迹线 　　　　（b）扫描截面草图

图 4-19 扫描轨迹线和扫描截面草图

4．完成特征

完成扫描截面图形的绘制后，单击 ✔ 按钮完成草图截面定义，单击扫描特征对话框中的【确定】按钮，完成扫描特征的创建，如图 4-17 所示。

4.4.2 扫描轨迹

1．扫描轨迹的创建方式

扫描轨迹有两种创建方式：草绘轨迹和选取轨迹。

图 4-20 【链】菜单

1）草绘轨迹

选取草绘平面和参考平面，在其上草绘一条平面曲线作为扫描轨迹线，如以上实例。轨迹线可以是封闭的，也可以是开放的。草绘的第 1 端点是轨迹的起点，如果发现起始点的位置不符合设计意图可更改起始点，方法是先用鼠标左键选取要更改到的点，然后长按右键出现下拉菜单，在菜单中选取【起始点】，或在主菜单选择【草绘】→【特征工具】→【起始点】，起始点更改后，扫描方向也会自动改变。

2）选取轨迹

选取已存在的基准曲线、曲线、实体边作为扫描轨迹曲线。选取该选项后系统会弹出如图 4-20 所示的【链】菜单，利用该菜单可用不

同的方式选择曲线去定义轨迹。表 4-2 列出了各选项的含义。

表 4-2　【链】菜单各选项的含义

选择曲线方式	含　义	示　例
依次	按照顺序逐一选取已有的实体边线或基准线作为扫描轨迹	按住Ctrl键依次选取这三条线
相切链	在实体或曲面的边上，单击一条边，所有从它出发的连接点为切点的边都被选取	单击实体边上一点选取相切链
曲线链	选择曲线链中的边作为扫描轨迹。当选取曲线时系统会出现【链选项】菜单，确定需要曲线的全部还是某一段	选取曲线链
边界链	通过选取一个曲面，并使用其单侧边来定义轨迹。当选取曲面时系统会出现【链选项】菜单，确定需要环的全部还是某一段	选取曲面
曲面链	通过选取实体或曲面的面，并使用该面的边来定义扫描轨迹。当选取面时系统会出现【链选项】菜单，确定需要环的全部还是某一段	选取实体的面
目的链	通过选择模型中预先定义的边集来定义扫描轨迹	选取上面为边集

2. 扫描实体特征轨迹与截面关系

（1）当扫描轨迹开放时，截面必须封闭。

（2）当扫描轨迹封闭时，扫描截面有【增加内部因素】和【无内部因素】两个选项，如图 4-21 所示。

图 4-21　扫描【属性】菜单 1

①　增加内部因素：截面沿着封闭的轨迹扫描时，系统会将所围成实体的内部自动填充材料，此时要求扫描截面必须是开放的。

②　无内部因素：封闭的截面沿着封闭的轨迹扫描时，系统不做任何实体填补，此时要求扫描截面必须是封闭的。

增加内部因素与无内部因素的差异如图 4-22 所示。

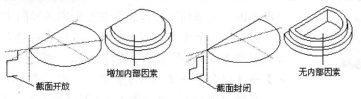

图 4-22　增加内部因素与无内部因素的差异

（3）当扫描轨迹开放时，如果轨迹与已经存在的实体相接触，系统会询问首尾端是合并终点还是自由端点，如图 4-23 所示。

① 合并终点：扫描截面的末端融入相连实体中。

② 自由端点：扫描截面在末端与轨迹仍然保持垂直，保持自由的接触状态。

合并终点与自由端点差异如图 4-24 所示。

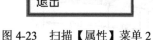

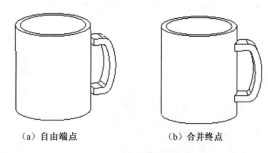

（a）自由端点　　　　（b）合并终点

图 4-23　扫描【属性】菜单 2　　　图 4-24　自由端点与合并终点的比较

小经验： 创建扫描轨迹时应注意如下几点。

（1）轨迹不能自身相交。

（2）相对于扫描截面的大小，扫描轨迹中的弧或样条半径不能太小，否则扫描特征在经过该弧时会由于自身相交而出现特征生成失败。

4.5　混合特征

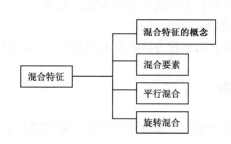

4.5.1　混合特征的概念

混合特征是将一组截面沿其边线用过渡曲面连接形成一个连续的特征，截面之间的特征是渐变的，它适用于创建多个截面形态各异的实体特征。

混合特征至少需要两个截面，按其截面的位置关系混合特征分为三种方式：平行混合、旋转混合、一般混合。单击主菜单【插入】→【混合】→【伸出项】选项，即可进入建立混合特征的状态，系统出现如图 4-25 所示的【混合选项】菜单。

图 4-25　【混合选项】菜单

（1）平行混合：所有截面都互相平行，因此所有截面可在同一草绘平面绘制，绘制完后，只需指定截面之间的距离即可产生混合特征，平行混合模型如图 4-26 所示。

（2）旋转混合：各截面可绕 Y 轴旋转一定角度，即后一个截面的位置由前一截面绕 Y 轴旋转指定角度来确定，旋转角度范围在 0～120° 之间。每个截面都需单独绘制，并在每个草绘截面中都要建立坐标系，旋转混合模型如图 4-27 所示。

图 4-26　平行混合模型

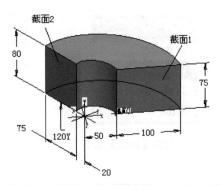

图 4-27　旋转混合模型

（3）一般混合：各截面间不仅有一定距离，而且可绕 X、Y、Z 轴旋转，旋转角范围为 0～120° 之间。每一截面都单独绘制，并在每个草绘截面中建立坐标系。

（4）规则截面：在草绘模式下绘制具有确定尺寸的截面进行混合。

（5）投影截面：将绘制的各截面几何图形投影到指定的各个实体表面，再对各表面的几何图形进行混合。

（6）选取截面：选择已有的截面图形为混合截面。

（7）草绘截面：绘制新的截面图形。

平行混合和旋转混合的创建方法将在后面详细介绍，由于篇幅有限一般混合从略。

4.5.2　混合要素

混合特征一般包括起始点、混合顶点和混合截面等几个要素。

1. 混合顶点

混合特征每个截面的点数（线段数）要相同，如果不相同需要在截面的边上增加分割点或混合顶点。

1）增加分割点

增加分割点的方法是单击工具栏上的 图标按钮，分割图元，如圆形截面与其他多边形混合需要增加断点将其分割，如图 4-28 所示的截面 2。

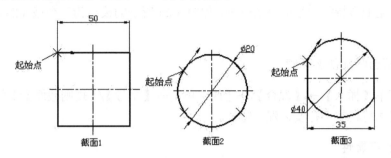

图 4-28 平行混合截面几何图形

2）增加混合顶点

增加混合顶点的方法如下。

（1）在截面上选取一个要混合的顶点；

（2）单击菜单【草绘】→【特征工具】→【混合顶点】，或长按鼠标右键，系统出现快捷菜单如图 4-29 所示，选择【混合顶点】选项，系统会认为此点是增加的一个顶点，即一点当做两点用。但起点不可设置为混合点，可以将一个点增加多个混合顶点。三角形截面增加一个混合顶点的情况如图 4-30 所示。

2．起始点

各截面的起点要靠近。草绘截面时系统会在第一个图元的绘制起点产生一个带方向的箭头，此箭头表明截面的起点和方向，各截面的起点要靠近，如图 4-30 所示。

如果起始点的位置不合适，可能会造成特征扭曲或特征生成失败，更改起始点的方法是：单击新的起始点，选取菜单【草绘】→【特征工具】→【起始点】，也可以选取新起始点后，长按鼠标右键，在如图 4-29 所示的快捷菜单中选择【起始点】选项，起始点会自动更改新位置或方向。

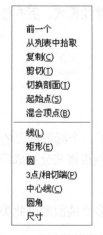

图 4-29 混合快捷菜单

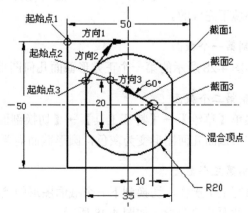

图 4-30 增加混合顶点

4.5.3 平行混合

平行混合是混合特征中最简单的一种，如图 4-26 所示的模型为三个截面的平行混合，创建方法如下。

1. 进入混合特征创建环境

选择主菜单【插入】→【混合】→【伸出项】→【平行】/【规则截面】/【草绘截面】→【完成】，创建加材料的平行实体混合特征。

2. 设置特征属性

在确定混合的截面形式后，系统出现混合特征对话框并弹出【属性】菜单，如图 4-31 所示。定义混合截面之间的过渡方式，选择【直的】选项。

【直的】和【光滑】两选项含义如下。

（1）【直的】：截面间顶点的连线为直线。

（2）【光滑】：截面间顶点的连线为样条曲线。

图 4-31　混合特征对话框和【属性】菜单

3. 草绘混合截面

1）进入草绘模式

选择基准面 RIGHT 为草绘平面，其他采用默认设置，进入草绘模式。所有截面是在同一个草绘环境下完成的。

2）绘制第一个截面

绘制如图 4-28 所示的第一个正方形截面几何图形。

3）绘制第二个截面

单击菜单【草绘】→【特征工具】→【切换剖面】，切换到下一个圆形截面的绘制，此时原先正方形截面几何图形变为灰色，圆形截面需要增加四个分割点将其分割成四段。

4）绘制第三个截面

再次执行上个操作，切换到下一个截面图形的绘制。如果有多个截面则以此类推，直至绘制出所有截面几何图形，如图 4-28 所示。

当前激活的截面只有一个，黄色表示，使用【切换截面】命令可进行截面之间的激活转换。也可以在任意位置长按鼠标右键，在出现的如图4-32所示的快捷菜单中，选择【切换剖面】进行截面切换。

5）完成草图绘制

单击✔图标按钮，完成草图绘制。

4．设置截面间距离

在信息栏逐个输入各截面间的距离，如30、80。

5．完成平行混合特征的建立

单击混合特征对话框中的【确定】按钮，完成平行混合特征的创建，如图4-26所示。

另外，混合截面的第一个或最后一个截面可以是一个点，如图4-33所示为在上例基础上加入最后一个点截面，截面之间过渡方式为【光滑】的混合特征。

图4-32　平行混合切换截面快捷菜单　　　图4-33　最后一个截面是点的混合特征

4.5.4　旋转混合

如图4-27所示为两个截面的旋转混合，创建方法如下。

1．进入混合特征创建环境

选择主菜单【插入】→【混合】→【伸出项】→【旋转的】/【规则截面】/【草绘截面】。

2．设置特征属性

定义混合截面之间的过渡方式，在属性菜单中选取【光滑】/【开放】。与平行混合相比旋转混合属性菜单中增加了【开放】和【封闭的】两项，其含义是：

（1）【开放】：第一个截面与最后一个截面会连接形成一个开放的实体。

（2）【封闭的】：第一个截面与最后一个截面形成一个封闭的实体。

3．草绘混合截面

1）绘制第一个截面

选择基准面FRONT为草绘平面，其他采用默认设置，进入草绘模式，绘制如图4-34所示第一个截面草图并建立坐标系，单击✔按钮完成草图绘制。在信息栏输入120作为第二个

截面绕 Y 轴旋转的角度。

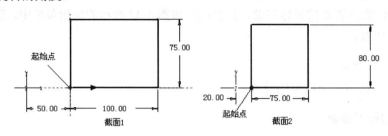

图 4-34　旋转混合截面

2）绘制第二个截面

在草绘环境中绘制如图 4-34 所示的第二个截面草图，单击 ✔ 按钮完成草图绘制。系统提示是否继续下一个截面，选取【否】结束截面的绘制。

4．完成旋转混合特征的建立

单击混合特征对话框中的【确定】按钮，完成旋转混合特征的创建。

4.6　基准特征

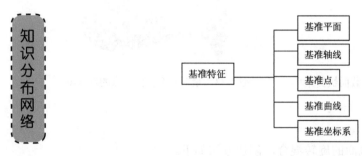

基准特征是 Pro/E 系统中的特征之一，在实体和曲面造型中起辅助作用，它包括基准平面、基准轴线、基准点、基准曲线及基准坐标系。

进入基准特征子菜单方法是单击菜单【插入】→【模型基准】，或单击基准特征工具栏的图标按钮，就能方便地建立各种基准特征。如图 4-35 所示为创建模型基准的菜单和工具栏。

4.6.1　基准平面

基准平面是一无限大的平面，系统为了表示基准平面，将它显示为一个长方形框；进入【零件】模块时，系统默认三个相互垂直的基准平面，分别为 RIGHT、TOP 和 FRONT，基准平面一般用于草绘平面和参考平面、尺寸标注的参考面、装配基准和工程图的剖切面等。新创建的基准平面默认名为：DTM1、DTM2……。基准平面建立的方法如下。

1）进入基准平面创建状态

单击【插入】→【模型基准】→【平面】，或直接单击工具栏上的 ⬜ 按钮，系统弹出【基准平面】对话框，如图 4-36 所示。

图 4-35 创建模型基准的菜单和工具栏

图 4-36 【基准平面】对话框

2）选择放置参照

在工作区选择放置参照，用于定位基准平面，可以选择点、边（线）、面、坐标系等。根据所选取的参照不同，对话框面板显示的内容也不同。

3）选择约束条件

约束条件对所选择的放置参照进行约束以实现基准平面的定义，如果放置参照有多个约束条件可选项，需要在对话框中选取约束条件。方法是单击对话框中的约束条件处，出现带 按钮的下拉菜单，单击该按钮在下拉菜单中选择约束条件。系统主要提供了如下几种约束条件，如表 4-3 所示。

表 4-3 建立基准平面的约束条件

约 束 条 件	说 明
穿过	基准平面通过选取的点、线（边）、轴、平面或曲面
偏移	基准平面与选取的平面或坐标系偏移一个设定距离
平行	基准平面平行于选取的平面，它必须与其他约束搭配使用
法向	基准平面垂直于轴线、实体边线、曲线、平面
角度	基准平面与选取的平面成一个设定的角度
相切	基准平面与选取的圆柱面相切

选择两个以上的参照需要按住【Ctrl】键；如果要删除所选择的参照，选取该参照并单击鼠标右键，在出现的快捷菜单中选择【移出】。

4）完成基准平面的创建

单击对话框中的【确定】按钮完成基准平面的创建。

如图 4-37 所示，在拉伸实体上选取不同参照和约束条件建立的三个基准平面，其创建方法如表 4-4 所示。

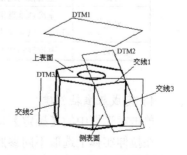

图 4-37 基准平面创建实例

表 4-4　基准平面创建方法

基准平面名	基准平面特点	具 体 操 作	备　注
DTM1	该基准平面由模型上表面偏移产生，属于单一参照	单击上表面，在基准平面对话框中输入偏距值：25	在对话框中输入负值表示向相反方向偏移或旋转
DTM2	该基准平面由侧表面绕交线 1 旋转 45°产生，属于多重参照	单击侧表面，然后按住【Ctrl】键选取交线 1，在偏距旋转栏输入 45°	
DTM3	该基准平面通过交线 2 和交线 3 产生，属于多重参照	单击交线 2，然后按住【Ctrl】键选取交线 3	

4.6.2　基准轴

基准轴是无长短的直线，用于建立特征的参考，特别在建立圆孔等旋转特征和圆形阵列时是一种重要的辅助基准。在建立圆柱体或旋转体、孔特征及其他圆弧特征时系统会自动添加中心轴线。基准轴与中心轴都是轴线，但基准轴是独立特征，中心轴是依附于回转特征而存在，不作为单独特征显示。新创建的基准轴默认名为：A_1、A_2……。基准轴建立方法如下。

1）进入基准轴创建状态
单击【插入】→【模型基准】→【轴】，或直接单击工具栏上的 按钮，系统弹出【基准轴】对话框，如图 4-38 所示。

2）选择放置参照
在工作区选择放置参照，用于定位基准轴线，可以选择点、边（线）、面等。

3）选择约束类型
约束条件对所选择的放置参照进行约束以实现基准轴线的定义，如果放置参照有多个约束条件可选项，需要在对话框中选取约束条件，选取方法与基准平面类似。系统主要提供了如下几种约束条件，如表 4-5 所示。

表 4-5　建立基准轴约束条件

约 束 条 件	说　明
穿过	基准轴通过指定的参照
法向	基准轴垂直指定的参照，该类型还需要在【偏移参照】栏中进一步定义或者添加辅助点或顶点，以完全约束基准轴
相切	基准轴相切于指定的参照，该类型还需要添加辅助点或顶点以完全约束基准轴

4）完成基准轴创建
单击对话框中的【确定】按钮完成基准轴的创建。
在拉伸实体上选取不同参照和约束条件建立的三个基准轴如图 4-39 所示，其创建方法如表 4-6 所示。

图 4-38　【基准轴】对话框

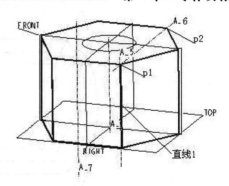

图 4-39　基准轴创建实例

表 4-6　基准轴创建方法

基准轴名	基准轴特点	具 体 操 作	备　　注
A_5	该基准轴穿过直线 1	单击直线 1，约束条件为【穿过】	基准轴的显示效果可以改变。方法是在对话框中单击【显示】选项卡，选择【调整轮廓】项，在【长度】编辑框中输入适当的值。
A_6	该基准轴通过 p1、p2 两个点	单击 p1 点，然后按住【Ctrl】键选取 p2 点	
A_7	该基准轴与模型上表面垂直，并与 RIGHT 和 FRONT 基准面相距 20	在适当位置单击上表面，约束条件为【法向】，然后单击【偏移参照】栏，分别选取 RIGHT 和 FRONT 基准面，注意选取第二个基准面时按住【Ctrl】键	基准平面显示效果也可用这种方法改变

4.6.3　基准点

基准点主要用来作定位参考点，也常用来辅助创建基准曲线、样条曲线和其他基准特征等。系统命名基准点为 PNT0、PNT1、PNT2 ……在图中用"×"表示。单击【插入】→【模型基准】→【点】，或者单击工具栏中的 ×× 图标旁的小三角符号，系统弹出如图 4-40 所示的四种基准点创建方式。

图 4-40　四种基准点创建方式

××：一般基准点。在曲面或曲线上创建基准点，或创建沿放置面法线偏移的基准点。

××：草绘基准点。在草绘工作界面上创建基准点。

××：坐标系基准点。在选定坐标系下，利用坐标值创建基准点。

××：场基准点。直接在实体或曲面上单击鼠标左键创建的基准点，无须精确定位，系统也不赋予相应的尺寸参数，该点用于模型分析。

在圆柱实体上使用不同方法创建的基准点如图 4-41 所示，创建方法如表 4-7 所示。

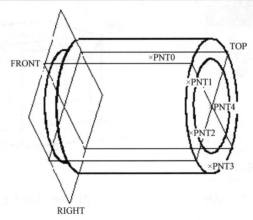

图 4-41　基准点创建实例

表 4-7　基准点创建方法

基准点名	基准点特点	具体操作
PNT0	在面上创建基准点	（1）单击 ×× 按钮，在圆柱表面适当位置单击，出现名称为 PNT0 的基准点
		（2）选取偏移参照。分别拖动基准点 PNT0 的两个图柄移动到圆柱右端面和 FRONT 面上，则这两个基准面为偏移参照
		（3）调整基准点。可以拖动基准点 PNT0 变动其位置，也可以单击对话框中【偏移参照】中的尺寸值，输入具体尺寸，如本例中距右端面 50，距 FRONT 面 10，如图 4-42 所示
PNT1	在边/线上创建基准点	（1）单击 ×× 按钮，在圆柱外表面右端边线上适当位置单击，出现名为 PNT1 的基准点，【基准点】对话框显示如图 4-43 所示
		（2）选取偏移定位方式。有两种偏移定位方式：【比率】和【实数】。本例中采用【比率】，比率为 0.6。偏移参照可决定曲线端点以及其他的次参照对象
PNT2 和 PNT3	草绘基准点	（1）单击 ×× 按钮，出现【草绘基准点】对话框；选取圆柱右端面为草绘平面，接受默认方向；以 TOP、FRONT 面为尺寸参照，进入草绘模式
		（2）绘制点。单击草绘命令工具栏中的 × 按钮，在草绘平面绘制两个点 PNT2、PNT3；单击 ✓ 按钮
PNT4	在图元相交处创建基准点	单击 ×× 按钮，按住【Ctrl】键分别选取 FRONT、TOP 基准面和圆柱右端面，三个面的交点 PNT4 为创建的基准点

图 4-42　在面上创建基准点

图 4-43　在边/线上创建基准点

4.6.4　基准曲线

基准曲线常用做轨迹线及实体和曲面特征生成过程中的辅助曲线,它可以是直线或曲线。单击【插入】→【模型基准】或单击工具栏中的曲线创建按钮,建立曲线的方法有两种:插入基准曲线～和草绘基准曲线♁。草绘曲线是建立基准曲线最简单、快捷的方法,它可直接在选定的草绘平面上绘制基准曲线。

单击～按钮,系统弹出如图 4-44 所示的【曲线选项】下拉菜单,它包含 4 种基准曲线建立方式:【经过点】、【自文件】、【使用剖截面】和【从方程】。

①【经过点】:通过多个参考点建立基准曲线。

②【自文件】:使用数据文件绘制一条基准曲线。

③【使用剖截面】:用剖截面的边界来建立基准曲线。

④【从方程】:通过输入数学方程式来建立基准曲线,常用在该曲线具有某特定数学方程的情况下,如叶片、机翼等。

在拉伸实体上创建基准曲线实例如图 4-45 所示,创建方法如表 4-8 所示。

图 4-44　【曲线选项】菜单

表 4-8　基准曲线创建方法

基准曲线名	基准曲线特点	具　体　操　作
曲线 1	经过点创建的基准曲线	(1) 单击～按钮,在【曲线选项】菜单中选择【经过点】,单击【完成】;系统弹出【曲线】对话框和【连结类型】菜单,【连结类型】菜单如图 4-46 所示
		(2) 采用【样条】/【整个阵列】/【添加点】方法建立曲线,依次选取交点 1、PNT2、PNT1、PNT0、交点 2,单击【完成】,单击对话框中的【确定】按钮
曲线 2	在上表面草绘生成的基准曲线	(1) 单击♁按钮,弹出【草绘基准曲线】对话框
		(2) 选取实体上表面为草绘平面,接受默认的绘图方向和默认参照,开始草绘
		(3) 单击样条曲线按钮♁,草绘一条样条曲线
		(4) 单击✔按钮,退出草绘状态

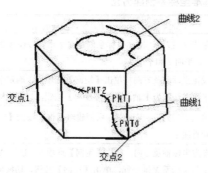

图 4-45　基准曲线创建实例

图 4-46　【连结类型】菜单

4.6.5 基准坐标系

基准坐标系是设计中最重要的公共基准，常用来确定特征的绝对位置，装配约束的定义，计算模型物理特性，零件加工时确定刀具轨迹等。系统默认基准坐标系为 PRT_CSYS_DEF，新创建基准坐标系默认名为：CS0、CS1、CS2 ……图中用互相垂直的三根短轴来表示，其 X、Y、Z 轴的方向符合右手定则，只需确定两个坐标轴就可以自动推断出第三个坐标轴。单击【插入】→【模型基准】→【坐标系】，或者单击工具栏中的 图标按钮，系统弹出如图 4-47 所示的【坐标系】对话框，对话框包括【原始】、【定向】、【属性】3 个选项卡。

①【原始】选项卡：用于定位基准坐标系，如图 4-47（a）所示。在工作区选取放置参照，可以选取点、边（线）、面等；另外，系统还可以选取坐标系为参照，通过偏移现有坐标系创建新的坐标系，偏移方式可采用笛卡儿坐标、柱坐标、球坐标方式，具体偏移值在下面对应坐标轴栏内输入。

②【定向】选项卡：用于设定坐标轴的位置和方向，如图 4-47（b）所示。有两种定向根据：参考选取，即通过选择任意两个坐标轴的方向参照来定位坐标系；所选坐标轴，即在【原始】选项卡【参照】中选取坐标系，该项才能被激活，通过设定坐标轴的旋转角度来定位。

如图 4-48 所示是在实体上使用不同方法创建的基准坐标轴 CS0、CS1，创建方法如表 4-9 所示。

（a）【原始】选项卡　　　　　　（b）【定向】选项卡

图 4-47　【坐标系】对话框

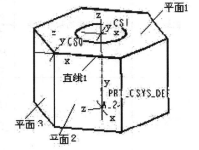

图 4-48　基准坐标系创建实例

表 4-9　基准坐标系创建方法

基准坐标系名	基准坐标系特点	具 体 操 作
CS0	坐标系通过三个面的交线，交点为坐标系原点	（1）单击 按钮，出现坐标系创建对话框。按住【Ctrl】键分别选取平面 1、平面 2 和平面 3
		（2）设定坐标轴及方向。单击【定向】选项卡，确定平面 1 法线为 Z 轴，平面 2 法线为 Y 轴，单击【反向】按钮，切换坐标轴方向
CS1	坐标系位于轴线 A_2 上，X 轴与直线 1 平行	（1）单击 按钮，出现坐标系创建对话框。按住【Ctrl】键分别选取轴线和直线 1
		（2）设定坐标轴及方向。单击【定向】选项卡，确定 A_2 轴线为 Z 轴，直线 1 与坐标系 X 轴平行，单击【反向】按钮，切换坐标轴方向

4.7 筋特征

知识分布网络

筋特征是在两个或两个以上的相邻平面间添加的加强筋，它是机械中常见的结构之一，在 Pro/E 中可以非常方便地在需要的部位加入筋特征，筋创建过程与拉伸特征基本相似。不同的是筋特征的截面草图是不封闭的，只是一条线，该线两端必须与接触面对齐。

根据相邻面的类型不同，筋特征分为两种类型：直筋和旋转筋。直筋：相邻两个面均为平面时生成筋，如图 4-49 所示；旋转筋：相邻两个面有 1 个为弧面或圆柱面，草绘筋的平面必须通过圆柱面或弧面的中心轴，如图 4-50 所示。

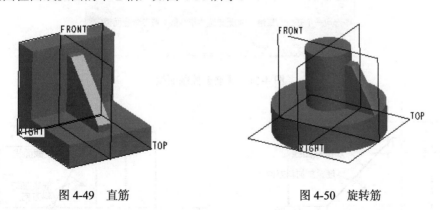

图 4-49 直筋   图 4-50 旋转筋

下面通过图 4-49、4-50 所示的实例介绍筋特征的建立方法，如表 4-10 所示。

表 4-10 筋特征创建方法

筋板类型	主要步骤	具 体 操 作
直筋	（1）进入筋特征创建环境	单击特征工具栏上的 按钮，或者选择【插入】→【筋】，打开【筋】控制面板，如图 4-51 所示
	（2）绘制筋板截面图	单击控制面板上的【参照】按钮，打开【参照】上滑面板。单击【定义】按钮，弹出【草绘】对话框，选取 FRONT 面为草绘平面，RIGHT 面为参照平面，单击【草绘】按钮系统进入草绘截面状态，绘制筋截面草图，如图 4-52 所示，单击 按钮
	（3）设定筋板加材料方向	在模型上单击【方向】箭头，直至箭头方向指向实体侧
	（4）设定筋板厚度	在控制面板中直接设定筋板厚度 20。厚度方向有向草绘平面一侧拉伸或关于草绘平面对称拉伸，通过单击控制面板的 按钮转换，本例采用相对 FRONT 面对称拉伸
	（5）完成筋板特征	单击控制面板中的 按钮，完成直筋特征创建

续表

筋板类型	主要步骤	具 体 操 作
旋转筋	（1）进入筋特征创建环境	与直筋相同
	（2）绘制筋板截面图	选取的草绘平面 FRONT 要通过圆柱轴线，绘制的截面草图线如图 4-53 所示
	（3）、（4）、（5）步骤与直筋相应步骤相同	与直筋相同

小经验：（1）草图的截面线一定是开放的，不能封闭，不需要绘出实体表面上的边线。

（2）线的端点要与实体的边重合。

（3）旋转筋的草绘平面一定要通过旋转特征的轴线。

图 4-51 【筋】控制面板

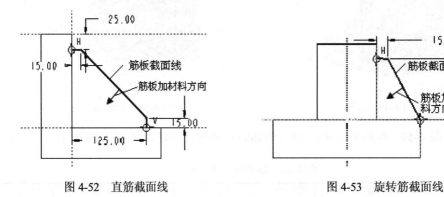

图 4-52 直筋截面线   图 4-53 旋转筋截面线

4.8 孔特征

知识分布网络

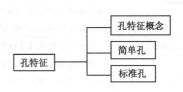

孔特征是产品设计中使用最多的特征之一，它的横向断面为圆型，纵向断面依据旋转中心对称。系统提供了二种类型的孔：简单孔和标准孔。

4.8.1 简单孔

简单孔包括三种类型：直孔、钻孔、草绘孔。

直孔的直径保持一致，是最简单的孔特征。钻孔底部为锥孔，上部形状可以为埋头和沉头。如图 4-54 所示是在 200×100×50 的长方体上创建的简单孔，创建方法如表 4-11 所示。

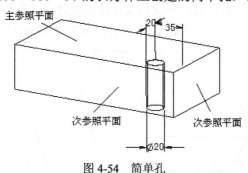

图 4-54　简单孔

表 4-11　简单孔创建方法

主 要 步 骤	具 体 操 作
（1）进入孔特征创建环境	单击特征工具栏上的 按钮，或者选择【插入】→【孔】，打开【孔】控制面板，如图 4-55 所示
（2）选取孔特征类型	选取孔类型为【简单孔】、【直孔】
（3）选取放置平面	单击【放置】按钮，打开孔【放置参照】上滑面板，如图 4-55 所示。单击【主参照】栏，选模型的上表面为主参照面
（4）选取定位方式并确定孔的位置	在【孔放置类型】下拉列表中选取【线性】类型；单击【次参照】栏，按住【Ctrl】键在模型上分别选取右侧面和前面为两个次参照，也可拖动手柄到次参照边上。修改两个次参照距离值分别为 35 和 20
（5）确定孔径和深度	在【孔】控制面板中输入孔直径为 20，深度为 穿透，如图 4-55 所示
（6）完成简单孔特征	单击控制面板中的 按钮，完成孔特征创建

在如图 4-55 所示的孔【放置参照】上滑面板中，系统提供了三种放置类型，各种类型含义如表 4-12 所示。

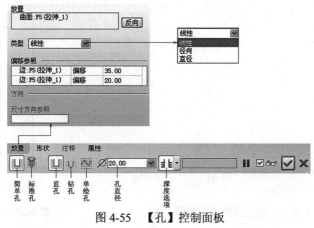

图 4-55　【孔】控制面板

表 4-12　孔放置类型含义

放 置 类 型	含 义
线性	类似于在直角坐标系中定位孔,孔的定位尺寸有两个线性尺寸,需指定两个用做基准的边或面,系统将它们显示在次参照中,如图 4-55 所示
径向	以极坐标方式定位孔,孔的定位尺寸有极角、极径两个尺寸,需指定参考轴(用做极点)、参考平面(用做极轴),如图 4-56 所示
直径	它类似于径向方式定位孔,区别是孔的极径定位尺寸是直径而不是半径

　　草绘孔是使用草图中绘制的截面形状完成孔特征的建立,其特征生成原理与实体的旋转减料特征类似,草绘的孔如图 4-57 所示,创建方法如表 4-13 所示。

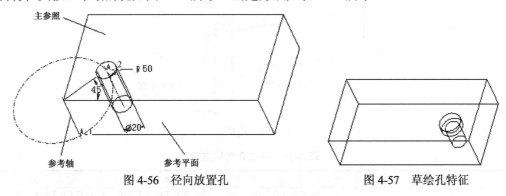

图 4-56　径向放置孔　　　　　　　　　　图 4-57　草绘孔特征

表 4-13　草绘孔创建方法

主 要 步 骤	具 体 操 作
(1) 进入孔特征创建环境	与简单孔相同
(2) 选取孔特征类型	选取孔类型为【简单孔】、【草绘】,系统出现如图 4-58 所示的控制面板
(3) 绘制孔轴向截面草图	单击控制面板的▨按钮,系统进入草绘截面环境。绘制孔的轴向截面草图,如图 4-59 所示。单击✔按钮完成孔截面草图绘制
(4) 选取放置平面及定位方式	操作与直孔的第(3)、(4)类似,可参照完成
(5) 完成草绘孔特征	单击控制面板中的✔按钮,完成孔特征创建

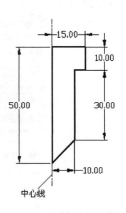

图 4-58　草绘孔特征控制面板　　　　　　图 4-59　孔轴向截面草图

> **小经验:**（1）需要绘制一条中心线和孔轴线一侧的截面图形。
> （2）至少有一条直线与中心线垂直，它与孔的放置面重合。

4.8.2　标准孔

标准孔包括三种标准，即 ISO（国际标准螺纹）、UNC（英制粗牙螺纹）和 UNF（英制细牙螺纹），其中 ISO 标准与我国的 GB 标准最为接近，也是使用最为广泛的机械类标准。建立标准孔的过程与前述两种孔的建立过程基本上是一样的，M22×2.5 的螺纹孔如图 4-60 所示，创建方法如表 4-14 所示。

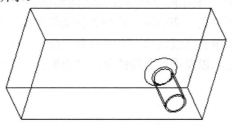

图 4-60　标准孔特征

表 4-14　标准孔创建方法

主 要 步 骤	具 体 操 作
（1）进入孔特征创建环境	与简单孔相同
（2）选取孔特征类型	单击 🛢 按钮建立标准孔，系统出现如图 4-61 所示的控制面板
（3）选取放置平面及定位方式	操作与简单孔的第（3）、（4）步类似，可参照完成
（4）设置螺纹孔其他特征	在控制面板中选择螺纹孔公称尺寸、深度方式、攻螺纹、埋头孔，见图 4-61 所示的设置
（5）确定螺纹参数	单击控制面板的【形状】按钮，设置螺纹长度等参数数值，如图 4-61 所示
（6）完成标准孔特征	单击控制面板中的 ✔ 按钮，完成标准孔特征创建

> **小经验:** 生成标准孔后，在标准孔的位置处会显示标准孔的注释，如果想取消注释，单击 🔳 图标按钮。

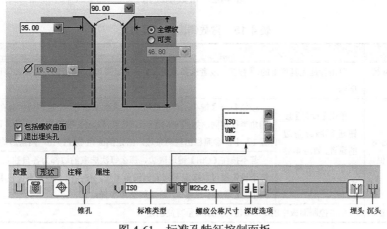

图 4-61　标准孔特征控制面板

4.9 圆角特征

知识分布网络

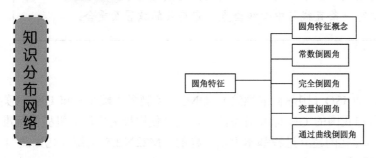

圆角特征是用圆或圆锥曲面在两个相邻曲面之间形成的平滑过渡。在零件的设计过程中，圆角不仅能够去除模型棱角，更能满足造型设计美学要求，增加造型变化。Pro/E 中可创建两种圆角特征：简单圆角和高级圆角，本书只介绍简单圆角。根据不同的需要，圆角又可以分为常数、完全、变量，以及通过曲线圆角四种类型。

4.9.1 常数倒圆角

常数倒圆角是指圆角特征的半径为常数，需要用户输入倒圆角半径值。如图 4-62 所示为常数倒圆角，创建方法如表 4-15 所示。

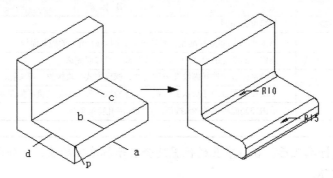

图 4-62 常数倒圆角

表 4-15 常数倒圆角创建方法

主 要 步 骤	具 体 操 作	
（1）进入圆角特征创建环境	单击特征工具栏上的 ⟲ 按钮，或者选择【插入】→【倒圆角】，打开圆角特征控制面板，如图 4-63 所示	
（2）选取要倒圆角的边并设置半径值	单击【设置】按钮进行倒圆角边的设置，如图 4-63 所示。有两种情况：	按住【Ctrl】键在工作区选取一个或数个参考边，这些边将会在同一个设置中，圆角半径相同。如图 4-63 所示，按住【Ctrl】键选取 a、b 边，两条边都在【设置1】中，参照栏出现两条边，给定倒圆角半径：15，两条边均倒 15 的圆角
		若不按住【Ctrl】键选取边，那么每次选取的边都为各自独立的一个设置，而每个设置都可以指定不同的倒圆角半径。在实例中如果不按住【Ctrl】键再选取 c 边，又增加了设置 2，给定倒圆角半径：10
（3）完成圆角特征	单击控制面板中的 ✔ 按钮，完成圆角特征创建	

4.9.2　完全倒圆角

完全倒圆角是指两个平行的表面之间形成倒圆角过渡，倒圆角的半径由两个平面之间的距离确定，不需要输入倒圆角半径值。其倒圆角的边为【曲面-曲面】、【边-边】等形式。如图 4-64 所示为完全倒圆角，创建方法如表 4-16 所示。

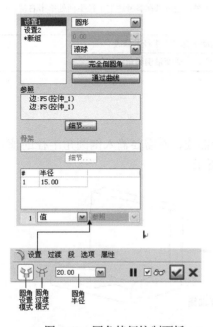

图 4-63　圆角特征控制面板

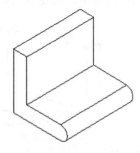

图 4-64　完全倒圆角

表 4-16　完全倒圆角创建方法

主　要　步　骤	具　体　操　作
（1）进入圆角特征创建环境	操作与常数倒圆角相同
（2）选取要倒圆角的边	按住【Ctrl】键在工作区选取如图 4-62 所示的 a、b 两条边，单击【设置】按钮，在如图 4-63 所示的控制面板中单击【完全倒圆角】按钮
（3）完成圆角特征	单击控制面板中的 ✔ 按钮，完成完全倒圆角特征创建

4.9.3　变量倒圆角

变量倒圆角是指倒圆角的半径是可变的，可以在每一条边的参考边的端点处输入倒圆角的半径值，也可以在选取倒圆角边上增加一些基准点输入倒圆角半径值。如图 4-65 所示为变量倒圆角，创建方法如表 4-17 所示。

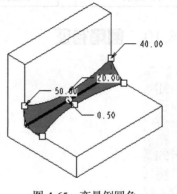

图 4-65　变量倒圆角

表 4-17　变量倒圆角创建方法

主 要 步 骤	具 体 操 作
（1）进入圆角特征创建环境	操作与常数倒圆角相同
（2）选取要倒圆角的边并添加各点半径值	选取如图 4-62 所示的 c 边，在如图 4-63 所示的【设置】对话框中，用鼠标指向【半径】栏并单击右键，在弹出的菜单中选择【添加半径】，这时变成两个可以修改的半径，系统在参考边的两端显示半径值及手柄，继续添加第 3 个点时，在参考边上会有 1 个小圆，可直接拖拉调整位置。另外，也可以在参考边的半径手柄处单击右键，在弹出的菜单中选择【添加半径】
（3）修改半径值	在半径栏修改半径值或拖动手柄实现半径的修改
（4）完成圆角特征	单击控制面板中的 ✔ 按钮，完成变量倒圆角特征创建

4.9.4　通过曲线倒圆角

通过曲线倒圆角是指倒圆角的半径依赖于曲线，不需要输入倒圆角半径的值。如图 4-66 所示为通过曲线倒圆角，创建方法如表 4-18 所示。

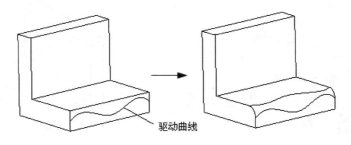

驱动曲线

图 4-66　通过曲线倒圆角

表 4-18　通过曲线倒圆角创建方法

主 要 步 骤	具 体 操 作
（1）绘制曲线	草绘基准曲线作为驱动曲线，如图 4-66 所示
（2）进入圆角特征创建环境	操作与常数倒圆角相同
（3）选取要倒圆角的边和通过的曲线	在圆角特征控制面板的【设置】对话框中单击【通过曲线】按钮，单击【参照】栏选取模型的 b 边作为参照，然后单击【驱动曲线】栏选取驱动曲线
（4）完成圆角特征	单击控制面板中的 ✔ 按钮，完成变量倒圆角特征创建

4.10　倒角特征

知识分布网络

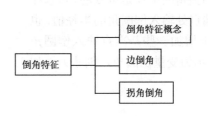

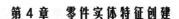

倒角又称为倒斜角，是处理模型周围棱角的方法之一。倒角可以分为边倒角和拐角倒角，边倒角是只针对模型上的边线，移出材料形成斜面；拐角倒角是只针对模型上的拐角，移出材料形成斜面。

如图 4-67 和图 4-68 所示分别为在图 4-62 模型上进行边倒角和拐角倒角特征创建的实例。

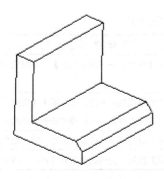

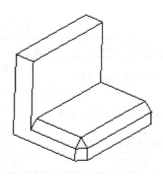

图 4-67　边倒角实例 　　　　　　　　　　图 4-68　拐角倒角实例

4.10.1　边倒角

接着上节的实例创建边倒角，创建方法如表 4-19 所示。

表 4-19　边倒角创建方法

主 要 步 骤	具 体 操 作
（1）进入边倒角特征创建环境	选择【插入】→【倒角】→【边倒角】，或者单击特征工具栏上的 按钮，打开【倒角】控制面板，如图 4-69 所示
（2）选取要倒角的边并确定倒角类型	在模型上选取要倒角的 b 边（如图 4-62 所示），选择倒角类型：D×D，输入 D 值为 20
（3）完成倒角特征	单击控制面板中的 按钮，完成倒角特征创建，如图 4-67 所示

在如图 4-69 所示的控制面板中，系统提供了四种倒角类型，其含义如表 4-20 所示。

图 4-69　【倒角】控制面板

表 4-20　倒角类型及含义

倒角类型	含 义
D×D	倒角距每个平面边的距离都为 D
D1×D2	倒角沿两个平面距选定边的距离分别为 D1 与 D2
角度×D	倒角沿邻接平面距选定边的距离为 D，并且与指定面呈指定夹角
45×D	倒角和两个平面都成 45°，并且距每个曲面边的距离都是 D

4.10.2　拐角倒角

拐角倒角特征仅适用于三个平面交接处的顶角，创建方法如表 4-21 所示。

表 4-21　拐角倒角创建方法

主 要 步 骤	具 体 操 作
（1）进入拐角倒角特征创建环境	选择主菜单【插入】→【倒角】→【拐角倒角】，系统出现如图 4-70 所示对话框
（2）选取要倒角的边并确定倒角距离	在工作区靠近顶点 p 处选取模型的 b 边，系统弹出【选出／输入】菜单，单击【输入】项，在信息栏输入顶点 p 沿棱线开始倒角处的距离
（3）选取其他边和确定倒角距离	分别选取交点 p 的另外两条边，单击【输入】项，输入倒角距离
（4）完成拐角倒角特征	单击对话框中的【确定】按钮，完成拐角倒角特征，如图 4-68 所示

图 4-70　拐角倒角对话框

4.11　壳特征

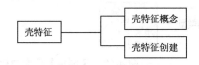

壳特征是指通过使用壳工具掏空零件，使所选择的面敞开，在剩余的面上生成薄壁特征，也有人把壳特征称为抽壳特征。如果没有选取要移除的曲面，抽壳一个实体零件，则会建立一个封闭的壳，整个零件内部为挖空状态。也可使用多个厚度来抽壳模型。壳特征可以分为两种，一种是壁厚相同的壳特征；另一种是壁厚不同的壳特征，如图 4-71 所示。

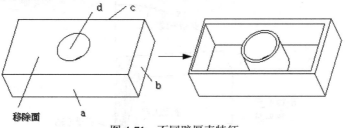

图 4-71　不同壁厚壳特征

如图 4-71 所示为建立不同厚度的壳特征，创建方法如表 4-22 所示。

表 4-22　壳特征创建方法

主 要 步 骤	具 体 操 作
(1) 进入壳特征创建环境	选择【插入】→【壳】，或者单击特征工具栏上的 按钮，系统显示【壳】特征控制面板，如图 4-72 所示
(2) 选取移除面	单击控制面板中的【参照】按钮，系统出现两个列表框，如图 4-72 所示，在模型上选取上表面为移除面
(3) 设定壳体厚度	在控制面板上设定默认厚度为 3，单击【非缺省厚度】栏，按住【Ctrl】键在模型上分别选取 a、b、c、d 面，并输入相应的厚度值 5、8、10、4
(4) 完成壳体特征	单击控制面板中的 按钮，完成壳体特征创建

图 4-72　【壳】特征控制面板

4.12　拔模特征

知识分布网络

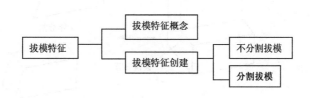

注塑件和铸件往往需要一个拔模斜面才能顺利脱模，Pro/E 提供了丰富的拔模斜面功能，拔模斜度的范围为-30°～30°。拔模特征可以通过指定参照在选定的零件表面上生成，下面介绍与拔模特征有关的几个术语，如图 4-73 所示。

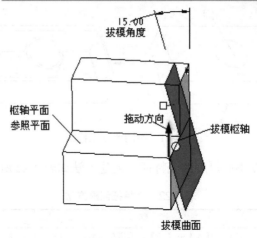

图 4-73　拔模特征有关术语

（1）拔模曲面：要进行拔模的曲面。

（2）拔模枢轴：拔模曲面可绕一条曲线旋转而形成拔模斜面，这条曲线就是枢轴曲线。它可以是一个平面（枢轴平面），该面与拔模曲面的交线即枢轴曲线；也可以是一条曲线，但它必须在拔模曲面上。

（3）枢轴平面/参照平面：用于确定拔模方向的平面、轴、模型的边。如果选择的是平面，则其法向矢量为拔模（拖动）方向。

（4）拖动方向：用于确定拔模角的方向，它总是垂直于拔模角的参照平面或平行于拔模角参照轴、边或两点连成的直线。

（5）拔模角度：拖动方向与拔模曲面之间的夹角。

下面从不分割和分割两个角度介绍拔模特征的创建方法。

1. 不分割拔模特征创建

如图 4-74（a）所示，在模型的右端面建立不分割的拔模特征，创建方法如表 4-23 所示。

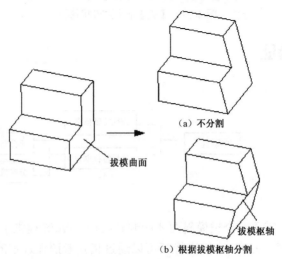

图 4-74　拔模特征创建

表 4-23　不分割拔模特征创建方法

主 要 步 骤	具 体 操 作
（1）进入拔模特征创建环境	选择【插入】→【斜度】，或者单击特征工具栏上的 按钮，系统显示拔模控制面板，如图 4-75 所示
（2）选取拔模面	单击【参照】按钮，打开其上滑面板。单击【拔模曲面】栏，在模型上选取右端面为要拔模的面，如图 4-74 所示
（3）选取拔模枢轴和拖动方向	单击【拔模枢轴】栏，在模型上选取台阶面为枢轴平面，拖动方向也为该面，其法线方向为拖动方向，如图 4-73 所示
（4）设置拔模角度	在控制面板中直接输入拔模角度数值：15°
（5）完成拔模特征	单击控制面板中的 按钮，完成拔模特征创建

2．分割拔模特征创建

如图 4-74（b）所示的分割拔模特征操作方法是：上面操作完成四步后，单击如图 4-75 所示控制面板的【分割】按钮，打开【分割】上滑面板，如图 4-76 所示。在【分割选项】下拉列表中选择【根据拔模枢轴分割】，【侧选项】下拉列表选【独立拔模侧面】，然后输入相对拔模枢轴的两侧拔模角度（15°）。通过单击角度后面的 按钮调整拔模方向。

另外，在【选项】上滑板中系统提供用来处理拔模曲面与邻接面的相互关系的选项。

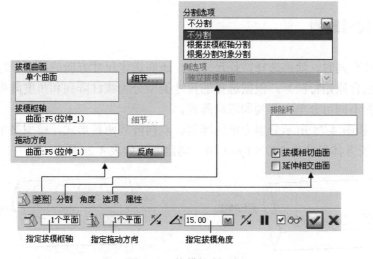

图 4-75　拔模控制面板

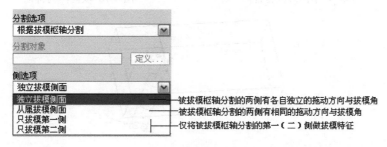

图 4-76　【分割】上滑板

4.13　特征阵列

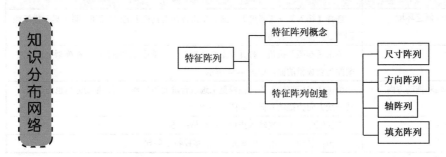

在实体模型的设计过程中，创建一些复杂的模型需要很多特征，而有些特征的形状很类似。Pro/E 提供了快速创建这些特征的方法，包括阵列、复制、镜像。它们都是依据原始特征按照指定方式快速产生一系列相同或类似的特征。

阵列就是将一定数量的几何元素或实体按照一定的方式进行有规律的排列，适合于有规律地重复创建数量众多的特征。原始特征修改，阵列特征也自动被修改。

系统提供了六种阵列类型：尺寸、方向、轴、填充、表、参照和曲线。下面主要介绍前四种阵列的创建方法。

4.13.1　尺寸阵列

在创建尺寸阵列时，除需选择特征尺寸外，还需选定尺寸方向的阵列子特征间距以及阵列子特征数（包含原始特征）。根据选择的尺寸类型分为线性阵列和角度阵列。另外，根据选择尺寸方式的不同可分单向阵列和双向阵列。

如图 4-77 和图 4-78 所示分别为单向阵列、双向阵列两种形式，模型显示孔定位尺寸如图 4-79 所示，长方体尺寸为 200×100×50，创建方法如表 4-24 所示。

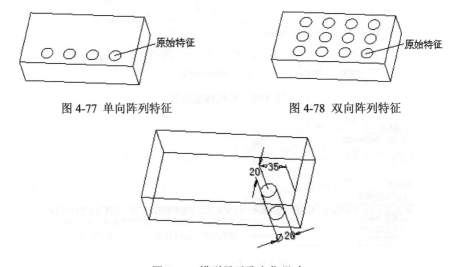

图 4-77　单向阵列特征　　　　　　图 4-78　双向阵列特征

图 4-79　模型显示孔定位尺寸

表4-24 尺寸阵列创建方法

主 要 步 骤		具 体 操 作
(1) 进入特征阵列创建环境		选取要阵列的特征孔，单击菜单【编辑】→【阵列】，或者单击特征工具栏上的 ⊞ 按钮，系统显示尺寸阵列控制面板，如图4-80所示，同时在模型上显示孔的定位尺寸，如图4-79所示。此时在阵列类型列表中为【尺寸】项
单向阵列	(2) 确定方向1的阵列方向、增量和数量	单击【尺寸】按钮打开上滑面板，如图4-80所示。激活【方向1】收集器，选取孔的定位尺寸35，修改增量值为40，在控制面板设置方向1的阵列数量为4
	(3) 完成单向阵列	单击控制面板中的 ✔ 按钮，完成如图4-77所示的单向阵列特征创建
双向阵列	(4) 确定方向2的阵列方向、增量和数量	在第(2)步【方向1】设置后，接着激活【方向2】收集器，然后选取孔的定位尺寸20，修改增量值为30，在控制面板设置方向2的阵列数量为3
	(5) 完成双向阵列	单击控制面板中的 ✔ 按钮，完成如图4-78所示双向阵列特征创建

若阵列的特征定位尺寸有角度值，选取该角度值为阵列的方向尺寸，然后输入角度增量和阵列个数，可进行角度阵列也称旋转阵列。

另外，在阵列控制面板中的【选项】菜单中，如图4-80所示，系统提供了三种阵列特征的生成模式：相同、可变、一般。

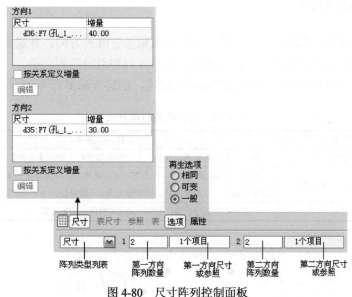

图4-80 尺寸阵列控制面板

（1）相同：阵列特征与原始特征具有相同的尺寸，阵列特征必须在同一放置面内，特征之间不能相互干涉。

（2）可变：阵列特征与原始特征可以具有不同的尺寸，阵列特征可以在不同的放置面，特征之间不能相互干涉。

（3）一般：阵列特征与原始特征可以具有不同的尺寸，阵列特征可以在不同的放置面，特征之间允许相互干涉。

另外，在阵列时还可以改变子特征的大小，如图4-81所示为在两个方向上分别改变直径尺寸的阵列。方法是在如图4-80所示的【尺寸】上滑面板中，分别在【方向1】和【方向2】中按住【Ctrl】键选取直径尺寸，并给出两个方向的直径增量值，负值表示尺寸逐渐变小。

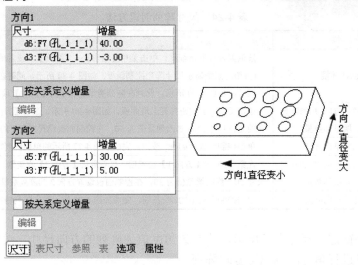

图 4-81　改变子特征大小的尺寸阵列

4.13.2　方向阵列

创建方向阵列时，选取平面、直边、坐标系或轴指定阵列方向，并选定尺寸方向的阵列子特征间距以及阵列子特征数。方向阵列也有单项阵列和双向阵列之分。

如图 4-82 所示的阵列特征也可用方向阵列创建，创建方法如表 4-25 所示。

表 4-25　方向阵列创建方法

主 要 步 骤	具 体 操 作
（1）进入阵列特征创建环境	操作与尺寸阵列基本相同。但在阵列类型列表中选【方向】，如图 4-83 所示
（2）确定阵列方向、数量和增量	如图 4-82 所示，选取 a 边为第一方向参照边，阵列数量为 4，增量值为 40；选取 b 边为第二方向参照边，阵列数量为 3，增量值为 30。阵列成员用黑点表示
（3）完成方向阵列特征	单击控制面板中的 ✔ 按钮，完成方向阵列特征创建

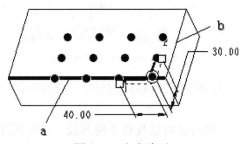

图 4-82　方向阵列

图 4-83　方向阵列控制面板

4.13.3　轴阵列

通过围绕一个选定轴旋转特征创建阵列。轴阵列允许在两个方向放置特征：角度（第一方向），径向（第二方向）。如图 4-84 所示为轴阵列特征，圆柱直径φ200，创建方法如表 4-26 所示。

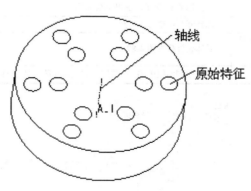

图 4-84　轴阵列特征

表 4-26　轴阵列创建方法

主　要　步　骤	具　体　操　作
（1）进入阵列特征创建环境	操作与尺寸阵列基本相同。但在阵列类型列表中选【轴】，如图 4-85 所示
（2）确定角度方向阵列数和增量	选取 A_1 轴为阵列中心，输入角度方向阵列数为 6，增量值为 60°
（3）确定径向方向阵列数和增量	输入径向方向阵列数为 2，增量值为 30（负值方向相反）
（4）完成方向阵列特征	单击控制面板中的 ✔ 按钮，完成轴阵列特征创建

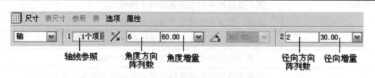

图 4-85　轴阵列控制面板

4.13.4　填充阵列

填充阵列是在指定的区域内创建阵列特征。指定的区域可通过草绘一个区域或选择一条草绘的基准曲线来构成。

如图 4-86 所示是将孔特征在正方形区域进行填充阵列，创建方法如表 4-27 所示。

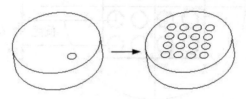

图 4-86　填充阵列特征

表 4-27 填充阵列创建方法

主 要 步 骤	具 体 操 作
（1）进入阵列特征创建环境	操作与尺寸阵列基本相同。但在阵列类型列表中选【填充】，如图 4-87 所示，各项含义如表 4-28 所示
（2）绘制阵列区域	单击【参照】按钮打开上滑面板，单击【定义】按钮，打开【草绘】对话框，选取上面为草绘平面进入草绘环境，草绘要创建阵列的区域，绘制一个 120×120 正方形，如图 4-88 所示，退出草绘环境
（3）选择阵列网格类型	选择阵列网格为正方形
（4）设置阵列子特征之间的间距及与填充边界的最短距离	具体设置值见图 4-87
（5）完成填充阵列特征	单击控制面板中的 ✔ 按钮，完成填充阵列特征创建

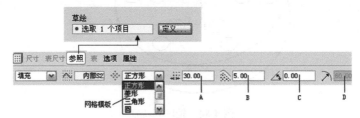

图 4-87 填充阵列控制面板

表 4-28 填充阵列控制面板各项含义

项 目 名	含 义	
网格模板：系统提供六种阵列模板	正方形：以正方形阵列方式来排列子特征	
	菱形：以菱形阵列方式来排列子特征	
	三角形：以三角形阵列方式来排列子特征	
	圆：以圆形阵列方式来排列子特征	
	曲线：沿填充区域边界来排列子特征	
	螺旋：以螺旋形阵列方式来排列子特征	
A 区	设置子特征中心之间的间距，见图 4-88	
B 区	设置子特征中心和草绘边界之间的最小距离，见图 4-88	
C 区	设置网格绕原点的旋转角度，见图 4-88	
D 区	设置圆形或螺旋网格的径向间距	

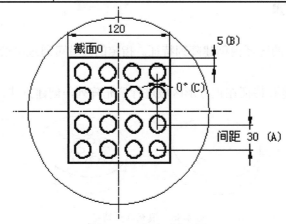

图 4-88 阵列区域示图

4.14 特征复制

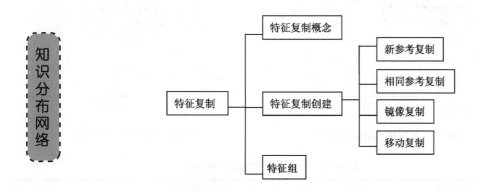

特征复制是指再生一个选取的特征，并粘贴到不同的位置，所复制的特征可以与原来的特征有不同的草图面和参照面，并且可以重新指定其尺寸值。单击主菜单【编辑】→【特征操作】→【复制】打开【复制特征】菜单，如图 4-89 所示。

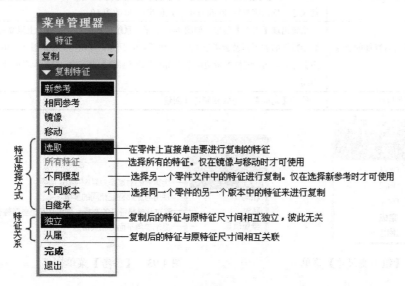

图 4-89 【复制特征】菜单

特征复制方法有四种：新参考、相同参考、镜像、移动，后面将详细介绍其操作方法。

4.14.1 新参考复制特征

使用新参考方式进行特征复制时，允许重新选择特征的放置面和参考面（边），也可以修改复制特征的几何尺寸。如图 4-90 所示为要复制的原始孔特征和相关尺寸，将其用新参考复制为另一个孔特征，如图 4-91 所示，创建方法如表 4-29 所示。

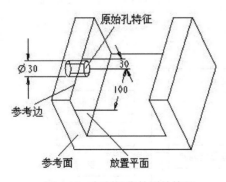

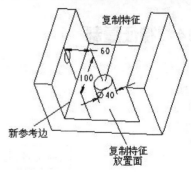

图 4-90 复制操作的原始特征　　　　　　　图 4-91 新参考复制特征

表 4-29　新参考复制特征创建方法

主 要 步 骤	具 体 操 作
(1) 进入新参考复制环境	在复制特征下拉菜单中选择【新参考】/【选取】/【独立】→【完成】
(2) 选取要复制的特征	在模型上选取原始孔为要复制的特征，单击【完成】
(3) 定义复制后特征的尺寸	系统显示【组可变尺寸】菜单，如图 4-92 所示。在菜单中选择要改变的尺寸 Dim 1（孔直径）和 Dim 2（定位尺寸），单击【完成】。系统在工作区下部逐一提示修改这些尺寸，依次将直径 30 改为 40，定位尺寸 30 改为 60
(4) 定义复制后特征的放置面和参考面	系统出现【参考】菜单，如图 4-93 所示。系统依次提示（在模型上以高亮颜色显示）原始特征的放置面及参考边（面），如图 4-91 所示，复制孔特征的放置面由左侧面【替换】为下表面，定位参考边由左侧面的上边【替换】为下边，定位参考面使用相同的参考面
(5) 完成复制特征	单击【完成】，完成复制特征创建

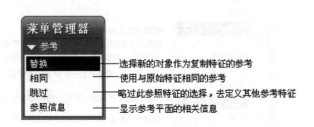

图 4-92　【组可变尺寸】菜单　　　　　图 4-93　【参考】菜单

4.14.2　相同参考复制特征

使用相同参考方式进行特征复制时，放置面（草绘面）和参考面（边）与原始特征完全相同，只改变特征的定位尺寸和定型尺寸即可。如图 4-94 所示是用相同参考复制的特征，创建方法与新参考复制特征类似，只是没有第（4）步。

4.14.3　镜像复制特征

使用镜像复制方式，可对模型的若干特征进行镜像复制，常用于建立对称特征的模型。如图 4-95 所示为镜像特征，创建方法如表 4-30 所示。

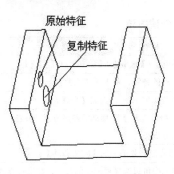

图 4-94　相同参考复制特征

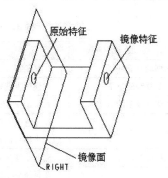

图 4-95　镜像复制特征

表 4-30　镜像复制特征创建方法

主 要 步 骤	具 体 操 作
（1）进入镜像复制环境	在复制特征下拉菜单中选择【镜像】/【选取】/【独立】→【完成】
（2）选取要复制的特征	在模型上选取原始孔为要镜像的特征，单击【完成】
（3）定义镜像面	选取或建立镜像面，选取 RIHGT 面为镜像面，完成镜像特征

另外，也可使用特征工具栏上的 按钮快速创建复制特征，但用该方法创建的复制特征与原始特征是从属关系。创建方法是先选取要镜像的特征，然后单击特征工具栏上的 按钮，打开镜像控制面板，选取或建立镜像面，单击控制面板中的 ✔ 按钮，完成镜像复制特征创建。

4.14.4　移动复制特征

移动复制特征可以采用平移或旋转两种方式复制特征。如图 4-96 所示为平移和旋转两种移动复制特征。

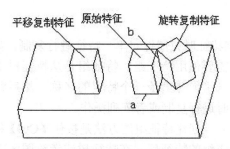

图 4-96　平移和旋转两种移动复制特征

1．平移复制特征

平移复制特征创建方法如表 4-31 所示。

2．旋转复制特征

旋转复制特征创建方法与平移复制特征创建方法基本类似，只是第（3）步中，在【移动特征】菜单中选取【旋转】，在第（4）步选取 b 边为旋转轴线，第（5）步中旋转角度输入 135°。

表 4-31　平移复制特征创建方法

主　要　步　骤	具　体　操　作
（1）进入移动复制环境	在复制特征下拉菜单中选择【移动】/【选取】/【独立】→【完成】
（2）选取要复制的特征	在模型上选取原始正方体为要移动的特征，单击【完成】
（3）选择移动复制的方式	系统出现【移动特征】菜单，如图 4-97 所示，选取【平移】
（4）选择移动的方向参照方式	在【选取方向】菜单中，选取【曲线/边/轴】为移动的参照方式，并在工作区选取 a 边为平移方向参照，并确定移动的方向
（5）确定移动的尺寸	输入平移尺寸如 50，单击【移动特征】菜单中的【完成移动】
（6）定义复制后特征的尺寸	在系统显示的【组可变尺寸】菜单中可以选择要改变的尺寸，并进行修改，在本例不修改尺寸，直接单击菜单中的【完成】
（7）完成移动复制特征	单击复制特征对话框中的【确定】按钮，完成移动复制特征

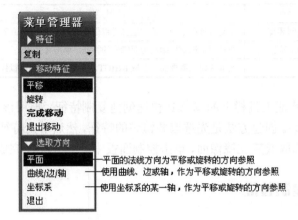

图 4-97　【移动特征】及【选取方向】菜单

4.14.5　特征组

在创建复制特征或阵列特征时只能针对单一特征进行复制，如果要同时阵列多个特征则需要使用特征组。特征组是从特征树中挑选出几个特征集合成为一组，并给予一个特定的名称，然后即可对该组内的所有特征同时进行复制或者阵列操作。

图 4-98　特征组创建菜单

创建特征组的方法是按住【Ctrl】键在特征树中选取多个要构成组的特征后，在特征树或者绘图区中单击鼠标右键，从弹出的快捷菜单中选择【组】，如图 4-98 所示。若要撤销该组，选中【组】后单击鼠标右键，从弹出的快捷菜单中选择【分解组】。

实训 4　连杆几何造型

连杆工程图详见附录 A 中的图 A-7，它主要由上下回转体和中部板类等构成，创建该模型主要使用拉伸、筋板、镜像、孔、圆角、倒角、组和基准面等命令，连杆的创建过程如图 4-99 所示，具体创建方法如表 4-32 所示。

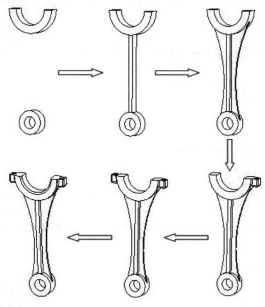

图 4-99　连杆创建过程

表 4-32　连杆创建方法

主 要 步 骤	具 体 操 作
（1）创建零件文件	单击主菜单【文件】→【新建】，在弹出的【新建】对话框中选择【零件】类型，子类型栏选【实体】，取消【使用默认模板】选项，在名称栏输入文件名：liangan，在【新文件选项】对话框中选【mmns_part_solid】项
（2）创建基体拉伸特征	单击拉伸按钮　，在拉伸控制面板中单击【放置】→【定义】，选取 FRONT 面为草绘面，RIGHT 面为参考面，进入草绘截面模式，以 TOP、RIGHT 面为尺寸参考（系统默认），绘制如图 4-100 所示的草图，对称拉伸长度 19
（3）创建中间拉伸支板	创建方法与步骤（2）基本相同，草图如图 4-101 所示，对称拉伸长度 16
（4）创建筋板特征	单击　按钮，打开筋特征控制面板，单击【参照】→【定义】，选取 FRONT 面为草绘面，RIGHT 面为参考面，进入草绘截面模式，绘制如图 4-102 所示的一条圆弧线，输入筋板厚度 3。镜像另一侧筋板，选取已创建的筋板特征，单击　按钮，选取 RIGHT 面为镜像面
（5）创建上部凸缘拉伸特征	首先创建基准面 DIM1，选取 RIGHT 面偏移 49。然后拉伸凸缘，单击拉伸按钮　，在拉伸控制面板中单击【放置】→【定义】，选取 DIM1 面为草绘面，TOP 面为参考面方向朝"顶"，进入草绘截面模式，绘制如图 4-103 所示的草图，拉伸到指定的大圆柱外曲面上，如 4-104 所示
（6）创建凸缘上的孔特征	单击　按钮，打开孔特征控制面板，【主参照】选上面，放置类型选取【线性】，单击【次参照】栏，按住【Ctrl】键在模型上面分别选取 a、b 两条边，修改两个次参照距离值分别为 7 和 6。孔直径为 8，通孔。如图 4-105 所示
（7）倒圆角特征	单击　按钮，打开圆角控制面板，按住【Ctrl】键分别选取凸缘的侧面四条边和底面四条边，输入圆角半径为 2
（8）镜像另一侧凸缘、孔和圆角	首先将凸缘、孔和圆角三个特征创建一个组，方法是按住【Ctrl】键在特征树中选取三个特征然后单击鼠标右键，从弹出的快捷菜中选择【组】命令。以 RIGHT 面为镜像面镜像组特征
（9）创建倒角及其他圆角特征	单击　按钮，打开倒角控制面板，按住【Ctrl】键分别选取 c、d 两条边，输入倒角 D 值为 2.5，倒其他圆角特征
（10）保存模型	单击主菜单【文件】→【保存】，保存当前模型文件，然后关闭当前工作窗口

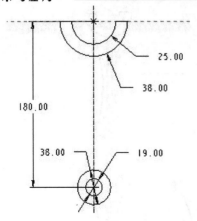

图 4-100　基体拉伸特征截面草图

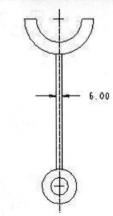

图 4-101　中间拉伸支板草图

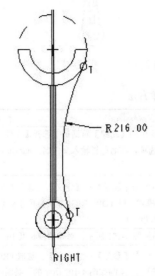

图 4-102　筋板截面线草图

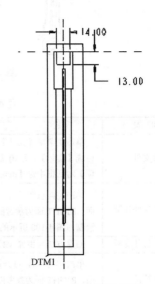

图 4-103　凸缘截面草图

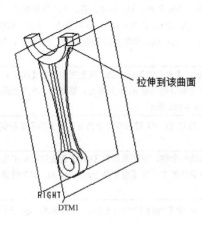

图 4-104　拉伸到指定的曲面

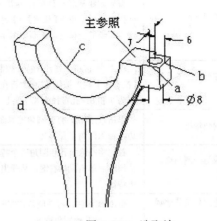

图 4-105　选取边

实训 5　带轮几何造型

带轮工程图详见附录 A 中的图 A-5，它主要由回转体、轮辐等构成，创建该模型主要使用旋转、阵列等工具，模型的创建过程如图 4-106 所示，具体创建方法如表 4-33 所示。

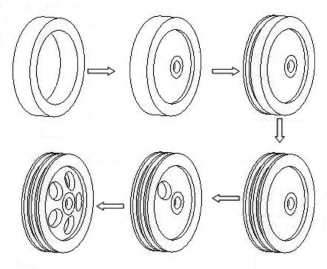

图 4-106　带轮创建过程

表 4-33　带轮创建方法

主要步骤	具体操作
（1）创建零件文件	单击主菜单【文件】→【新建】，在弹出的【新建】对话框中选择【零件】类型，子类型栏选【实体】，取消【使用默认模板】选项，在名称栏输入文件名:pidailun，在【新文件选项】对话框中选【mmns_part_solid】项
（2）创建基体旋转特征	单击旋转按钮，在旋转控制面板中单击【位置】→【定义】，选取 FRONT 面为草绘面，RIGHT 面为参考面，进入草绘截面模式，以 TOP、RIGHT 面为尺寸参考（系统默认），绘制一条中心线和一个矩形，如图 4-107 所示，旋转角度 360°
（3）创建轮辐旋转特征	操作方法与步骤（2）相同，只是草图不同，截面草图如图 4-108 所示
（4）创建 V 形带槽特征	单击旋转按钮，在旋转控制面板中单击 按钮，单击【位置】→【定义】，在【草绘】对话框中单击【使用先前的】按钮，进入草绘截面模式；以 TOP、RIGHT 面为尺寸参考（系统默认），绘制 V 形带槽截面图形，如图 4-109 所示，旋转角度 360°
（5）阵列 V 形带槽	选取上步创建的 V 形带槽，单击 按钮，阵列类型为【尺寸】，在模型上选取定位尺寸 6 为【方向 1】的阵列方向，修改增量值为 19，阵列数量为 2
（6）创建轮辐孔	单击拉伸按钮，在拉伸控制面板中单击 按钮，单击【放置】→【定义】，选取 RIGHT 面为草绘面，TOP 面为参考面方向朝"顶"，以 FRONT、TOP 面为尺寸参考（系统默认），绘制如图 4-110 所示的 ϕ38 圆草图，穿透拉伸
（7）阵列复制轮辐孔	选取上步创建的轮辐孔，单击 按钮，阵列类型为【轴】，在模型上选取中心轴，阵列数量为 5，角度增量 72°
（8）创建倒圆角	单击 按钮，在圆角控制面板中输入圆角半径为 3，选择如图 4-111 所示轮辐的箭头指示边线和另一侧对应边线为要倒圆角的参照边
（9）保存模型	单击主菜单【文件】→【保存】，保存当前模型文件，然后关闭当前工作窗口

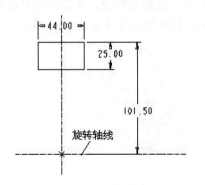

图 4-107　基体旋转特征截面草图

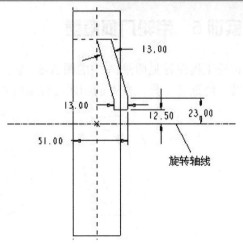

图 4-108　轮辐旋转特征截面草图

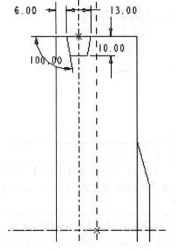

图 4-109　V 形带槽截面草图

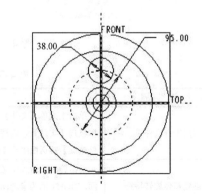

图 4-110　轮辐孔截面草图

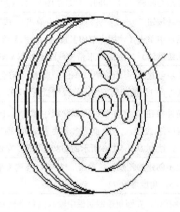

图 4-111　选取箭头指示的圆角边线

知识梳理与总结

本章主要学习了零件基本实体特征创建的方法，它是后续各章的基础。基本实体特征包括基础特征和工程特征。在本章应掌握如下几方面内容。

（1）基础实体特征包括拉伸、旋转、扫描、混合，其中拉伸是最常用的实体创建类型。在这些特征中重点掌握各种特征截面草图特点及绘制方法，以及由截面草图形成实体的过程。

（2）工程特征包括：筋板、孔、壳、拔模、圆角、倒角等特征，在这些特征中需要掌握各参数的含义和创建方法。

（3）基准特征可以辅助建立实体或曲面特征，在装配、工程图和加工中都将起着重要作用，需要熟练掌握它们的创建方法。

（4）特征的操作有特征阵列和特征复制，熟练使用这些操作可以提高建模效率。

另外，通过本章的学习，应能够对一般零件模型的创建流程和具体操作方法有一个基本的了解，需要强调的是：要想熟练掌握和灵活应用本章中各种特征创建方法需要进行大量的实例练习。

习　题　4

1. 填空题

（1）孔特征分为_____、_____和_____3种类型，其中_____是由草绘截面定义的旋转特征，与旋转除料特征相似。

（2）圆角特征分为_____、_____、_____和_____4种类型。

2. 选择题

（1）扫描特征是将一个截面沿着给定的轨迹"掠过"而成的，它的两大特征要素是（　　）。

　　A. 草绘平面　　　　　B. 螺距　　　　　C. 扫描轨迹　　　　D. 扫描截面

3. 建立如图 4-112 所示的泵体零件模型。详细尺寸参照附录 A 中的图 A-2。泵体创建的主要步骤参考表 4-34。

图 4-112　泵体零件模型

表 4-34　泵体创建主要步骤

特 征 树	主 要 步 骤	具 体 操 作
2-1-BENGTI.PRT RIGHT TOP FRONT PRT_CSYS_DEF 旋转 1 ————（1） 拉伸 1 ————（2） 孔 1 阵列 3 / LOCAL_GROUP ——（4） 组LOCAL_GROUP 拉伸 2 倒圆角 3 1 ——（3） 孔 7 组LOCAL_GROUP_1 组LOCAL_GROUP_2 组拉伸_3 孔 2 ——（5） DTM2 草绘 1 DTM3 ——（6） 拉伸 7 斜度 1 孔 5 倒圆角 2 ——（7） 倒圆角 6	（1）创建基体旋转特征	
	（2）创建凸台及孔特征	
	（3）拉伸耳朵圆柱特征，创建柱面轴线，创建螺纹孔，倒圆角	
	（4）将第（3）步创建的四个特征构成一个组特征，并阵列	
	（5）创建基准平面，以该面为草绘面画草图圆，拉伸圆柱和孔特征	DTM1
	（6）创建基准平面，以该面为草绘面画草图圆，拉伸圆柱特征	圆柱 DTM3
	（7）拔模第（6）步创建的圆柱面，并创建螺纹孔，倒所有圆角	拔模面 螺纹孔

4. 建立如图 4-113 所示的泵体盖零件模型。详细尺寸参照附录 A 中的图 A-3。

5. 建立如图 4-114 所示的输液分头零件模型。详细尺寸参照图 8-57 所示的输液分头工程图。

剖面图

图 4-113　泵体盖零件模型　　　　　图 4-114　输液分头零件模型

6. 建立附件 A 中的其他零件模型，详见书后的附录 A。

第5章
Pro/E 高级建模

教学导航

教学目标	1. 掌握变截面扫描特征、螺旋扫描特征的创建方法及应用
	2. 关系的概念、关系式的建立
	3. 学习掌握 evalgraph 函数、trajpar 变量的应用
	4. 掌握图形基准特征的创建、编辑方法及其应用
知识点	1. 变截面扫描、螺旋扫描特征的创建
	2. 关系的概念、关系式的建立
	3. 变量 trajpar 的应用
	4. "图形"基准特征创建
	5. evalgraph 函数的应用
重点与难点	1. 合理确定可变截面扫描的轨迹线
	2. 正确绘制螺旋扫描的截面图形
	3. 使用"关系"结合 trajpar 参数来控制扫描剖面的变化，或使用"关系"结合"图形"
	基准及 trajpar 参数来控制扫描剖面的变化
教学方法建议	采用多媒体及投影讲解，通过实例结合机械制图、机械设计基础知识进行综合强化训练
学习方法建议	1. 课堂：多动手操作实践
	2. 课外：复习相关基础知识，结合本章及时练习，学习掌握综合运用所学知识的方法
建议学时	8 学时

对于外形较复杂的零件，采用基础特征和工程特征是很难完成设计的，可以采用 Pro/E 提供的高级建模特征来创建。高级建模分为实体建模和曲面建模，本节将介绍实体建模特征中的变截面扫描特征和螺旋扫描特征。

5.1 变截面扫描

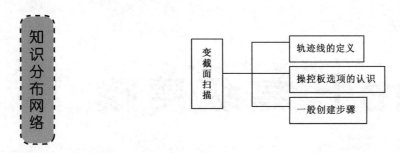

5.1.1 关于变截面扫描特征

变截面扫描用于建立一个截面在方向和形状上可以变化的扫描特征。如图 5-1 所示，变截面扫描特征的创建一般要定义一条原始轨迹线、一条 X 轨迹线、多条一般轨迹线和一个截面，其中原始轨迹是截面扫描的路线；X 轨迹线决定截面上坐标系的 X 轴方向，可用于控制截面的 X 方向（使截面）产生相对于原始轨迹线的转动；多条一般轨迹线用于控制截面的形状、大小；此外，必须从上述诸条线中选择一条线，定义为法向轨迹线以控制扫描过程中的截面法向。

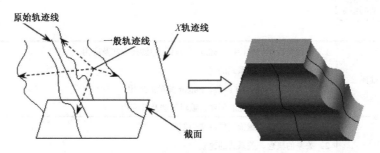

图 5-1　变截面扫描特征示例

小提示：第一个被选中的轨迹线将定义为原始轨迹线，而法向轨迹线和 X 轨迹线将在【变截面扫描】操作控制板中【参照】操作界面上设置，如图 5-2 所示，默认法向轨迹线是原始轨迹线。

5.1.2 变截面扫描的选项说明

单击菜单【插入】→【可变剖面扫描】（或单击 图标），打开如图 5-2 所示的【变截面扫描】操作控制板。操控板中各控制选项的含义如下。

（1）控制截面方向（即截面法向）的选项。

单击【参照】，在出现的操作界面中打开【剖面控制】下拉列表框，出现三个选项：【垂直于轨迹】，用于控制截面始终垂直于原始轨迹线；【垂直于投影】，用于控制截面始终垂直于原始轨迹线在指定平面上的投影线；【恒定法向】，用于控制截面的法向与选定的参照方向平行。

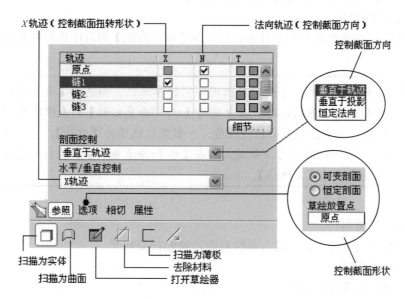

图 5-2 【变截面扫描】操作控制板

（2）控制截面形状是否可变的选项。

单击【选项】，出现两个单选项，以确定扫描形式是可变剖面扫描还是恒定剖面扫描。

（3）控制截面 X 轴方向（即控制截面扭转形状）的选项。

单击【参照】，在出现的轨迹线列表中的 X 列上，勾选除原始轨迹线（原点）外的任一条轨迹线，它就被定义为 X 轨迹线了。若选择的 X 轨迹线形状不当，或所有轨迹线间不协调，都会使扫描特征失败。

> **小提示：** 当实体或曲面做可变剖面扫描时，截面变形除了受到多条 3D 轨迹曲线控制之外，也可以使用"关系"结合 trajpar 参数来控制截面的变化，或使用"关系"结合"图形"基准（Datum Graph）及 trajpar 参数来控制截面的变化。可参见本章最后的实例加以理解。

5.1.3 创建变截面扫描特征的操作步骤

（1）绘制扫描轨迹线。

用草绘基准曲线命令绘制出所有轨迹线。

CAD/CAM 技术与应用

（2）进入可变剖面扫描状态。

单击 图标，系统出现【变截面扫描】操控板。

（3）选择建立实体、曲面、薄板，还是减料，如图 5-2 所示。

（4）创建或选择变截面扫描轨迹，具体操作步骤参见本章实例。

（5）定义选项内容。

单击【选项】，选择控制扫描截面形状的方式。

（6）定义参照内容。

单击【参照】，在出现的参照操作界面中，从【剖面控制】列表中选择控制截面方向的方式。

> **小经验：** 选择不同方式，下面对应出现不同的参照栏，如选择【垂直于轨迹】方式则控制截面垂直于原始轨迹，在出现的【水平/垂直控制】列表中有两个选项：自动、X 轨迹，用于控制截面扭转程度。一般默认选项为【自动】，当在轨迹列表中 X 列上勾选某一轨迹作为 X 轨迹后，在【水平/垂直控制】栏将自动显示控制截面扭转形状的方式为【X 轨迹】。

（7）绘制扫描截面。

单击操控板上的草绘图标，进入草绘界面，绘制扫描截面。

（8）完成特征创建。

单击 按钮，完成特征创建。

5.2 螺旋扫描

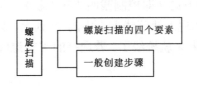

如图 5-3 所示，将一个截面沿着螺旋轨迹进行扫描，可形成螺旋扫描特征。该特征需要有旋转中心线、轨迹线、截面、螺距四个要素。

建立螺旋扫描特征的操作步骤如下。

（1）单击菜单【插入】→【螺旋扫描】→【伸出项】（或【曲面】、【切口】等），出现如图 5-4 所示的【属性】菜单及如图 5-5 所示的对话框。

（2）在【属性】菜单中设置特征属性。

（3）选取草绘平面，绘制扫描轨迹线和旋转中心线。

（4）输入螺距，绘制扫描截面图形。

（5）单击鼠标中键，完成特征创建。

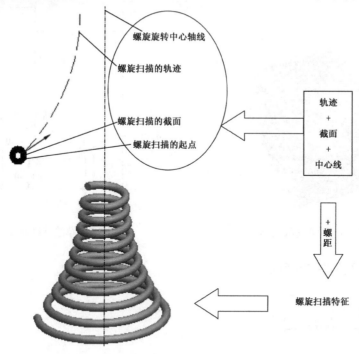

图 5-3　螺旋扫描特征

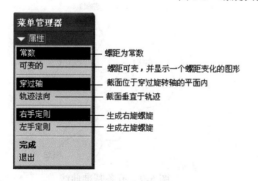

图 5-4　【属性】菜单

图 5-5　螺旋扫描对话框

实训 6　创建漏斗

本例采用可变截面扫描创建如图 5-6 所示的漏斗，漏斗截面变化由四条一般轨迹控制。

（1）新建零件文件。

单击▢图标→选择类型为【零件】，子类型为【实体】，输入新建实体文件名为 bpmsm-1，取消【使用默认模板】前的对钩→单击【确定】按钮。

（2）创建扫描轨迹线。

按图 5-7 所示尺寸，在 FRONT 面上草绘基准线 1→以 RIGHT 为镜像面，镜像基准曲线 1 生成基准曲线 2→按图 5-8 所示尺寸，在 RIGHT 面上草绘基准曲线 3→以 FRONT 为镜像面，镜像基准曲线 3 生成基准曲线 4→RIGHT 面为草绘平面，绘制竖直直线，高度 120，完成基准曲线的绘制。

图 5-6   漏斗薄板实体

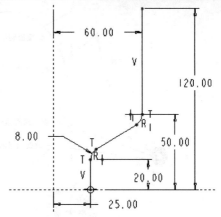

图 5-7   草绘基准曲线 1

五条基准曲线如图 5-9 所示。

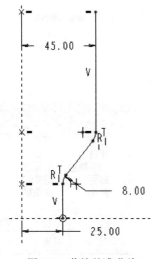

图 5-8   草绘基准曲线 3

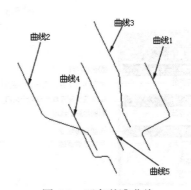

图 5-9   五条基准曲线

（3）用变截面扫描建立薄板实体。

单击图标，打开【变截面扫描】操控板，如图 5-2 所示。在操控板上单击□按钮→单击□按钮→壁厚 2mm，材料向内。

（4）选择扫描轨迹线。

按图 5-9 所示，按住【Ctrl】键，依次选取曲线 5、曲线 1、曲线 3、曲线 2、曲线 4。

（5）其余选项均采用默认选项【可变剖面】。

（6）绘制扫描截面。

单击操控板中草绘图标，打开草绘工作界面，绘制扫描截面，如图 5-10 所示。

（7）完成特征并保存文件。

单击鼠标中键，完成特征创建，如图 5-6 所示。选择【文件】→【保存】，保存零件文件。

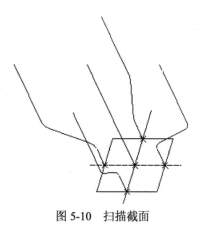

图 5-10　扫描截面

实训 7　创建变形管接头

本例介绍采用"关系"+变量"trajpar"+"可变剖面扫描"控制截面变化的方法来设计如图 5-11 所示的变形管接头。

关系，也称为"参数关系"，是用于定义符号尺寸和参数之间的数学表达式。关系式表示特征之间、参数之间、零件或组件内元件之间的设计关系，是一种设计手段。设计中，允许通过修改关系来控制模型的修改。使用关系可以进行以下操作：

（1）控制模型的修改效果。

（2）定义零件和组件中的尺寸值。

（3）作为设计条件的约束（如指定孔相对于零件边的位置）。

（4）在设计过程中描述某个模型或组件的不同零件之间的条件关系。

图 5-11　变形管接头

变量 trajpar，是 Pro/E 的内部轨迹参数，其取值范围为 0～1，呈线性变化，表示扫描出的长度百分比。

操作步骤如下：

（1）按图 5-12 所示的尺寸，完成两个直径为 40 的圆柱特征造型。

（2）按图 5-13 所示的尺寸，完成草绘曲线绘制。曲线的两端一定要分别与两个圆柱的端面圆心约束。

（3）单击菜单【插入】→【　可变剖面扫描(V)...　】→默认操控板各选项的设置，单击操控板中截面草绘图标→绘制截面图形，输入关系式，具体步骤参阅图 5-14。

（4）单击✔，完成草绘→单击按钮，完成变剖面扫描特征创建，如图 5-11 所示。

在【关系】对话框中输入的关系式是" sd3 = 15 * sin(trajpar * 360 * 10) + 40 "，它表示扫描截面的直径尺寸 sd3 受控于" 15 * sin(trajpar * 360 * 10) + 40 "，即 sd3 按正弦规律变化，式中各项含义如下：

变量 trajpar——在此用于控制角度值的变化（从 0～1）。

"360"——作用是将变量 trajpar 的值扩大 360 倍，表示角度在 0°～360°范围内变化。

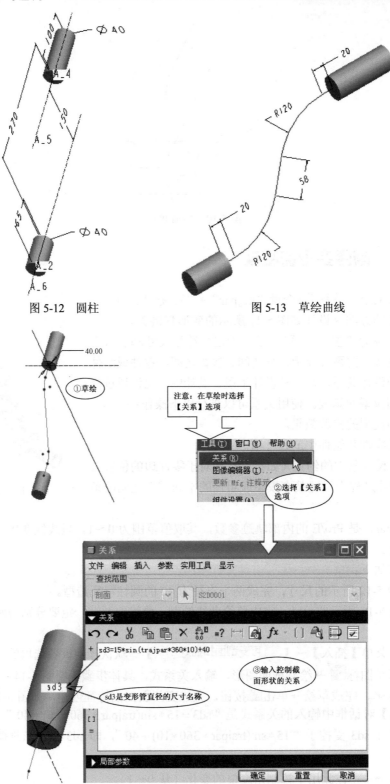

图 5-12　圆柱

图 5-13　草绘曲线

图 5-14　变量 trajpar 在变形管接头中的应用

"10"——是正弦的角度值变化周期数，即在扫描全过程中截面获得"10"次周期性的变径。

"15"——是将正弦值扩大 15 倍，也就是截面在扫描过程中，直径变化的幅度值。

"40"——是变径管的基本直径。在此式中它限制了直径变化的幅度值的绝对值不得超过 40 以上。

"sd3"——表示在草绘器中截面的尺寸符号，在此是草绘圆直径尺寸的符号。

实训 8　创建凸轮

图 5-15　凸轮模型

本例介绍运用图形基准特征及关系式、函数"evalgraph"和变量"trajpar"来控制变剖面扫描的截面尺寸（盘形凸轮的向径），从而得到最小直径为 50，最大直径为 100 的凸轮模型，如图 5-15 所示。

evalgraph 函数用于曲线表计算，使设计者能使用曲线来表示特征，并通过关系来驱动尺寸。尺寸可以是零件、组件或草绘器中的尺寸。其语句格式为：

$$y = eva\lg raph("graph\_name", x)$$

其中，graph_name 是图形的名称，x 是沿图形 x 轴的取值，传回 y 值。假设图 5-16 所示图形特征的名字为 gr1，$y = eva\lg raph("gr1", trajpar*360)$，则函数 evalgraph 就会连续地传回相应的 y 值。关系式中的 trajpar 在 0～1 之间变化，trajpar*360 就表示 x 从 0～360 连续地变化。相对应 gr1 图形基准特征的 x 值变化范围的物理意义就是该凸轮旋转角度由 0°～360°变化，gr1 的 y 值反映了与 x（凸轮转过的角度变化值）对应的向径变化规律（即从动件的运动规律）。

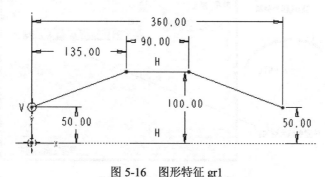

图 5-16　图形特征 gr1

设计操作步骤：

（1）新建一个零件模型，命名为 tulun.prt。

（2）按从动件的位移数据表（即从动件的运动规律）创建图形基准特征 tulun。

① 按图 5-17 所示选择【图形(G)...】。

② 在系统提示"➡为 feature 输入一个名字"时，输入图形名称 tulun 并按回车键，系统自动进入草绘环境。

③ 创建一个坐标系。

图 5-17 【模型基准】菜单

④ 过坐标系原点，分别绘制水平、垂直坐标轴线。

⑤ 绘制如图 5-16 所示的从动件的运动规律曲线。

⑥ 单击✔，完成图形基准特征 tulun 的创建。

（3）创建扫描原始轨迹曲线。

单击草绘曲线图标 →绘制直径为 100 的圆。

（4）创建基准点 PNT0。

按图 5-18 所示，选取圆周→设置为"中心"→单击 确定 按钮。

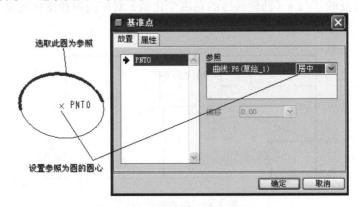

图 5-18 创建基准点 PNT0

（5）创建凸轮模型。

① 选择菜单【插入】→【 可变剖面扫描(V)...】→变剖面扫描操控板中按下【实体】类型按钮 ，默认操控板中其余选项设置。

② 选取扫描轨迹。

单击前面创建的曲线圆作为原始轨迹。

③ 创建扫描的截面。

单击操控板中截面草绘按钮 →进入草绘环境，选取基准点 PNT0 为参照，创建如

图 5-19 所示的矩形，其一角必须由基准点 PNT0 约束→单击菜单【工具】→【关系】→在【关系】对话框中输入关系，如图 5-20 和图 5-21 所示→完成草绘后单击 ✔ →单击 ✔ 按钮，完成变剖面扫描创建，如图 5-22 所示。

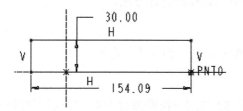

图 5-19　草绘截面　　　　　　　　　图 5-20　切换至尺寸符号状态

图 5-21　【关系】对话框

尺寸 sd4 反映凸轮向径，用关系 sd4 = eva lg raph("tulun1",trajpar*360) 控制向径的变化。

④ 添加切除特征。

按如图 5-23 所示的尺寸进行草绘。注意，孔的中心要与基准点 PNT0 重合。

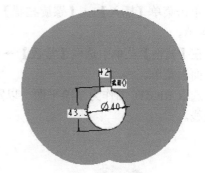

图 5-22　凸轮实体　　　　　　　　　图 5-23　切除特征

（6）保存文件。

此例中，扫描轨迹线绘制的大小一般仅为参照，以其圆心为参照创建的基准点将作为凸轮的旋转中心则是关键；绘制图形基准时，必须创建坐标系；用样条曲线绘制图形特征时，可以生成样条数据文件，再利用软件的"记事本"进行编辑后，重新生成样条曲线以达到对样条曲线的精确修改。

实训 9　创建普通螺纹螺栓

本例介绍运用螺旋扫描切口特征创建普通螺纹螺栓的设计方法。

1）新建零件文件

新建实体文件 ptlw-1，取消【使用默认模板】前的对钩→【确定】。

2）绘制螺杆实体

（1）以 TOP 面为草绘平面→绘制一个直径 50 的圆→拉伸深度 100，完成拉伸圆柱的创建，如图 5-24 所示。

（2）绘制六角头部。

参照步骤（1），绘制如图 5-25 所示的六角形截面→拉伸深度为 28→完成螺栓六角头实体特征，如图 5-26 所示（注：头部需要倒圆，在此省略此步骤）。

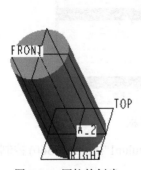

图 5-24　圆柱的创建

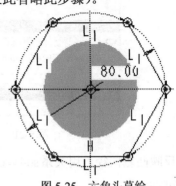

图 5-25　六角头草绘

3）螺纹生成

（1）单击菜单【插入】→【螺旋扫描】→【切口】，出现【切剪：螺旋扫描】对话框和【属性】菜单。

（2）在【属性】菜单中选取【常数】→【穿过轴】→【右手定则】→【完成】，出现【设置草绘平面】菜单。

（3）选取 RIGHT 面作为草绘平面，以默认方式进入草绘模式→按图 5-27 所示绘制旋转轴和轨迹线。

图 5-26　螺栓六角头实体

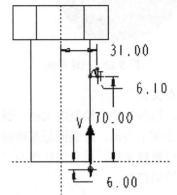

图 5-27　旋转轴和轨迹线

（4）输入螺距 6.1。

（5）草绘螺纹牙型截面，如图 5-28 所示。

（6）完成截面草绘→单击对话框中的【确定】按钮（或单击鼠标中键），完成模型创建，如图 5-29 所示。

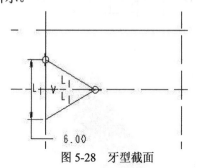

图 5-28　牙型截面

图 5-29　六角头螺栓实体

（7）选择【文件】→【保存】，保存零件文件。

螺纹末端过渡处理技巧（处理效果，如图 5-30 所示）：如图 5-27 中轨迹线的上部有一圆弧，该圆弧的作用是模拟螺纹切削的退刀效果。其半径取值原则上不小于螺距（在此取为6.10），其定尺寸 31 也应在保证过渡效果的前提下合理取值，圆弧上任一点的切线不得垂直于轨迹线。螺纹起始端的过渡，在此取值 6，一般取值为不小于螺距的一半即可。

（a）未过渡或过渡不完整

（b）完整过渡

图 5-30　牙型截面

知识梳理与总结

本章主要学习了变截面扫描特征、螺旋扫描特征的创建方法，并以实例方式讲解了如何运用"关系"结合变量"trajpar"控制变截面扫描过程中的截面，以及如何运用"图形"基准曲线、"关系"结合变量"trajpar"和函数"evalgraph"控制变截面扫描过程中的截面。其中变截面扫描中重点掌握如何设置扫描轨迹线、设置多少条轨迹、轨迹线的类型确定，以及轨迹线相互协调，并且扫描截面草绘要受控于轨迹线等问题。螺旋扫描中重点是草绘扫描截面时要区分清扫描轨迹线与中心线。用变量 trajpar、图形基准、函数 evalgraph 与变截面扫描配合进行建模绘图能创建出较多变化的造型。

习　题　5

1. 用变剖面扫描特征设计如图 5-31（c）所示的手柄，轨迹线如图 5-31（a）所示，截面草绘如图 5-31（b）所示。

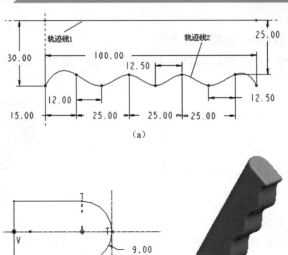

(a)

(b)　　　　　　　　　　　　(c)

图 5-31　手柄

2. 根据图 5-32（a）和（b）所示两条轨迹线和截面图形，用可变剖面扫描方法创建如图 5-32（c）所示的四种效果模型（在操控板中修改条件，你还能做出几种效果？）。

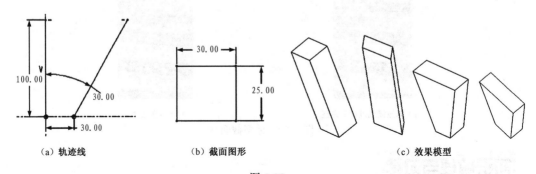

（a）轨迹线　　　　　　　（b）截面图形　　　　　　　　（c）效果模型

图 5-32

3. 完成图 5-33 所示的送料螺旋搅笼的设计。

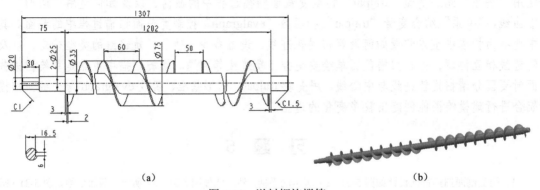

（a）　　　　　　　　　　　　　　　（b）

图 5-33　送料螺旋搅笼

4．设计如图 5-34 所示的方向盘。

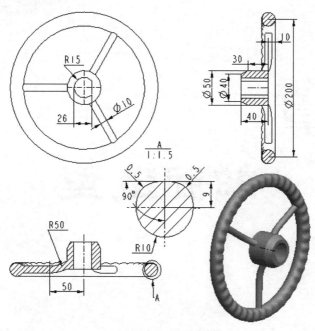

图 5-34　方向盘工程图

操作提示：方向盘中的波浪造型是通过变截面扫描特征创建的，其截面是由关系式控制的。截面草绘及其尺寸符号、关系式如题图 5-35 所示。

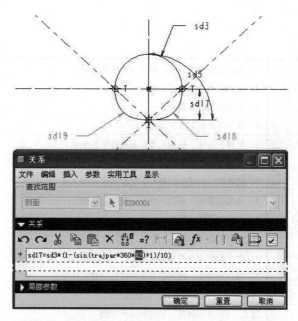

图 5-35　变截面扫描草绘、尺寸符号及尺寸关系

拓展思维练习：完成设计后，将关系式中的 10 依次改为 5、20 后，观察波浪造型是如何变化的。想想此值的作用是什么。再将 42 依次改为 20、35、80 后，观察波浪造型是如何变化的。想想此值的作用是什么。

第6章

曲面造型

教学导航

教学目标	1. 熟悉曲面建模环境，熟悉各种工具的使用
	2. 掌握基本曲面的创建方法
	3. 掌握曲面的编辑命令
	4. 掌握由曲面生成实体的方法
知识点	1. 拉伸、旋转、扫描和混合曲面特征的创建
	2. 填充曲面特征的创建
	3. 边界曲面特征的创建
	4. 曲面的修剪、延伸、合并、复制、移动
	5. 曲面加厚和实体化
重点与难点	1. 边界曲面的创建
	2. 曲面编辑命令的灵活应用
	3. 综合应用点、线、面等各种特征创建实体零件
教学方法建议	多媒体教学，讲练结合，实例强化
学习方法建议	课堂：1）典型例题、习题的操作实践
	2）重点是掌握各命令操作方法，理解各命令代表的含义
	课外：1）书籍、网络中含有大量不同形状的零件，可供参考练习
	2）生活之中处处是零件，勤观察、勤思考、勤练习，熟能生巧
建议学时	10 学时

现代工业产品，不但强调产品的功能用途，还注重产品的外观。流线形外观给人以美的感受，也给工业产品设计提出了更高的要求。对于产品流线形外观曲面特征，通常的拉伸、旋转、扫描等造型方法难以生成，必须通过专门的曲面造型方法才能构建。

6.1　曲面的基本概念

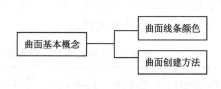

曲面是没有厚度（或者说厚度为 0）没有体积的面，不同于薄板特征，薄板特征是有厚度的，只是非常薄而已。曲面的线条有下列两种颜色。

（1）粉红色：代表曲面的边界线，也称为单侧边，粉红色边的一侧为一个曲面特征，另一侧即不属于此特征。

（2）紫色：代表曲面的内部线条或曲面的棱线，也称为双侧边，紫色边的两侧为同一个曲面特征。

前面两章所介绍的拉伸、旋转、扫描、混合、螺旋扫描、变截面扫描等命令，除了可以生成实体特征外，同样也可以生成曲面特征。

曲面特征除了应用上述命令创建外，还可以通过点创建曲线（曲线的颜色为蓝色），再由曲线创建曲面，而且还可以对曲面进行合并、裁剪和延伸等（实体特征缺乏此类特性）。由于曲面的使用比较有弹性，因此其操作的技巧性也较高。

小经验： 若系统颜色选择【使用 Pre-Wildfire 方案】，则分别以黄色、紫红色代表曲面单、双侧边，暗红色代表曲线，更利于曲面的观察。

6.2　曲面特征创建

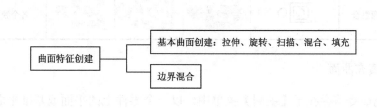

6.2.1 基本曲面创建

1. 拉伸、旋转、扫描、混合曲面

生成方法和实体特征生成的方法类似。通过选取特征控制面板中的图标 ⬚，或者选取特征下拉菜单中的【曲面】命令，来创建曲面特征。

曲面有开放的曲面和封闭的曲面两种，如表 6-1 所示。拉伸、旋转曲面在【选项】面板中通过勾选【封闭端】复选框设定封闭曲面。扫描、混合曲面在下拉菜单中通过选择【开放终点】或【封闭端】来设定曲面是开放或封闭的。

表 6-1 拉伸实体与拉伸曲面比较

类　型	拉伸的草图图样	生成实体	生成曲面		说　明
			开放曲面	封闭曲面	
单一封闭轮廓					实体：单一封闭轮廓是最典型的合法拉伸草图 曲面：以线条显示时，线条颜色与实体不同；开放曲面与封闭曲面的棱线与曲面边界线颜色不同
非封闭轮廓					实体：非法草图轮廓，不能生成拉伸实体 曲面：单个非封闭轮廓可以生成开放曲面
交叉轮廓					实体：非法草图轮廓，不能生成拉伸实体 曲面：生成开放曲面
两重轮廓					实体：内侧轮廓作为切除区域 曲面：生成开放曲面和封闭曲面，封闭曲面以内外侧轮廓构成封闭
多重轮廓					实体：从外侧轮廓开始，按照填充、切除的方式进行拉伸 曲面：生成开放曲面和封闭曲面，四重及以上轮廓不能生成封闭曲面
多轮廓组合					各个独立轮廓分别拉伸成型

2. 填充曲面

填充命令 ⬚ 存在于【编辑】菜单中，以一个零件上的平面或基准平面作为绘图平面，绘制曲面的边界线，系统自动在边界线内部填入材料，成为一个平面式的曲面。

下面通过如图 6-1 所示的花瓶模型实例介绍填充特征的建立方法。本例中包含了混合、填充特征。

1）创建零件文件

单击新建文件按钮 ，或单击菜单【文件】/【新建】→文件类型为【零件】，子类型为【实体】→输入零件名称"6_1"，取消【使用默认模板】复选框中的对钩→选择【mmns_part_solid】，单击【确定】按钮。

2）创建混合曲面特征

单击菜单【插入】→【混合】→【曲面】→【平行】/【规则截面】/【草绘截面】→【完成】→【光滑】/【开放终点】→【完成】→选择基准平面 TOP 面作为草绘平面→【反向】/【正向】→【默认】，进入草绘模式→绘制如图 6-2 所示的草绘截面 1→ 绘图区内按住鼠标右键不放，在弹出的快捷菜单中选择【切换剖面】，刚才绘制的截面变成灰色，绘制如图 6-3 所示的截面 2→同样操作，绘制如图 6-4 所示的截面 3，如图 6-5 所示的截面 4→单击 按钮→【盲孔】→【完成】，系统弹出如图 6-6 所示的信息提示栏→输入截面 2 深度尺寸"200"→单击 按钮→输入截面 3 深度尺寸"200"→输入截面 4 深度尺寸"100"→单击【确定】按钮，生成如图 6-7 所示的混合曲面特征。

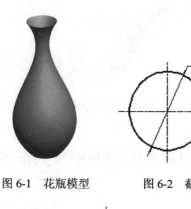
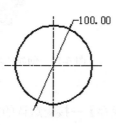
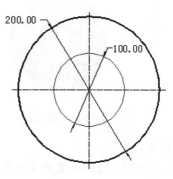

图 6-1　花瓶模型　　　图 6-2　截面 1　　　　图 6-3　截面 2

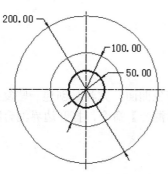
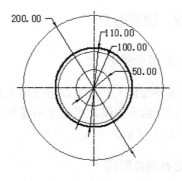

图 6-4　截面 3　　　　　　　　图 6-5　截面 4

图 6-6　信息提示栏　　　　图 6-7　创建的混合曲面特征

3）创建瓶底填充曲面

单击菜单【编辑】→【填充】，出现填充控制面板，如图6-8所示。

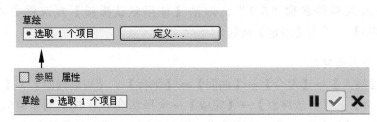

图 6-8　填充控制面板

单击【参照】，打开上滑面板→单击【定义】按钮，弹出【草绘】对话框→选取 TOP 面作为草绘平面，单击【反向】按钮→单击【草绘】按钮，进入草绘状态→绘制如图6-9所示的草图→单击✔按钮→单击✔按钮，完成填充曲面特征的创建，如图6-10所示。

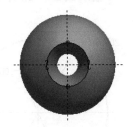　　　　

图 6-9　草绘截面　　　　图 6-10　创建的填充曲面特征

4）保存文件

单击🖫按钮，或单击菜单【文件】→【保存】→接受默认的文件名：6_1.prt→单击【确定】按钮。

6.2.2　边界混合

1. 边界混合概念

使用边界混合工具，可以通过定义边界的方式产生曲面，尤其是创建一些复杂的曲面。单击工具栏中的⌀按钮，或者单击【插入】→【边界混合】命令，打开边界混合特征控制面板，如图6-11所示。

2. 边界混合形式

（1）单方向截面混合：只有一个方向曲线的混合，如图6-12所示。注意点选3条曲线的顺序不同，得到的曲面形状亦不同。

单击【曲线】，勾选【闭合混合】复选框得到封闭的曲面，如图6-12所示。

（2）双方向截面混合：两个方向曲线的混合，如图6-13所示。

（3）边界条件：单击【约束】，弹出边界条件设置对话框。通过设置边界条件为自由、切线、曲率和垂直四种方式来控制边界形状。

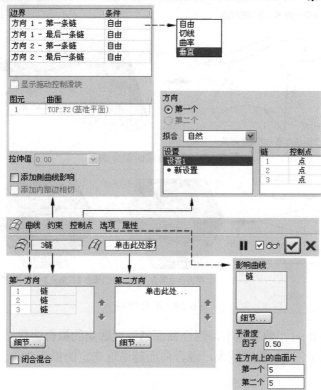

图 6-11 边界混合特征控制面板

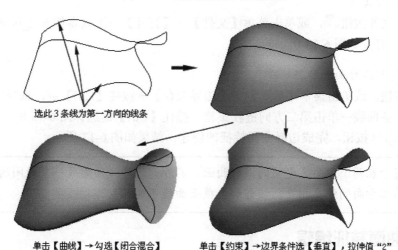

选此 3 条线为第一方向的线条

单击【曲线】→勾选【闭合混合】   单击【约束】→边界条件选【垂直】，拉伸值 "2"

图 6-12 单方向截面混合、闭合混合、混合的边界条件

如图 6-12 所示，选择边界条件为【垂直】，设置曲面边界垂直于默认草绘平面。

（4）混合控制：单击【控制点】，弹出控制点设置对话框。通过对混合截面特殊点的对应混合关系的设置，控制特征混合的效果，如图 6-14 所示。

（5）拟合混合：一个方向曲线按一条拟合曲线的趋势进行混合。

单击【选项】，弹出【影响曲线】对话框，如图 6-11 所示。

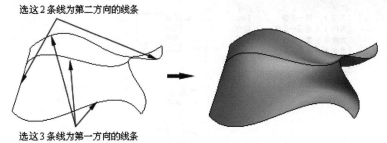

选这2条线为第二方向的线条

选这3条线为第一方向的线条

图6-13　双方向截面混合曲面

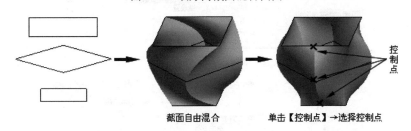

截面自由混合　　　　　单击【控制点】→选择控制点

控制点

图6-14　混合控制

① 平滑度范围0～1，数字越小，混合曲面越逼近选定的拟合曲线。
② 曲面片范围1～29，数字越大，混合曲面越逼近选定的拟合曲线。

3．实例练习

1）打开练习文件

单击打开文件按钮 ，或单击菜单【文件】→【打开】→选取零件6_2_lianxi.prt→单击【打开】按钮，打开如图6-13所示的线框。

2）创建边界混合曲面特征

单击 按钮，或单击菜单【插入】→【边界混合】→按住【Ctrl】键，选择图6-13所示的第一方向3条曲线→单击第二方向链收集器，按住【Ctrl】键选择图6-13所示的第二方向2条直线→单击 按钮，完成边界曲面特征的创建，结果如图6-13所示。

小提示： 对于在两个方向上定义的混合曲面，其外部边界必须形成一个封闭的环，且第一方向和第二方向的线要相交，相邻两个截面曲线不能相切。

6.3　曲面特征编辑

知识分布网络

曲面特征编辑 ── 曲面修剪
　　　　　　　── 曲面合并
　　　　　　　── 曲面延伸
　　　　　　　── 曲面复制
　　　　　　　── 曲面转化实体

6.3.1　曲面修剪

修剪命令的作用是剪切或分割面组或曲线（面组是曲面的集合）。单击编辑特征工具条中的 按钮，或者单击【编辑】→【修剪】，打开【修剪】控制面板。

修剪曲面可以选择保留或不保留修剪曲面，也可以选择薄板方式修剪曲面，可在选项中设定，如图6-15所示。

修剪方式可分为：一，在与其他面组或基准平面相交处进行修剪；二，使用面组上的基准曲线修剪。

> **小提示：**（1）在启动修剪命令时，应首先选中被修剪的对象特征（曲面或面组）。
> （2）当一个曲面修剪另一个曲面时，"薄修剪"选项才可以使用。
> （3）可以利用创建投影曲线来修剪曲面，也可以通过拉伸、旋转、扫描、混合中【曲面修剪】来修剪曲面。

图6-15　修剪特征控制面板

实例练习（6_3）的步骤介绍如下。

1）打开练习文件

单击打开文件按钮 ，或单击菜单【文件】→【打开】→选取零件 6_3_lianxi.prt→单击【打开】按钮，如图6-16所示。

2）创建第一个修剪曲面特征

选取图6-16所示的曲面1→单击 按钮，或单击菜单【编辑】选择【修剪】→选另一圆弧曲面2，单击 按钮→单击 按钮，完成第一个修剪曲面特征的创建，如图6-17所示。

图6-16　修剪曲面　　　　　　　图6-17　第一个修剪曲面特征

3）创建第二个修剪曲面特征

选曲面 2 进行修剪，创建方法同上，结果如图 6-18 所示。

4）显示投影曲线特征

模型树中选择【投影 1】，单击鼠标右键，在弹出的快捷菜单中选择【取消隐藏】。

5）创建曲线修剪曲面特征

选曲面 1→单击 按钮，或单击菜单【编辑】选择【修剪】→选中投影曲线→单击 按钮，完成修剪曲面特征的创建，如图 6-19 所示。

6）隐藏投影曲线特征

模型树中选择【投影 1】，单击鼠标右键，快捷菜单中选择【隐藏】，结果如图 6-20 所示。

图 6-18　第二个修剪曲面特征

图 6-19　投影曲线修剪曲面

7）创建拉伸曲面切剪特征

单击拉伸特征按钮 →单击拉伸为曲面按钮 和减材料按钮 ，选择图 6-20 所示曲面→单击【放置】，打开上滑面板→单击【定义】，弹出【草绘】对话框→选取 FRONT 面作为草绘平面，接受系统默认设置→单击【草绘】，进入草绘状态，绘制如图 6-21 所示截面，直径 20 的圆→单击 按钮→深度选项选择 →单击 按钮，结果如图 6-22 所示。

选择曲面

图 6-20　隐藏曲线的修剪曲面特征

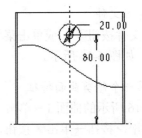

20.00

80.00

图 6-21　拉伸切剪截面

8）创建顶点倒圆角特征

单击菜单【插入】→【高级】→【顶点倒圆角】，弹出【曲面裁剪】对话框→选择图 6-20 所示的曲面→按住【Ctrl】键选择图 6-22 所示的两顶点，【选取】菜单中单击【确定】按钮→信息栏中输入修整半径"20"，单击 按钮→单击【确定】按钮，结果如图 6-23 所示。

6.3.2　曲面合并

合并是通过相交或连接方式合并两个面组（面组是曲面的集合）。生成的合并面组是一个单独的面组，它与两个原始面组是分开的，如果删除合并特征，原始面组仍然保留。

图 6-22　拉伸切剪

图 6-23　顶点倒圆角

单击编辑特征工具条中的 按钮，或者单击【编辑】→【合并】，打开【合并】控制面板，如图 6-24 所示。

图 6-24　【合并】控制面板

小提示： 此工具条中的两个【反向】命令分别控制合并操作保留曲面的方向。

实例练习（6_4）：创建如图 6-25 所示的合并曲面，步骤如下。

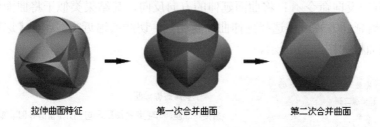

拉伸曲面特征　　　　　第一次合并曲面　　　　　第二次合并曲面

图 6-25　曲面合并

1）创建零件文件

单击新建文件按钮 ，或单击菜单【文件】→【新建】→文件类型为【零件】，子类型为【实体】→输入零件名称 "6_4"，取消【使用默认模板】复选框的勾选→选择【mmns_part_solid】，单击【确定】按钮。

2）创建拉伸曲面特征

单击拉伸特征按钮 →拉伸为曲面按钮 →单击【放置】，打开上滑面板→单击【定义】，弹出【草绘】对话框→选取 FRONT 面作为草绘平面，接受系统默认设置→单击【草绘】，绘制直径为 100 的圆→单击 按钮→深度选项 ，创建深度为 100 的圆柱曲面→单击 按钮。

同样，以基准面 RIGHT、TOP 为草绘平面，以同样的方式和尺寸创建圆柱曲面。

3）创建合并曲面特征

选一个圆柱面，按住【Ctrl】键选另一个圆柱面→单击 按钮→单击 按钮，完成第一次曲面合并。

选合并曲面，按住【Ctrl】键选最后一个圆柱面→单击 按钮→单击 按钮，完成第二次曲面合并。

4）保存文件

单击 按钮，或单击菜单【文件】→【保存】→接受默认的文件名：6_4.prt→单击【确定】按钮。

6.3.3　曲面延伸

延伸 是将曲面特征沿此曲面上指定的边界线延伸。单击【编辑】→【延伸】，打开【延伸】控制面板，如图 6-26 所示。

图 6-26　【延伸】控制面板

（1）延伸特征控制面板中的命令及其含义如下。

① 按距离延伸 ：将曲面沿曲面上指定的边界线延伸指定的距离。

② 延伸到面 ：将曲面沿曲面上指定的边界线延伸到指定的面。

③ 延伸距离 ：指定曲面延伸的距离，在其后的组合框中输入延伸距离。

④ 延伸方向反向命令 ：将曲面延伸的方向反向，其结果类似于将曲面修剪。

（2）按距离延伸方式可以选择延伸曲面是相同、切线或逼近方式，在【选项】/【方式】中设定。选项面板如图 6-27 所示。

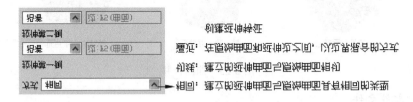

图 6-27　选项面板

实例练习（6_5）的步骤如下：

1）打开练习文件

单击打开文件按钮 ，或单击菜单【文件】→【打开】→选取零件 6_5_lianxi.prt→单击【打开】按钮，打开如图 6-28 所示曲面。

2）相同方式曲面延伸

选择图 6-28 所示曲面边界→单击菜单【编辑】→【延伸】→系统默认延伸方式为相同，

输入延伸距离"50"→单击 ✔ 按钮，结果如图 6-29 所示。

小经验： 如果将曲面延伸的方向反向，曲面被修剪。

3）切线方式曲面延伸

选择图 6-30 所示曲面边界→单击菜单【编辑】→【延伸】→【选项】→【方式】／【切线】，输入延伸距离"50"→单击 ✔ 按钮，结果如图 6-31 所示。

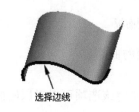

图 6-28　曲面

图 6-29　相同方式延伸曲面

图 6-30　延伸边线

图 6-31　切线方式延伸曲面

4）至平面方式曲面延伸

选择图 6-32 所示曲面边界→单击菜单【编辑】→【延伸】→单击 □ 按钮→选择 RIGHT 基准面→单击 ✔ 按钮，结果如图 6-33 所示。

图 6-32　延伸边线

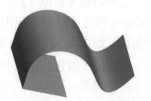

图 6-33　至平面方式延伸曲面

6.3.4　曲面复制

选择要复制的曲面，单击 📋 按钮，再单击 📋 按钮，或者单击菜单【编辑】→【复制】→【粘贴】，或者用组合键【Ctrl＋C】和【Ctrl＋V】命令，打开复制曲面控制面板，如图 6-34 所示。

【选项】中的命令及其含义如下。

（1）按原样复制所有曲面：精确复制原始曲面。

（2）排除曲面并填充孔：有选择地复制曲面，并在曲面内填充孔。选择此项，以下两项可使用。

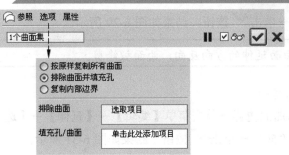

图 6-34　复制曲面控制面板

① 排除曲面：明确在当前复制特征中不进行复制的曲面。

② 填充孔/曲面：选择孔并填充到选择的曲面上。

（3）复制内部边界：仅复制位于边界内的曲面，使用该选项可以对原始曲面中的一部分区域进行复制。选择此项，面板中显示【边界曲线】选项。

实例练习（6_6）的步骤如下：

1）打开练习文件

单击打开文件按钮，或单击菜单【文件】→【打开】→选取零件 6_6_lianxi.prt→单击【打开】按钮，如图 6-35 所示。

2）按原样复制曲面

按住【Ctrl】键选择如图 6-35 所示零件的所有上表面→单击按钮，再单击按钮→接受系统默认设置，单击按钮，此时模型树中新增特征【复制 1】。

3）查看复制曲面

模型树中选择特征【复制 1】→单击按钮，再单击按钮，打开【选择性粘贴】面板，如图 6-36 所示→勾选【对副本应用移动/旋转变换】复选框→单击【确定】按钮，打开选择性粘贴控制面板，如图 6-37 所示→选择零件垂直边作为平移方向，输入移动距离"80"，如图 6-38 所示→单击按钮，结果如图 6-39 所示。

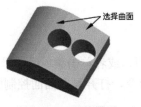

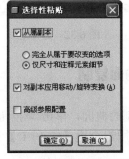

图 6-35　零件模型　　　　　　　图 6-36　【选择性粘贴】面板

小提示：（1）选择性粘贴可以复制曲面平移、旋转。
　　　　　（2）本例中步骤 3）主要是为了查看步骤 2）曲面复制的结果。

图 6-37　选择性粘贴控制面板

图 6-38　平移复制曲面预览

4）以不包括孔的方式复制曲面

按住【Ctrl】键在模型树中选择特征【复制 1】和【Moved copy 1】，单击鼠标右键，快捷菜单中选择【删除】→按住【Ctrl】键选择如图 6-35 所示零件的所有上表面→单击 按钮，再单击 按钮→单击【选项】→勾选【排除曲面并填充孔】，单击【填充孔/曲面】→按住【Ctrl】键选择零件上表面和中间孔的边线，如图 6-40 所示→单击 按钮，结果如图 6-41 所示。

图 6-39　平移复制曲面

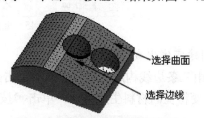

图 6-40　选择零件上表面和边线

5）查看复制曲面

选择上一步复制的曲面，进行与步骤 3）同样的操作方式和平移距离，结果如图 6-42 所示。

图 6-41　不包括孔的方式复制曲面

图 6-42　平移复制曲面

6.3.5 曲面特征转化为实体模型

曲面转为实体有两种情况：一是整个曲面模型转为实体，二是曲面转为薄壳实体。

单击菜单【编辑】→【加厚】命令，将选定的曲面转化为薄壳实体。

单击菜单【编辑】→【实体化】命令，将选定的曲面转化为实体。

实例练习（6_7）的步骤如下：

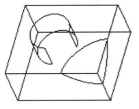

图 6-43 要转化为实体的曲面

1）打开练习文件

单击打开文件按钮 📂→选取零件 6_7_lianxi.prt→单击【打开】按钮，如图 6-43 所示。

2）创建实体化增料特征

选中矩形曲面→单击菜单【编辑】→【实体化】→打开如图 6-44 所示实体化特征控制面板，接受系统默认设置→单击✔按钮，该曲面转化为实体特征。

图 6-44 曲面实体化控制面板

3）创建曲面加厚特征

选中圆弧曲面→单击菜单【编辑】→【加厚】→打开如图 6-45 所示曲面加厚特征控制面板，输入材料厚度"1"→单击✔按钮，结果如图 6-46 所示。

图 6-45 曲面加厚控制面板

4）创建实体化减料特征

选择由三条边线构成的边界曲面→单击菜单【编辑】→【实体化】→单击✍按钮，单击✍按钮改变特征的材料生成方向→单击✔按钮，结果如图 6-47 所示。

图 6-46 创建的曲面加厚特征

图 6-47 创建的实体化减料特征

实训 10 水槽

本例创建水槽模型，如图 6-48 所示。水槽零件图如图 6-49 所示。

图 6-48　水槽模型

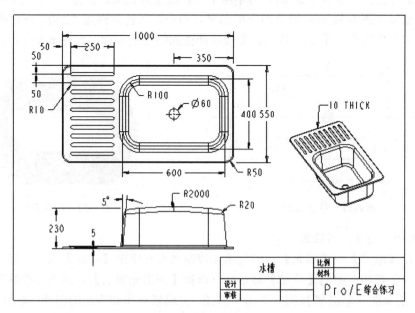

图 6-49　水槽零件图

如图 6-50 所示为水槽零件的设计步骤分析：

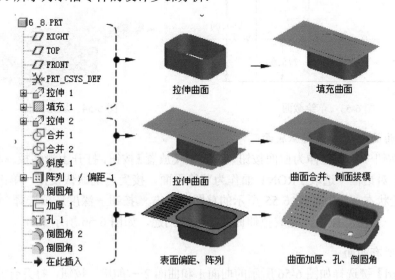

图 6-50　水槽零件设计步骤分析

1）创建零件文件

单击新建文件按钮▢，或单击菜单【文件】→【新建】→文件类型为【零件】，子类型为【实体】→输入零件名称"6_8"，取消【使用默认模板】复选框的勾选→选择【mmns_part_solid】，单击【确定】按钮。

2）拉伸曲面创建水槽侧面

单击▱按钮→单击拉伸为曲面按钮▱→单击【放置】，打开上滑面板→单击【定义】，弹出【草绘】对话框→选取 TOP 面作为草绘平面，接受系统默认设置→单击【草绘】，进入草绘状态，绘制如图 6-51 所示的草图→单击✔按钮→输入拉伸深度"230"→单击⤢按钮改变特征的材料生成方向→单击✔按钮，完成拉伸曲面特征的创建，如图 6-52 所示。

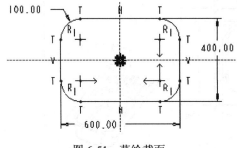

图 6-51 草绘截面

图 6-52 拉伸曲面

3）填充曲面创建水槽顶面

单击菜单【编辑】→【填充】，出现填充控制面板→单击【参照】按钮，打开上滑面板→单击【定义】按钮，弹出【草绘】对话框→选择【使用先前的】，进入草绘状态→绘制如图 6-53 所示的草图→单击✔按钮→单击✔按钮，完成填充曲面特征的创建，如图 6-54 所示。

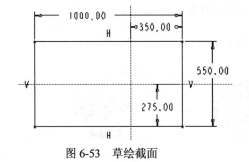

图 6-53 草绘截面

图 6-54 填充曲面

4）拉伸曲面创建水槽圆弧底面

单击▱按钮→单击拉伸为曲面按钮▱→单击【放置】按钮，打开上滑面板→单击【定义】，弹出【草绘】对话框→选取 FRONT 面作为草绘平面，接受系统默认设置→单击【草绘】按钮，进入草绘状态→绘制如图 6-55 所示的草图→单击✔按钮→深度选项选择⎅，输入拉伸深度"600"→单击✔按钮，完成拉伸曲面特征的创建，如图 6-56 所示。

5）合并所有曲面

按住【Ctrl】键选择如图 6-56 所示的曲面 1 和曲面 2→单击▱按钮，打开合并控制面板→单击⤢按钮，改变曲面合并方向→单击✔按钮，结果如图 6-57 所示。

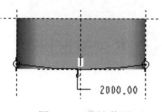

图 6-55 草绘截面

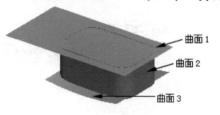

图 6-56 拉伸曲面

按住【Ctrl】键选择如图 6-56 所示的曲面 2 和曲面 3→单击按钮,打开合并控制面板→单击 按钮,改变曲面合并方向→单击 按钮,结果如图 6-58 所示。

图 6-57 第一个合并曲面

图 6-58 第二个合并曲面

6)创建水槽侧面拔模

单击 按钮,打开拔模控制面板,如图 6-59 所示→按住【Ctrl】键选择如图 6-58 所示的曲面 2 作为拔模曲面,如图 6-60 所示→单击 图标旁的拔模枢轴收集器,选择如图 6-58 所示的曲面 1 为拔模枢轴平面和拖动方向参考平面→角度框中输入拔模角度"5",单击 按钮改变拔模方向→单击 按钮,结果如图 6-61 所示。

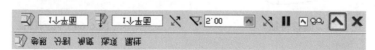

图 6-59 拔模控制面板

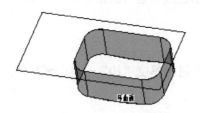

图 6-60 拔模曲面预览

图 6-61 创建的拔模特征

7)创建水槽顶面凸台

选择如图 6-58 所示的曲面 1,即步骤 3)所创建的填充面→单击菜单【编辑】→【偏移】→打开偏移控制面板,单击 ,展开特征,如图 6-62 所示→单击【选项】按钮→单击【定义】按钮,弹出【草绘】对话框→选取填充面作为草绘平面,接受系统默认设置→单击【草绘】按钮,进入草绘状态→绘制如图 6-62 所示的草图→单击 按钮→输入偏距值"5",单击 按钮改变曲面偏移方向→单击 按钮,结果如图 6-63 所示。

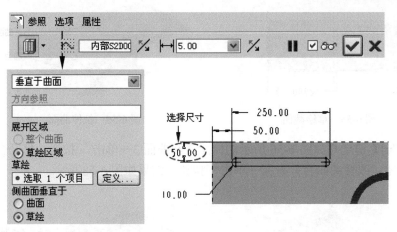

图 6-62　偏移控制面板和草绘截面

8）阵列水槽顶面凸台

选择刚才创建的偏移曲面特征，单击 按钮→选择如图 6-62 所示标注"50"的尺寸→单击【尺寸】按钮，打开上滑面板→【方向 1】中输入增量尺寸"50"→控制面板中输入阵列特征总数"10"→单击 按钮，结果如图 6-64 所示。

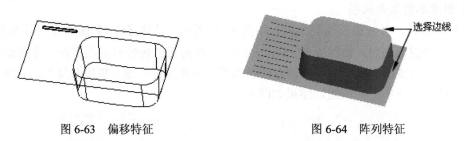

图 6-63　偏移特征　　　　　　　　　　　图 6-64　阵列特征

9）创建水槽倒圆角

单击 按钮→按住【Ctrl】键选择如图 6-64 所示边线→输入圆角半径值"20"→单击 按钮，结果如图 6-65 所示。

10）曲面转化为实体

选中曲面→单击菜单【编辑】→【加厚】→输入材料厚度"10"→单击 按钮，结果如图 6-66 所示。

图 6-65　曲面倒圆角　　　　　　　　　　图 6-66　水槽实体特征

11）创建孔特征

单击 按钮→单击【放置】按钮，打开上滑面板→选择水槽底部曲面作为主参照，参照类型为【径向】→单击【次参照】，按住【Ctrl】键选择 FRONT 和 RIGHT 面作为次参照，设置参照和值如图 6-67 所示→输入孔的直径为"60"，深度选项选择 ∃‖→单击 ✔ 按钮，结果如图 6-68 所示。

图 6-67 设置参照   图 6-68 创建的孔特征

12）创建倒圆角特征

单击 ◌ 按钮→按住 Ctrl 键选择水槽平台的 4 条竖直侧边→输入圆角半径值"50"→单击 ✔ 按钮。

单击 ◌ 按钮→按住 Ctrl 键选择水槽平台上表面和下表面的边线→单击【设置】按钮，打开上滑面板，单击【完全倒圆角】按钮→单击 ✔ 按钮，结果如图 6-69 所示。

图 6-69 创建的水槽模型

13）保存文件

单击 🖫 按钮，或单击菜单【文件】→【保存】→接受默认的文件名：6_8.prt→单击【确定】按钮。

实训 11 电话听筒

本例创建电话听筒模型，如图 6-70 所示。电话听筒零件图如图 6-71 所示。

图 6-70 电话听筒模型

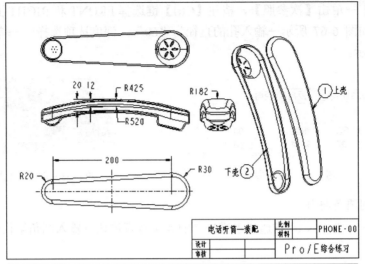

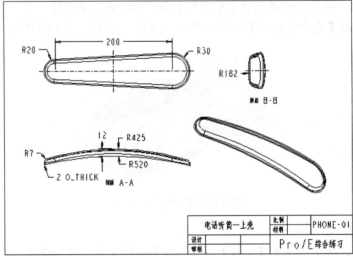

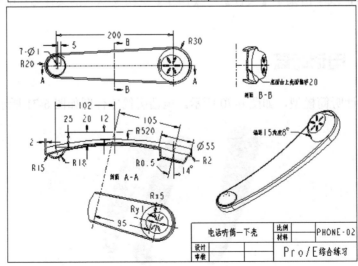

图 6-71　电话听筒零件图

1. 零件结构设计分析

如图 6-72 所示为电话听筒上壳的设计步骤分析，图 6-73 所示为电话听筒下壳的设计步骤分析。

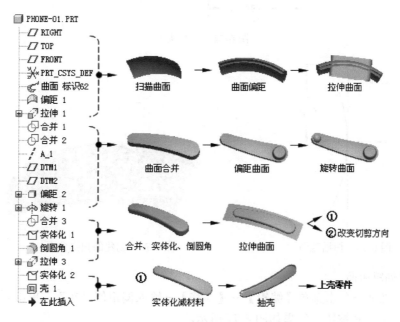

图 6-72　电话听筒上壳设计步骤分析

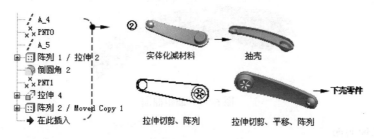

图 6-73　电话听筒下壳设计步骤分析

2. 实例操作步骤

1）创建零件文件

单击新建文件按钮 □，或单击菜单【文件】→【新建】→文件类型为【零件】，子类型为【实体】→输入零件名称"phone"，取消【使用默认模板】复选框的勾选→选择【mmns_part_solid】，单击【确定】按钮。

2）创建扫描曲面

单击菜单【插入】→【扫描】→【曲面】→【草绘轨迹】→选取 TOP 面作为草绘平面→【正向】→【默认】→绘制如图 6-74 所示的轨迹线→单击 ✔ 按钮→【开放终点】→【完成】→绘制如图 6-75 所示的截面→单击 ✔ 按钮→单击【确定】按钮，结果如图 6-76 所示。

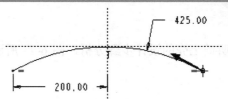

图 6-74　扫描轨迹

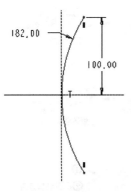

图 6-75　扫描截面

图 6-76　创建的扫描曲面

3）创建偏距曲面

选择扫描曲面→单击菜单【编辑】→【偏移】→输入偏距值"20"，单击 ⬚ 按钮改变曲面偏移方向→单击 ✔ 按钮，结果如图 6-77 所示。

图 6-77　偏距曲面

4）创建拉伸曲面

单击 ⬚ 按钮→单击 ⬚ 按钮→单击【放置】，打开上滑面板→单击【定义】按钮，弹出【草绘】对话框→选取 FRONT 面作为草绘平面，接受系统默认设置→单击【草绘】，进入草绘状态→绘制如图 6-78 所示的草图→单击 ✔ 按钮。

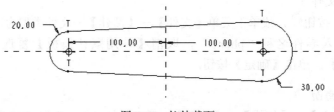

图 6-78　拉伸截面

单击【选项】，按图 6-79 所示设置拉伸深度→单击 ✔ 按钮，结果如图 6-80 所示。

图 6-79　深度设置

图 6-80　创建的拉伸曲面

5）合并 3 个曲面

按住【Ctrl】键选择图 6-80 所示的曲面 1 和曲面 2→单击 按钮，或单击菜单【编辑】→【合并】→单击 按钮，结果如图 6-81 所示。

按住【Ctrl】键选择曲面 1 和曲面 3→单击 按钮，或单击菜单【编辑】→【合并】→单击 按钮，结果如图 6-82 所示。

图 6-81　第一次合并曲面

图 6-82　第二次合并曲面

6）创建基准轴和基准平面

单击 按钮，系统弹出如图 6-83 所示的【基准轴】对话框→按住【Ctrl】键选择 FRONT 面和 RIGHT 面→单击对话框中【确定】按钮，生成基准轴 A_1，如图 6-84 所示。

图 6-83　【基准轴】对话框

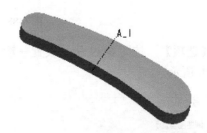

图 6-84　创建的基准轴

单击 按钮，系统弹出如图 6-85 所示的【基准平面】对话框→按住【Ctrl】键选择基准轴 A_1 和 FRONT 面，输入旋转角度"14"→单击【确定】按钮，生成基准平面 DTM1，如图 6-86 所示。

单击 按钮，系统弹出【基准平面】对话框→选择基准平面 DTM1，输入偏距值"40"→单击【确定】按钮，生成基准平面 DTM2，如图 6-86 所示。

7）创建拔模偏距曲面

选择合并面组→单击菜单【编辑】→【偏移】→打开偏移控制面板，选择 项，拔模偏距，如图 6-87 所示。

图 6-85 【基准平面】对话框图

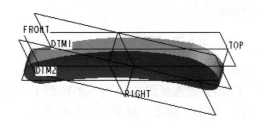

图 6-86 创建基准平面 DTM1、DTM2

图 6-87 偏移控制面板

单击【参照】，打开上滑面板→单击【定义】按钮，弹出【草绘】对话框→选取基准平面 DTM2 作为草绘平面，接受系统默认设置→单击【草绘】按钮，进入草绘状态→选择基准轴 A_1 为参照，单击【参照】对话框的【关闭】按钮→绘制如图 6-88 所示直径为"55"的圆→单击✔按钮。

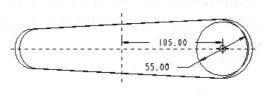

图 6-88 草绘截面

单击【选项】，按图 6-89 所示设置→输入偏距值"15"，角度"8"→单击✔按钮，结果如图 6-90 所示。

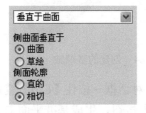

图 6-89 选项设置

图 6-90 创建的拔模偏距特征

8）创建旋转曲面

单击✂按钮→单击▢按钮→单击【位置】→单击【定义】按钮，弹出【草绘】对话框→选取 TOP 面作为草绘平面，接受系统默认设置→单击【草绘】按钮，进入草绘状态→绘制如图 6-91 所示半径为"18"的一段圆弧→单击✔按钮→单击✔按钮，结果如图 6-92 所示。

9）合并曲面

按住【Ctrl】键选择旋转曲面和前面创建的合并面组→单击 ⬚ 按钮，或单击菜单【编辑】→【合并】→调整曲面合并方向→单击 ✓ 按钮。

10）曲面转化为实体

选中合并面组→单击菜单【编辑】→【实体化】→接受系统默认设置，单击 ✓ 按钮，该曲面转化为实体特征。

11）创建倒圆角特征

单击 ⌒ 按钮→选择如图 6-92 所示的边 1，输入圆角半径值"7"→选择边 2，输入圆角半径值"2"→选择边 3，输入圆角半径值"1.5"→单击 ✓ 按钮，结果如图 6-93 所示。

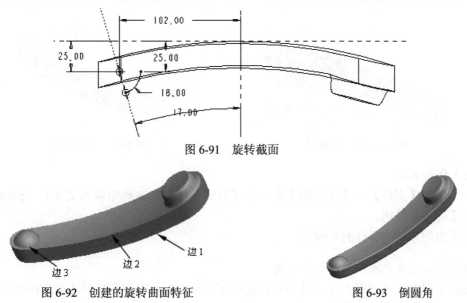

图 6-91 旋转截面

图 6-92 创建的旋转曲面特征

图 6-93 倒圆角

12）创建拉伸曲面

单击 ⬚ 按钮→单击 ⬚ 按钮→单击【放置】，打开上滑面板→单击【定义】按钮，弹出【草绘】对话框→选取 TOP 面作为草绘平面，接受系统默认设置→单击【草绘】按钮，进入草绘状态→绘制如图 6-94 所示的 R520 圆弧线段→单击 ✓ 按钮→深度选项选择 ⬚，输入拉伸深度"80"→单击 ✓ 按钮，结果如图 6-95 所示。

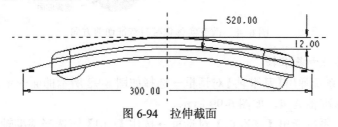

图 6-94 拉伸截面

13）创建实体化减料特征

选中拉伸曲面→单击菜单【编辑】→【实体化】→单击 ⬚ 按钮→单击 ✓ 按钮，结果如

图 6-96 所示。

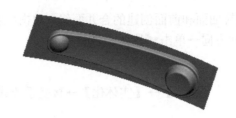

图 6-95　拉伸曲面特征

14）创建抽壳特征

单击 回 按钮→选择图 6-96 所示曲面，输入厚度"2"→单击 ✔ 按钮，结果如图 6-97 所示。

选择曲面

图 6-96　实体化减料

图 6-97　上壳零件

15）保存文件

单击菜单【文件】→【保存副本】→在【新建名称】文本框中输入文件名"phone-01"→单击【确定】按钮。

以下为创建下壳零件的步骤。

16）改变实体化减料特征切剪方向

在模型树中选择步骤13）创建的实体化特征→单击鼠标右键并按住不放，在弹出的快捷菜单中选择【编辑定义】→单击 ✗ 按钮，改变特征切剪材料方向→单击 ✔ 按钮，步骤 14）创建的抽壳特征不变，结果如图 6-98 所示。

选择曲面

图 6-98　改变实体化减料特征切剪方向

17）创建基准点和基准轴

单击 ∕ 按钮，系统弹出【基准轴】对话框→选择如图 6-98 所示曲面→单击对话框中的【确定】按钮，生成基准轴 A_4，如图 6-99 所示。

单击 ✕✕ 按钮，系统弹出【基准点】对话框→按住【Ctrl】键选择基准轴 A_4 和图 6-99 所示曲面→单击对话框中的【确定】按钮，生成基准点 PNT0，如图 6-100 所示。

单击 ∕ 按钮，系统弹出【基准轴】对话框→按住【Ctrl】键选择基准点 PNT0 和基准平面

DTM2→单击对话框中的【确定】按钮，生成基准轴 A_5，如图 6-100 所示。

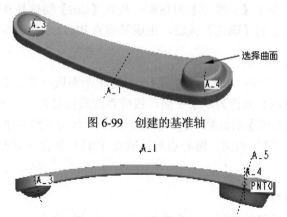

图 6-99　创建的基准轴

图 6-100　创建的基准轴和基准点

18）创建拉伸减材料特征

单击 按钮→单击 按钮→单击【放置】，打开上滑面板→单击【定义】按钮，弹出【草绘】对话框→选取 DTM2 面作为草绘平面，接受系统默认设置→单击【草绘】按钮，进入草绘状态→系统打开【参照】对话框，选择基准轴 A_1 作为参照→单击对话框中的【关闭】按钮→绘制一个半轴长为"Rx=5，Ry=1"的椭圆，如图 6-101 所示→单击 按钮→深度选项选择 →单击 按钮，如图 6-102 所示。

19）创建阵列特征

选择上一步骤中创建的拉伸特征→单击 按钮→选择方式为【轴】，选择基准轴 A_5，输入阵列个数为"6"，阵列角度为"60°"→单击 按钮，结果如图 6-103 所示。

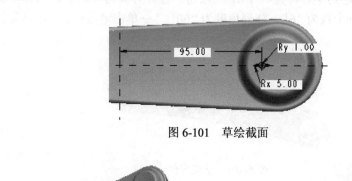

图 6-101　草绘截面

图 6-102　创建的拉伸特征

图 6-103　阵列特征

20）创建倒圆角特征

单击 按钮→选择上一步骤创建的六个椭圆形的边线，输入圆角半径值"0.5"→单击 按钮。

21）创建基准点

单击 ×× 按钮，系统弹出【基准点】对话框→按住【Ctrl】键选择基准轴 A_3 和图 6-104 所示曲面→单击对话框中的【确定】按钮，生成基准点 PNT1，如图 6-104 所示。

22）创建拉伸减材料特征

单击 按钮→单击 按钮→单击【放置】，打开上滑面板→单击【定义】按钮，弹出【草绘】对话框→选取 FRONT 面作为草绘平面，接受系统默认设置→单击【草绘】按钮，进入草绘状态→系统打开【参照】对话框，选择基准点 PNT1 作为参照→单击对话框中的【关闭】按钮→绘制一个直径为"1"的圆，圆心点与基准点 PNT1 重合→单击 ✔ 按钮→深度选项选择 ⸾ᴸ→单击 ✔ 按钮。

23）创建复制平移特征

选择上一步骤创建的拉伸特征→单击 按钮，再单击 按钮，打开选择性粘贴面板，→勾选【对副本应用移动/旋转变换】复选框，单击【确定】按钮，打开选择性粘贴面板，→选取 RIGHT 面作为方向参照，输入移动距离"5"→单击 ✔ 按钮，结果如图 6-105 所示。

图 6-104　选择基准轴和平面

图 6-105　拉伸、复制平移特征

24）创建阵列特征

选择上一步骤中创建的平移特征→单击 按钮→选择方式为【轴】，选择步骤 22）拉伸特征的轴线，输入阵列个数为"6"，阵列角度为"60°"→单击 ✔ 按钮，最后结果如图 6-106 所示。

图 6-106　下壳零件

25）保存文件

单击菜单【文件】→【保存副本】→在【新建名称】文本框中输入文件名"phone-02"→单击【确定】按钮。

知识梳理与总结

曲面造型设计是 Pro/E 建模的重要内容之一，也是 Pro/E 的基础知识，本章介绍了基本曲面的创建方法和曲面编辑的一般方法和技巧，还介绍了由曲面生成实体的方法，并通过实例逐一演示，最后给出了综合建模的例题。希望通过本章的学习，对提高读者的曲面建模水平起到一定作用。

习　题　6

1. 创建如图 6-107 所示模型，尺寸自定，零件名称为 6_9。

　　操作提示：绘制曲线，边界曲面命令。

图 6-107

2. 创建如图 6-108 所示瓶盖零件，零件名称为 6_10。

　　操作提示：操作步骤如表 6-2 所示。

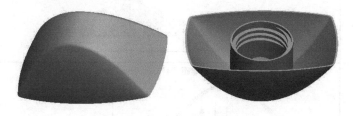

图 6-108　瓶盖模型

表 6-2　瓶盖模型创建步骤

步骤	主要命令	工作流程	结果示意图
1	草绘曲线		
2	过点曲线		

续表

步骤	主要命令	工作流程	结果示意图
3	边界曲面	提示：通过单击鼠标右键，或者右键单击快捷菜单并从中选择"从列表中选取"来选择边线	
4	合并曲面	将三个曲面分别合并	
5	倒圆角	倒圆角半径值"3"	
6	曲面加厚	厚度"1"	
7	拉伸	41.00 39.00	
8	切剪	2 60 120	
9	螺纹	扫引轨迹、截面如图，螺距"4" 11.00 2.00 2.00 2.50	
10	混合	混合 / 旋转创建螺纹收尾	

3. 创建如图6-109所示排球模型，零件名称为6_11。

　操作提示：操作步骤如表6-3所示。

图6-109　排球模型

表 6-3　排球模型创建步骤

步骤	主要命令	工作流程	结果示意图
1	半球曲面	50.00	
2	草绘曲线 投影曲线	30.00　30.00　30.00　45.00 注意：先绘制两边的直线，再绘制中间的两条直线，否则影响后面的曲面修剪。 90.00　45.00	
3	偏距曲面	提示：选择四条投影线重合的封闭区域，偏距值"2"，拔模角度"10"。	
4	修剪曲面		
5	倒圆角	选择排球曲面外表面轮廓线，倒圆角半径值"2"	
6	基准点	（1）选择旋转曲面的轴线和 FRONT 基准平面，交点处创建"PNT0"； （2）选择两条投影曲线，交点处创建"PNT1"	
7	基准轴	通过 PNT0 和 PNT1 创建基准轴"A_3"	

续表

步骤	主要命令	工作流程	结果示意图
8	复制曲面	选择整个面组； 复制→选择性粘贴→旋转，选择 A_3 轴为旋转轴； 旋转角度 "120"； 旋转角度 "–120"	
9	镜像曲面	分别以基准平面 TOP、FRONT、RIGHT 为镜像参照面	

第7章

装配模型的建立

教学导航

教学目标	1．会进入装配模型创建环境　　　　2．了解装配模块工作界面
	3．理解并会应用常用装配约束类型
	4．掌握在装配环境中创建零件的方法及正确运用布尔运算
	5．掌握装配编辑方法、爆炸图生成及编辑
知识点	1．匹配、对齐、插入、默认、坐标系等约束的应用
	2．创建新的零件（元件）、子组件　　3．布尔运算：合并、切除、相交及镜像
	4．元件特征阵列、复制和镜像　　　5．干涉分析
重点与难点	1．理解掌握约束类型，能正确装配
	2．在装配模式下创建元件、布尔运算；正确进行装配文件管理操作
教学方法建议	充分利用实物直观教学，先结合几何概念简单介绍所有约束的含义；再用多媒体及投影，在软件中结合装配实例重点讲练"匹配"、"对齐"、"插入"等约束的应用。装配模式下零件的创建及布尔运算必须在掌握了装配设计的基础上，作为能力提高及知识点的拓展来讲授
学习方法建议	1．课堂：抓住约束类型概念的理解，紧密联系制图中装配关系的定义，在头脑中建立约束几何模型，必须多动手操作实践
	2．课外：及时练习，训练自己，看到装配关系，描述出约束类型
建议学时	8学时

7.1 装配设计概述

在 Pro/E 的组件模块中，可进行的设计操作有：

（1）元件装配，形成装配体（又称组件），是装配设计的基本方法；

（2）对组件进行修改、分析或重新定向等；

（3）在组件中创建元件；

（4）通过布尔运算，可进行零件的合并、切除、求交等；

（5）可以与焊接设计模块、机构设计模块、管道设计模块等模块随时切换，以完成相关的设计。

7.2 装配模型建立方法

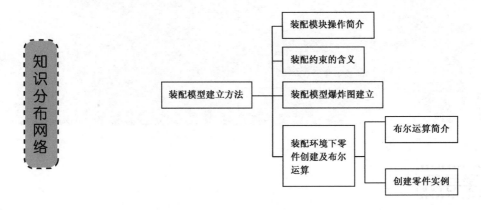

7.2.1 装配模块及装配操作简介

1．进入装配模块的操作

单击工具栏新建文件图标 □ →在【新建】对话框中选择文件类型为【组件】，子类型为【设计】→输入组件名称（例如：hs-lg.asm）→取消【使用默认模板】复选框前的对钩→单击【确定】按钮→在出现的【新文件选项】对话框中选用公制模板 mmns_asm_design→单击【确定】按钮，进入装配模块公制模板。

Pro/E 野火版软件的装配操作界面与零件操作界面基本相似，但增加了装配【工程特征】工具栏，【插入】菜单中增加了有关装配的【元件】操作命令组。

2．装配操作基本步骤

（1）单击菜单【插入】→【元件】→ 装配(A)... （或单击图标 ），出现【打开】对话框。

（2）在【打开】对话框中找出准备装配的零件文件（如 6-huosai.prt）→单击【打开】按钮，该模型出现在装配窗口中，同时出现了【元件放置】操作控制板，如图 7-1 所示。

【元件放置】操作控制板中主要选项及其含义如表 7-1 所示。

表 7-1　【元件放置】操作控制板中主要选项含义

选　项	含　义
【放置】选项	用于建立刚性约束，定义装配体元件之间的关系，其约束列表框中各类约束是本章学习的关键
【移动】选项	用于调整放置过程中元件的位置，如平移、旋转等设置内容
【挠性】选项	用于弹性元件的装配操作
【连接】下拉列表	用于建立连接装配

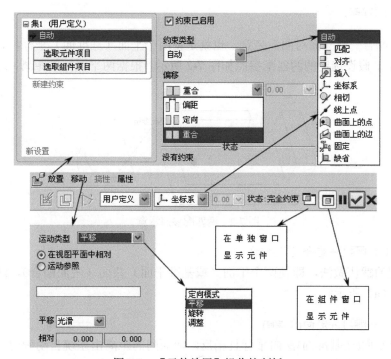

图 7-1　【元件放置】操作控制板

（3）应用约束类型定位元件。

注意：装配的第一零部件为基础件，以后装配的零部件为附加件，一般基础件为父特征，附加件为子特征。

（4）重复步骤（1）～（3），再装配其他零部件。

3．装配干涉分析

完成装配后或在装配过程中，可以随时选择【分析】菜单→【模型】→【全局干涉】→在【全局干涉】对话框中采用默认选项，直接单击图标 ∞，如果对话框的【结果】列表中没有出现任何内容，而在信息栏中显示"没有零件"，则表示没有零件干涉；如有有干涉，则【结果】列表中会列出干涉编号、相关干涉零件的名称、干涉的体积。针对出现的干涉进行分析，确认是否有必要重新装配以消除干涉→完成分析，单击图标✖退出即可。

4．生成爆炸图的操作

完成所有零部件装配后，可选【视图】菜单→【分解】，生成默认爆炸图，也可以手动

分解。可单击菜单【视图】→【视图管理器】→【分解】，生成爆炸图。

7.2.2 装配约束

在图 7-1 所示的【元件放置】操控板上，单击【放置】选项中的【约束类型】下拉列表，出现【约束类型】列表。

1. 匹配（▣ 匹配）

匹配为"贴合"或"面对面"之意。也就是使两个平面（基准面）平行，且平面的法向相反（面对面）。假设选定的两匹配参照如图 7-2 所示，根据两平面间的距离，还可分为如下四种情况。

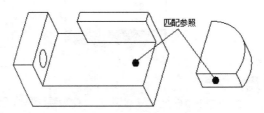

图 7-2　两匹配参照示意

1）匹配（▣ 匹配）+重合（▣ 重合）

这是匹配的默认做法，即使两个平面（或基准平面）共面（两面贴合），法向平行且相反，如图 7-3（a）所示。

2）匹配（▣ 匹配）+定向（▣ 定向）

这使两个平面(或基准面)法向平行且相反，两面间的距离由系统自动确定。定向约束用于调整方向，常用做附加约束，如图 7-3（b）所示。

3）匹配（▣ 匹配）+偏距（▣ 偏距）

这使两个平面(或基准面)法向平行且相反，可改变两面间的偏移量，如图 7-3（c）所示。

4）匹配（▣ 匹配）+角度偏移（▣ 角度偏移）+配对角度

当需要增加一个附加转角约束时，新建一个【匹配】、【偏距】约束→选择约束参照→【偏移】下拉列表中的【偏距】变成【角度偏移】→再输入元件相对于组件的角度偏移值，如图 7-4 所示。该选项很实用，常用做附加约束。

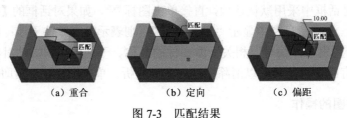

　（a）重合　　　　　　　（b）定向　　　　　　　（c）偏距

图 7-3　匹配结果

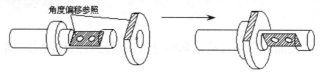

图 7-4　角度偏移

2. 对齐（☰ 对齐）

它使两个平面(或基准面)的法向相同，也可将点与点、边（或轴线）与边（或轴线）对齐（即共点、共线）。根据两平面间的距离，还可分为如下四种情况。

1）对齐（☰ 对齐）+重合（▮▮重合）

使两个平面(或基准面)共面，法向相同，如图 7-5 所示。

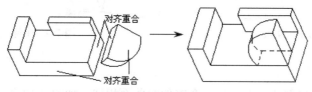

图 7-5　对齐重合

2）对齐（☰ 对齐）+偏移（▮▮偏距）

使两个平面(或基准面)法向相同，两面间存在偏移量，如图 7-6 所示。

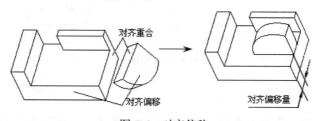

图 7-6　对齐偏移

3）对齐（☰ 对齐）+定向（▮▮定向）

使两个平面（或基准面）法向相同，两面间的距离由系统自动确定。定向约束用于调整方向，常用做附加约束，如图 7-7 所示。

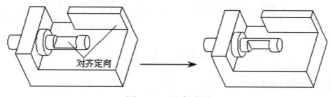

图 7-7　对齐定向

4）对齐（☰ 对齐）+角度偏移（⬙ 角度偏移）+对齐角度

当需要增加一个附加转角约束时，新建一个【对齐】、【偏距】约束→选择约束参照→【偏移】下拉列表中的【偏距】变成【角度偏移】→再输入元件相对于组件的角度偏移值，它常用做附加约束，可参阅图 7-4。

3．插入（ 🗔 插入）

直接选取两个圆柱表面，系统自动计算圆柱轴线以进行共线约束，如图 7-8 所示。

4．坐标系（ 📐 坐标系）

使两个零件上的坐标系对齐（x、y、z 轴一一对应），但须注意 x、y、z 轴的方向，如图 7-9 所示。

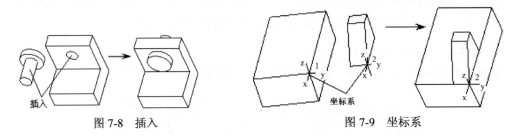

图 7-8　插入　　　　　　　　　　　　　　　图 7-9　坐标系

5．相切（ 🔧 相切）

它使一个零件的平面或曲面与另一个零件的曲面相切，如图 7-10 所示。

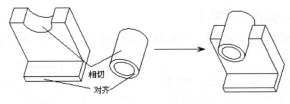

图 7-10　相切

6．线上点（ ✎ 线上点）

它使一个零件上的一点约束在另一个零件上的一条边上，如图 7-11 所示。

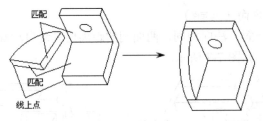

图 7-11　线上点

7．曲面上的点（ 🖱曲面上的点）

它使一个零件上的一点约束在另一个零件上的一个面上，如图 7-12 所示。

8．曲面上的边（ 🖱曲面上的边）

它使一个零件上的一边约束在另一个零件上的一个面上，如图 7-13 所示。

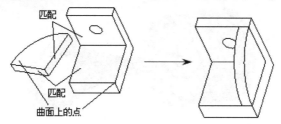

图 7-12　曲面上的点

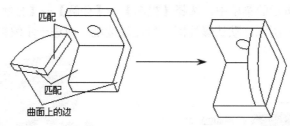

图 7-13　曲面上的边

9．自动

默认约束条件，只需选择要定义约束的参考图元，系统就会自动选择适合的约束条件进行装配。

在对装配进行约束定义时，用户必须注意以下几点。

（1）每次定义只能定义一个约束条件。

（2）定义约束条件时的顺序不同可能会造成不同的装配效果。

（3）在使用匹配或对齐约束条件时，两个选择的对象必须是相同的几何元素。

（4）在使用匹配偏移或对齐偏移时，若想向相反方向偏移可以输入负数的偏移量。

（5）使用匹配或对齐约束，当发现元件装配反向时，可在图 7-1 所示的【放置】选项中单击【约束类型】后的按钮【反向】以"改变约束方向"，即将【匹配】改为【对齐】或将【对齐】改为【匹配】就可以。

（6）除了利用坐标系、默认约束条件外，组件的相对关系至少需两种以上，才能确定彼此的相对关系及位置。

（7）在已经显示【完整约束】但还没有满足装配要求时，可添加辅助约束，如【匹配转角】或【对齐转角】、【匹配定向】或【对齐定向】等。

7.2.3　装配模型分解

爆炸图其实就是装配体的分解视图，它有利于分析产品结构、规划零件以及方便指导生产工艺、制作产品广告等。

下面以实例介绍创建、编辑爆炸图的基本方法与操作步骤。

1．创建默认的爆炸图

（1）打开活塞连杆组组件文件 hs-lg.asm，文件中的装配体如图 7-14 所示。

图 7-14　活塞连杆组

（2）从如图 7-15 所示的菜单中，选择【视图】→【分解】→【分解视图】命令。得到默认的爆炸图，如图 7-16 所示。默认爆炸图一般比较凌乱，应进一步编辑调整位置。

图 7-15　选择菜单命令　　　　　　　　　　　　图 7-16　创建默认的爆炸图

2. 编辑爆炸图

（1）单击图 7-15 所示菜单【视图】→【分解】→【编辑位置】，出现如图 7-17 所示对话框→单击对话框中的【优先选项】按钮，出现如图 7-18 所示的【优先选项】对话框。

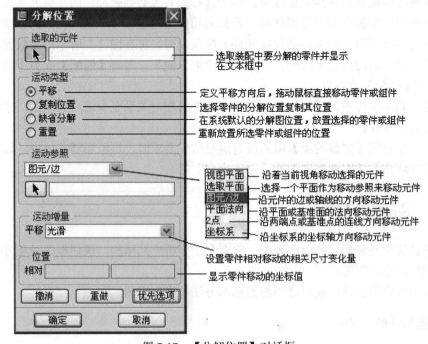

图 7-17　【分解位置】对话框

图 7-18　【优先选项】对话框

（2）在【分解位置】对话框中，选择【运动类型】为【平移】→【运动参照】为【图元/边】→在图形窗口中选择活塞销轴线来定义方向参照→单击要移动的元件并释放左键→拖动鼠标，被选中的元件会沿着参照方向移动→在合适的位置再次单击左键就完成了选定元件的位置调整。

同理，重复步骤（2），选择不同的拖动方向参照，调整其他元件的位置。

调整爆炸图中各元件的位置，如图 7-19 所示→单击【分解位置】对话框中的【确定】按钮。

图 7-19　编辑好位置的、创建了偏距线的爆炸图

3．在爆炸图中建立偏距线

（1）单击如图 7-20（a）所示的菜单【视图】→【分解】→【偏距线】→【创建】命令，出现如图 7-20（b）所示的菜单。

（2）在本例中，接受【图元选取】菜单中默认的【轴】选项。

（3）系统出现提示信息"为第一分解偏距线选取图元类型"→在图 7-19 所示的爆炸图中选择活塞销轴线的最右侧，此时系统又提示"为要连接的其他偏距线选取图元类型"→在爆炸图中选择活塞销孔轴线最左侧，建立了第一条偏距线。

（4）系统重复步骤（3）的提示信息，等待创建第二条偏距线。完成所有的偏距线创建后，单击【图元选取】菜单中的【退出】命令。

如果对于添加的偏距线效果不满意，可以对偏距线进行修改编辑，单击图 7-20（a）所示菜单中的【修改】命令，出现【偏中线修改】菜单，其各项的含义如下。

① 移动：用鼠标拖动方式修改偏距线。

② 增加啮合点：用增加偏移线上的啮合点（拐点）方式修改偏距线。

③ 删除啮合点：用删除偏移线上的啮合点（拐点）方式修改偏距线。

单击【偏中线修改】菜单中【移动】→在工作区选择刚建立的偏距线，并移动鼠标到合适位置→单击【完成/返回】完成修改。

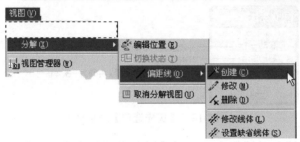

（a）选择创建分解偏距线命令

选择轴的方向作为偏距线的延伸方向
选择平面或曲面的法向作为偏距线的延伸方向
选择边或曲线作为偏距线的延伸方向

（b）【图元选取】菜单

图 7-20　分解编辑菜单命令

4．使用视图管理器创建和管理爆炸图

1）启动视图管理器

单击【视图】→【视图管理器】，系统出现【视图管理器】对话框，如图 7-21（a）所示。

2）建立系统默认的爆炸图

单击对话框中的【分解】标签→单击【显示】按钮→选择【设置为活动】，系统将装配模型以默认的位置显示爆炸图。

3）以移动方式建立爆炸图

过程如下：

（1）单击【分解】标签→单击【新建】按钮→输入分解图名称（hsyd）→单击【属性】按钮，【视图管理器】对话框变为图 7-21（b）所示→单击【编辑位置】按钮 也会弹出如图 7-17 所示的【分解位置】对话框。

（2）增加偏距线。

单击【创建分解偏距线】图标 ，出现图 7-20（b）所示【图元选取】菜单（后续操作与上述步骤 3 相同）。

完成分解操作后，单击图 7-21（b）所示的【视图管理器】对话框左下方的 按钮返回图 7-21（a）所示的界面→单击【编辑】按钮→单击【保存】按钮→输入分解图名称→单击【确定】按钮→单击【关闭】按钮，完成操作。此时装配体以分解状态保留。

> **小提示**：图 7-21（b）所示的【视图管理器】的【分解】标签中图标命令与【视图】菜单中的【分解】命令及其相关图标完全一样，尽管对应图标所翻译的名称不完成相同，实际上是同一命令在不同界面中出现。

4）取消或重新展开爆炸图

爆炸图创建后，可以在【视图管理器】对话框中随时单击【编辑】按钮→在【分解状态】命令上加上"√"号，则展开爆炸图，取消"√"号，则取消爆炸图。

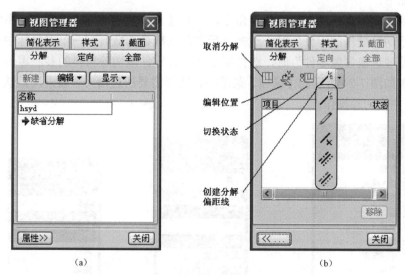

(a)　　　　　　　　　　　(b)

图 7-21　【视图管理器】对话框

7.2.4　装配环境下零件创建及操作

Pro/E 软件具有在装配体中直接创建零部件的功能，它也提供了应用布尔运算，产生所需的模型形状的功能。组件中的布尔运算主要包括合并、切除、相交。

1. 合并

使用系统提供的"合并"功能，可以将组件中的某一个零件材料添加到指定的一个零件中。下面介绍在组件中进行零件合并的基本操作步骤。

执行菜单【编辑】→【元件操作】命令，打开如图 7-22 所示的【元件】菜单→【合并】→在系统提示"选取要对其执行合并处理的零件"时，选择基础件→单击鼠标中键→系统提示"为合并处理选取参照零件"时，选择要加入到基础件中的件→单击鼠标中键→在出现的如图 7-23 所示的【选项】菜单中，选择需要的选项（一般采用默认选项）→选择【完成】，完成零件的合并操作（具体操作参见下一节实例 12 中的盖板零件设计）。

【选项】菜单中各选项含义如表 7-2 所示。

表 7-2　【选项】菜单中各选项含义

选　　项	含　　义
【参考】选项	执行合并的零件之间保持父子关系，如果对源零件进行设计更改，则目标零件的合并特征也会发生相应的变化
【复制】选项	执行合并的零件之间不会保持父子关系，只是将源零件及其所有特征复制过去而已
【无基准】选项	不复制基准特征，只是单纯地复制源零件的模型特征
【复制基准】选项	连同基准特征一同复制

2．切除

使用元件操作的"切除"功能，可以在组件模式下从目标零件中减去源零件材料。其基本操作步骤如下。

执行菜单【编辑】→【元件操作】命令，打开【元件】菜单→【切除】→系统提示"选取要对其执行切除处理的零件"时，选择目标零件（准备切减料）→单击鼠标中键→系统提示"为切除处理选取参照零件"时，选择用于在目标零件中切除材料的参照零件→单击鼠标中键→在出现如图 7-24 所示的【选项】菜单中，选择需要的选项（一般采用默认选项）→选择【完成】，完成切除操作。

图 7-22　【元件】菜单

图 7-23　合并选项

图 7-24　切除选项

3．相交

"相交"应用分有两种情况：一是创建新零件，二是在零件中创建新的减料特征。

操作方法分为三种。

方法一：可以由装配体中的不同零件间的相交部分生成一个新的零件。创建方法及步骤如下。

在装配设计环境中，单击菜单【插入】→【元件】→【🖳创建ⓒ...】（或单击图标🖳）命令（在组件模式下创建元件），打开【元件创建】对话框，如图 7-25 所示→在【类型】选项组中选择【零件】→在【子类型】选项组中选择【相交】→在【名称】文本框中输入零件名称→单击【确定】按钮→连续选择待求交的两个零件→单击【确定】按钮。

方法二：在没有任何元件被激活的前提下，运用【插入】菜单中的特征创建命令创建新的切割特征（孔、槽等）时，启用相交命令，将切割特征反映到零件中，以在指定零件上创建减料特征。

图 7-25　【元件创建】对话框

方法三：在没有任何元件被激活的前提下，运用【插入】菜单中的特征创建命令创建新的切割特征（孔、槽等）后，再执行菜单【编辑】→【特征操作】→【求交】→选择已创建的切割特征，出现【相交元件】对话框→取消对话框中【自动更新相交】前的对钩→依次将相交可见性等级由【顶级】改为【零件级】→单击【确定】按钮，完成在指定零件中求交生成减料特征的操作。

4．在装配模块中创建零件

下面以图 7-26 所示的简单支座中各零件的设计为例，介绍在装配环境中，根据零件之间相互定位关系，运用实体曲面复制及加厚、实体拉伸、零件镜像等创建零件的方法。并介绍应用【元件创建】对话框、【创建选项】对话框进行零件设计及其定位的方法，介绍如何激活或取消激活零件。

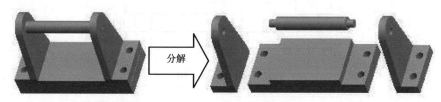

图 7-26   支座装配模型

1）准备工作

（1）设置工作目录。

启动 Pro/E→将在指定硬盘上创建的文件夹（如装配设计）设置为工作目录。

（2）新建一个装配文件并设置模型树的显示项目。

单击图标 □→选择【类型】为【组件】→【子类型】为【设计】→输入装配文件名为 zhijia-asm.asm→取消【使用默认模板】→【确定】→选择公制模板 mmns_asm_design，单击【确定】按钮，新建一个组件文件→在装配模型树中显示基准平面、坐标系等，如图 7-27 所示。

2）创建第一个零件（底板）

（1）单击菜单【插入】→【元件】→【创建©…】（或直接单击图标）命令。

（2）在如图 7-25 所示的【元件创建】对话框中，默认【类型】为【零件】，【子类型】为【实体】，输入零件名为 diban→单击【确定】按钮。

（3）在如图 7-28 所示的【创建选项】对话框中，选择【创建方法】为【创建特征】（一般创建基础件时采用此法）→单击【确定】按钮。

图 7-27   装配基准特征

图 7-28   【创建选项】对话框

（4）此时，在模型树中，元件 diban.prt 的标记上出现了一个激活标志，表示可以进行该零件的特征创建操作了。

单击图标 （拉伸工具）→定义草绘平面，选择 ASM_FRONT 基准平面作为草绘平面→进入草绘模式→绘制如图 7-29 所示的截面图形→完成草绘→设定对称拉伸 20→完成如图 7-30（a）

所示底板拉伸特征。单击图标 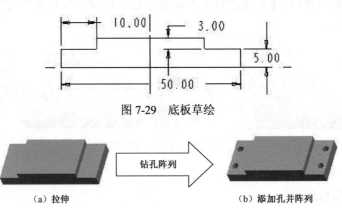 →定义标准直孔直径 3，定位尺寸为距前边 5、距右边 3 的通孔→完成孔创建→阵列孔，定位 44×10，如图 7-30（b）所示→完成底板创建后，单击菜单【窗口】→【激活】命令，退出零件创建模式，返回装配模式，模型树中 DIBAN.PRT 的激活标记消失。

图 7-29　底板草绘

图 7-30　底板特征

（a）拉伸　　　　　　　　　　　　　　（b）添加孔并阵列

【创建选项】对话框中有四种创建方法选项，各选项含义如表 7-3 所示。

表 7-3　【创建选项】对话框中各选项含义

选　项	含　　义		
【复制现有】选项	复制已有的零件，创建一个新零件，并将新零件放置到组件中		
【定位缺省基准】选项	创建一个零件并自动将其装配到所选参照。选择【定位缺省基准】，系统提供三种定位基准的方法，如图 7-31 所示	【三平面】	从装配体中选择三个正交平面来定义新零件的基准
		【轴垂直于平面】	从装配体中选择一个平面和一个垂直于它的轴来定位新零件
		【对齐坐标系与坐标系】	从装配体的顶级组件中选择一个坐标系来定位新零件
【空】选项	创建一个不具有初始几何特征的零件		
【创建特征】选项	创建新零件的特征。此方式常会产生外部参照元素		

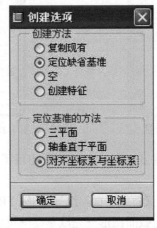

图 7-31　选择【定位缺省基准】

3）创建第二个零件（左侧支架）

（1）单击图标→默认【类型】为【零件】，【子类型】为【实体】→输入零件名为 zhijia-01
→【确定】→选【创建方法】为【定位缺省基准】→【对齐坐标系与坐标系】→【确定】。

> **小提示**：在装配界面中已有零件的情况下，再创建新元件时，一般采用【定位缺省基准】的创建方法。

（2）在模型树中（或在工作区中）单击顶级坐标系 ASM_DEF_CSYS，模型树中显示零件 ZHIJIA_01.PRT 被激活→选取底板上端左侧表面→【复制】→【粘贴】，如图 7-32 所示，选择【原样复制】→选中复制的曲面→单击菜单【编辑】→【加厚】→在【加厚】操控板上选择【选项】→默认加厚方向【垂直于曲面】→输入加厚值 4→单击回车键→单击图标，加厚实体化结果如图 7-33 所示→单击图标→定义加厚的实体右侧面为草绘面→按图 7-34 所示完成草绘→单向拉伸 3→完成拉伸，如图 7-35 所示→完成钻同轴通孔，直径 3，完成支架创建后，激活顶级组件。

图 7-32　复制实体表面

图 7-33　加厚曲面实体化

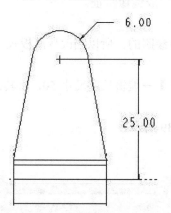

图 7-34　支架草绘

图 7-35　支架装配设计

4）创建第三个零件（右侧支架）

单击图标→默认【类型】为【零件】，【子类型】为【镜像】→输入零件名为 zhijia-02→【确定】→在【镜像零件】对话框中，选【镜像类型】为【镜像放置】→【从属关系控制】为默认选项，如图 7-36 所示→在工作区选取零件参照为 ZHIJIA-01.PRT→选择 ASM_RIGHT 基准面为镜像参照→单击【确定】按钮，完成镜像，如图 7-37 所示→激活顶级组件。

5）创建第四个零件（轴）

（1）单击图标→默认【类型】为【零件】，【子类型】为【实体】→输入零件名为 shaft→【确定】→【定位缺省基准】→【对齐坐标系与坐标系】→单击【确定】按钮→单击

顶级坐标系 ASM_DEF_CSYS，零件 SHAFT.PRT 处于激活状态。

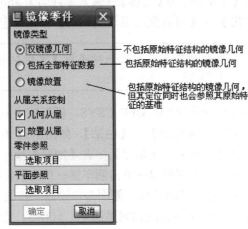

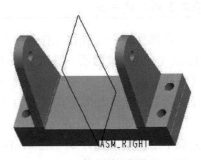

图 7-36　【镜像零件】对话框　　　　　　　图 7-37　镜像支架特征

　　（2）单击图标 →选择左侧支架的右端面作为草绘平面→绘制支架上小圆的同心圆，直径为 5→完成草绘→指定拉伸到右支架的左端面→完成拉伸。

　　（3）单击图标 →选择左侧支架的左端面作为草绘平面→绘制支架上小圆的同心圆，直径为 3→完成草绘→指定拉伸到左支架的左端面→完成拉伸→选择拉伸特征 ϕ3 轴→单击【编辑】按钮→【镜像】→基准面 DTM1→单击图标 ，完成镜像特征。

　　（4）激活顶级组件，结果如图 7-26 所示。

　　因为左、右支架及轴的创建是以前面零件特征为参照的，所以当改变底板尺寸时，经过依次再生后，轴的长度也会相应发生变化。

　　（1）右键单击底板零件→从快捷菜单中选择【激活】→编辑长度尺寸 50，将其改为 100→【再生模型】，如图 7-38 所示。

　　（2）同理，激活轴零件→【再生模型】，如图 7-39 所示。

　　（3）取消零件级激活：激活顶级组件。

图 7-38　底板改为再生长度后　　　　　　　　　图 7-39　轴再生后

　　举一反三：上述底板长度由 50 改为 100 后，底板上孔的阵列应如何改才能达到图 7-38 所示效果？

　　小提示： 在装配环境中，创建或修改零件时，必须注意让该零件处于被激活状态，完成操作后，一定要单击【窗口】菜单→【激活】命令激活总装配文件。

实训 12　泵体的装配

下面以泵体、泵盖及螺栓的装配为实例，介绍装配设计前的准备工作，装配中如何应用不同的约束正确定位零部件，装配中如何隐藏辅助特征。

1．装配前准备

（1）在指定硬盘上创建文件夹，命名为"泵体装配"。

（2）复制泵体的所有零件文件（三种零件），存入文件夹"泵体装配"中。

（3）启动 Pro/E 软件系统，设置"泵体装配"文件夹为工作目录。

（4）新建一个装配文件并设置模型树的显示项目。

① 新建一个名为 bengti-asm 的装配文件。

② 在装配模型树中显示基准平面、坐标系、放置文件夹等。

2．装配泵体各零件

1）装配第一件 2-1-bengti.prt

装配第一个件，如果默认方位符合要求，一般采用默认约束方式放置。

（1）单击图标 → 从【打开】对话框中选源文件 2-1-bengti.prt → 单击【打开】按钮。

（2）在【元件放置】操控板中，选择约束类型为【默认】 → 单击 按钮，完成第一个零件的装配。

（3）隐藏零件级的基准特征。

单击导航区的 （模型树）选项 → 【显示】 → 【层树】 → 从【活动层对象选取】下拉列表中选择 2-1-bengti.prt → 在层树中右键单击 01__PRT_ALL_DTM_PLN → 从快捷菜单中选择【隐藏】，如图 7-40 所示 → 在层树中再次单击右键，从快捷菜单中选择【保存状态】，以保证再次打开该装配文件时，被隐藏的特征不会自动显示出来 → 【显示】 → 【模型树】，返回模型显示窗口。图 7-41 已隐藏零件基准特征。

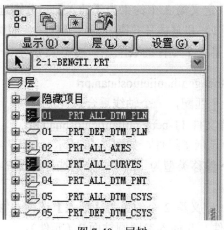

图 7-40　层树

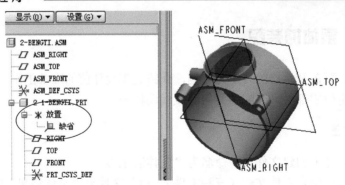

图 7-41　装配第一个零件

2）装配第二件 2-2-bengtigai.prt

需要建立三个约束：一个匹配，两个轴线重合。

（1）单击图标 →选择文件 2-2-bengtigai.prt。

（2）选择约束类型【匹配】→设置偏移类型为 重合→分别选择如图 7-42 所示的匹配参照面 1（组件）和匹配参照面 2（元件）。

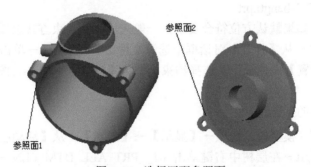

图 7-42　选择匹配参照面

（3）如图 7-43 所示，单击【 新建约束】，定义第 2 个约束为【对齐】→偏移类型为 重合→分别选择如图 7-44 所示的 A_17（组件，参照轴线 1）和 A_12（元件，参照轴线 2）。

（4）单击【 新建约束】，定义第 3 个约束为【插入】→分别选择如图 7-44 所示端盖耳孔圆柱面（组件，参照圆柱面 1）和泵体耳孔圆柱面（元件，参照圆柱面 2）。

（5）单击 按钮，完成第二个零件的装配，如图 7-45 所示。

3）装配第三个零件 11-benggailianjieluoshuan.prt

需要建立两个约束：一个匹配，一个轴线重合。

（1）单击图标 →选择文件 11-benggailianjieluoshuan.prt。

（2）以单独的元件窗口显示子组件，如图 7-46 所示。

（3）选择【匹配】约束→偏移类型为 重合→分别选择如图 7-46 所示的匹配参照面 1（组件）和匹配参照面 2（元件）。

（4）单击【 新建约束】，定义第 2 个约束为【插入】选项→继续按如图 7-46 所示，分别选择插入参照圆柱面 1（组件）和插入参照圆柱面 2（元件）。

（5）单击 按钮，完成第三个零件的装配，结果如图 7-47 所示。

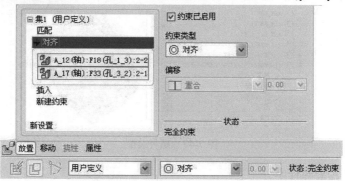

图 7-43　【放置】上滑面板

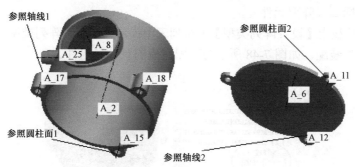

图 7-44　选择对齐参照轴线

图 7-45　完成装配第二个零件

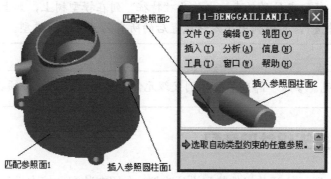

图 7-46　选择装配约束参照

图 7-47　螺杆装配

4）阵列装配其余螺杆零件

（1）选取螺杆零件 11-benggailianjieluoshuan.prt。

（2）单击图标▦（阵列元件）。

（3）阵列操控板上【设置阵列类型】下拉列表中提示"参照"阵列类型，单击鼠标中键，完成"参照阵列"装配，如图 7-48 所示为装配完成的泵体子组件。

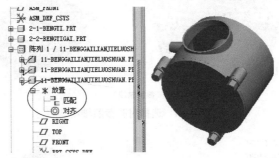

图 7-48　泵体子组件装配

5）检验是否干涉

单击菜单【分析】→【模型】→【全局干涉】→出现【全局干涉】对话框，单击对话框中的图标⚭，如果信息栏中提示"没有零件"，表明装配体中所有零件间没有干涉，否则，会在【全局干涉】对话框中列出干涉对象及干涉体积。这时需要找出干涉原因，重新装配。

小经验：（1）只有在父元件中与螺杆相配的结构也采用阵列特征创建时，阵列装配螺杆操作中才允许采用"参照阵列"。

（2）装配定位的约束，也作为"特征"列在模型树上，如上述各元件中均有"放置文件夹"，其中列出了元件放置后的所有约束数量及类型。

小技巧：要实现"参照"阵列装配，则父级元件上的对应特征也必须具有阵列特征。

实训 13　开关组件的装配

下面以图 7-49 所示的开关组件装配设计为例，介绍在装配环境中设计新零件时，如何运用"布尔差"、"布尔合并"运算生成新零件及零件切除结构特征。

1．装配前的准备

（1）在指定硬盘上创建文件夹，命名为"开关装配"。

（2）复制泵体的所有零件文件，存入文件夹"开关装配"中。

（3）启动 Pro/E 软件系统，设置"开关装配"文件夹为工作目录。

（4）新建一个装配文件 kaiguan-asm.asm，并设置模型树的显示项目。

2．装配开关组件

1）装配第一零件 jiti.prt

（1）单击图标 →调入零件 jiti.prt，如图 7-50 所示→选择约束类型为【默认】→单击 按钮，完成第一个零件的装配。

图 7-49　开关组件装配爆炸图

图 7-50　基座零件

（2）隐藏零件级的基准特征。

2）装配第二个零件 shaft.prt

（1）单击图标 →调入零件 shaft.prt。

（2）选择约束类型为【匹配重合】→按图 7-51 所示的约束，装配轴零件→生成如图 7-52 所示的装配件。

图 7-51　装配约束参照

图 7-52　旋钮与基座装配

3）设计第三个零件 gaiban.prt（盖板）

下面介绍借助三个已有元件，生成盖板主体并经合并创建第三个零件（gaiban.prt）。

（1）装配定位柱 dingweizhu.prt （将于盖板主体合并）。

再次激活顶级文件 KAIGUAN-ASM.ASM→单击图标 →调入 dingweizhu.prt，如图 7-53

所示，按插入、对齐重合约束，装入基座零件端面小孔中，与基座端面重合对齐。

（2）创建盖板零件文件。

单击图标□→创建名为 gaiban 的实体零件→新零件与已有零件间采用【定位默认基准】并且【对齐坐标系与坐标系】→单击【确定】按钮，在模型树上出现了处于激活状态的 gaiban.prt 文件。

（3）生成盖板主体。

单击图标□→定义草绘平面，以图 7-50 所示的基座端面为草绘面→以基座端面轮廓为边界，生成草绘四边形→完成草绘→拉伸深度为 3→完成拉伸，如图 7-54 所示。

（4）布尔运算——切除（产生与轴配合的孔）。

激活顶级组件 KAIGUAN-ASM.ASM→【编辑】→【元件操作】→【切除】→选择 GAIBAN.PRT→单击鼠标中键→选择 SHAFT.PRT→单击鼠标中键→在【选项】菜单中选择【参考】→完成了用切除方式生成孔特征的操作，如图 7-55 所示。

　　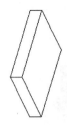　　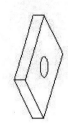

图 7-53　定位柱　　　　　图 7-54　盖板主体　　　　图 7-55　切除特征

（5）布尔运算——合并（将盖板主体与定位柱合并为一个零件）。

单击【编辑】按钮→【元件操作】→选择【合并】→选择 GAIBAN.PRT→单击鼠标中键→选择 DINGWEIZHU.PRT→单击鼠标中键→在【选项】菜单中选择【参考】→【完成】，完成了合并定位柱特征的操作→在系统"是否支持特征的相关放置？"的提示下，单击否按钮→在系统"是否从装配中分享零件 DINGWEIZHU？"的提示下，单击是按钮，使在装配体中不保留零件 DINGWEIZHU.PRT。设计完成的盖板零件如图 7-56 所示。

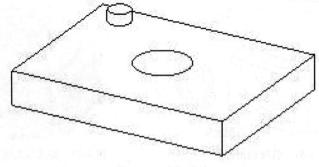

图 7-56　盖板零件

4）添加第四个零件 shaft-ba.prt

按图 7-57 所示的参照对应约束进行装配。结果如图 7-58 所示。

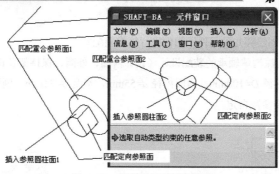

图 7-57 旋轴把手装配参照

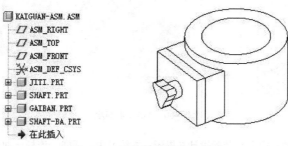

图 7-58 开关组件及其模型树

知识梳理与总结

本章主要学习了装配的操作步骤、约束方法的概念及应用和爆炸图的生成方法、在装配模块中设计零件的基本方法，以及运用布尔运算创建零件和形成模型结构特征的基本方法。

装配约束的概念及各类约束的正确操作是学习本章的重中之重。而在装配环境中设计零件与在零件模块中设计零件的方法是基本相同的，但要注意的是要处理好新设计的零件与已有零件间的装配位置关系。布尔运算是在装配环境中进行零件设计、模具设计所不可缺少的操作命令，应该熟练掌握其应用技巧。

习　题　7

1．"匹配"与"对齐"约束有什么相同点和不同点？"默认"与"固定"约束有何不同？要使两个零件的对应轴线重合，应采用什么约束？

2．在装配模块中，要创建一个新元件 works.prt。请问，新元件 works.prt 必须处于什么状态，才能保证在后续设计操作中所创建的特征都属于 works.prt 的特征？

3．在一装配体中，如何完成两个相配合零件间配作孔特征的创建？将在装配模块中创建的切除特征从装配级反映到零件级有几种操作方法？

4．如图 7-59 所示，装配文件 LXT.ASM 中有两个子装配文件 ZJ-01.ASM 和 ZJ-02.ASM。（1）现在要装配三个零件 LJ-02.PRT、LJ-03.PRT、LJ-04.PRT，其中，LJ-03.PRT 必须装在 ZJ-02.ASM 中，LJ-04.PRT 必须装在 ZJ-01.ASM 中。请描述装配操作过程。

图 7-59

（2）采用正确操作方法修改装配文件中零件文件的名称。将 LJ_04.PRT 改为 TH_LJ.PRT，将 LJ_03.PRT

改为 **ZJ_LJ.PRT**。并验证修改操作是否正确。

5．在装配模块中，可创建哪几种元件？如何进行镜像装配？

6．完成图 7-60 所示的深沟球轴承的装配设计（设计内圈、外圈、保持架及钢球共 13 个零件的模型）。

参考设计参数：外圈外径 D=100mm，内圈内径 d=55mm，宽度 B=21mm，倒圆角 r=1.1mm，共有 10 个钢球，球径 11.25mm。其余参数自定。

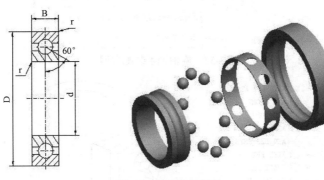

图 7-60　深沟球轴承

7．完成图 7-61 所示的真空泵的装配设计（提示：本练习中，活塞—连杆—曲轴的安装，以活塞的最大行程位置为准）。

图 7-61　真空泵爆炸图

（1）完成连杆组件装配。

（2）完成气缸体组件装配。

（3）完成装配。

（4）进行全局干涉分析。

（5）完成爆炸图。

练习思考：本例中，如果不安装皮带轮锁紧螺母垫片、气缸盖垫片，会发生什么情况？

8．如图 7-62 所示为四缸曲轴工程图及轴测图。试利用装配模块中的布尔合并功能完成此四缸曲轴 8 个曲拐的组合设计；试用装配模块中的布尔求交功能完成 M20 螺纹孔特征的创建。

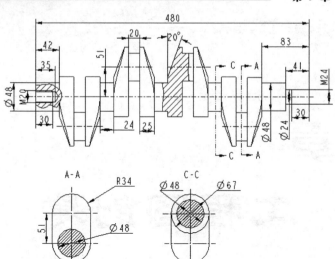

（a）工程图

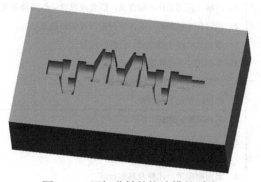

（b）轴测图

图 7-62　四缸曲轴

9. 试用装配模块中的布尔求差功能完成图 7-63 所示的四缸曲轴的锻造模具型腔的创建。

图 7-63　四缸曲轴的锻造模具型腔

第8章

工程图创建

教学导航

教学目标	1. 理解工程图工作环境含义，能合理设置工作环境参数 2. 理解各种视图的含义，掌握常用视图创建方法 3. 掌握尺寸标注的方法，合理标注尺寸 4. 掌握尺寸公差和形位公差标注方法 5. 掌握表面粗糙度标注方法 6. 掌握注释及其他标注
知识点	1. 各种视图的创建 2. 尺寸标注 3. 尺寸公差和形位公差的标注 4. 表面粗糙度、注释及其他标注
重点与难点	1. 各种剖视图的创建 2. 形位公差基准的创建，形位公差的标注 3. 工作环境参数的合理设置
教学方法建议	采用投影仪和多媒体教学软件组织教学，与机械制图课程结合讲解，采用项目教学法，通过实例进行强化训练，讲练结合
学习方法建议	1. 课堂：理解每个命令含义，多动手操作实践，勤于动脑 2. 课外：复习机械制图有关知识，课前预习，课后练习，多上机练习提高操作的熟练程度
建议学时	8 学时

工程图是一种典型的二维平面图。在生产加工和技术交流中，工程图不但是用于指导加工的重要数据资料，同时还是表达设计者设计理念的重要技术文件。Pro/E 提供了工程图模块，可以直接将三维产品模型建立二维零件图、装配图及零件清单等技术文档。

8.1 工程图模块的基本概念

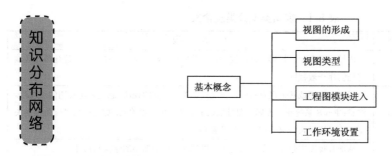

知识分布网络

基本概念
- 视图的形成
- 视图类型
- 工程图模块进入
- 工作环境设置

8.1.1 视图的形成

视图是指把产品向投影平面进行投影所得到的图形。投影时一般采用三投影面体系，即利用平行投影法向三个相互垂直的投影面进行投影，这三个投影面把空间分成了八个分角。我国采用第一角投影法，把产品置于第一分角进行投影，而欧美等国家采用第三角投影法，把产品置于第三分角进行投影。

在第一角投影体系中，正面投影称为主视图，由前向后进行投影；垂直投影称为俯视图，由上向下进行投影；侧面投影称为左视图，由左向右进行投影，如图 8-1 所示。

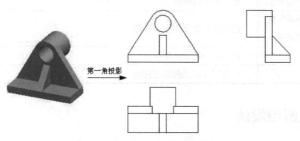

图 8-1　第一角投影体系图

在第三角投影体系中，正面投影由前向后进行投影，称为前视图；垂直投影由下向上进行投影，称为仰视图；侧面投影由右向左进行投影，称为右视图，如图 8-2 所示。

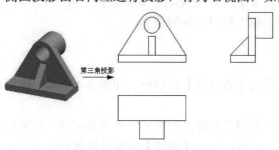

图 8-2　第三角投影体系图

8.1.2　视图类型

Pro/E 系统中提供了丰富的视图类型。根据对三维产品模型表达方法的不同，视图类型分类及含义如表 8-1 所示。

表 8-1　视图类型分类及含义

分类方式	视图类型	含　　义
按视图的投影方式分	一般视图	由设计者自定义投影方向的视图，与其他视图没有从属关系。在创建视图时必须首先创建一般视图
	投影视图	相对主视图或其他已有视图按正交投影关系得到的视图，它是参考视图的子视图。注意：Pro/E 系统建立投影视图时默认采用第三角投影关系，如要采用第一角投影关系，可以通过设置来实现，具体见表 8-2
	详细视图	从现有视图中建立局部放大视图，以便表达模型细小的结构和尺寸
	辅助视图	辅助视图也是一种投影视图，它是与模型的倾斜曲面、基准面成 90° 或沿某个轴的投影视图。常用于辅助描述模型某个表面的真实大小
	旋转视图	绕剖切面先旋转 90°，再沿其长度方向偏移的剖视图
	复制并对齐	从一个现有的视图中创建视图，可有选择地显示模型并与原视图保持相对位置
按视图完整性分	全视图	建立整个模型的完整视图
	半视图	建立模型基准面一侧的半视图
	局部视图	建立用封闭曲线围起来的局部结构视图
	破断视图	将模型均匀变化的中间部分断开缩短后表示的视图。常用于表达长而一致的结构
按剖视图的表达方式分	截面视图	建立二维或三维剖面视图
	无截面视图	建立无剖面视图
	单个零件曲面视图	建立某个曲面的显示视图
按视图的比例分	定制比例	建立缩小或放大视图
	默认比例	按系统默认比例建立视图

8.1.3　进入工程图模块

1．新建工程图文件

单击主菜单【文件】→选择【新建】或单击新建按钮□，弹出新建对话框，如图 8-3 所示。在【类型】选项中选【绘图】，在名称栏输入新建工程图的名称，【使用缺省模板】不勾选，单击【确定】按钮完成工程图文件的建立。

2．设置图纸

完成上步后，系统弹出【新制图】对话框，如图 8-4 所示。在对话框中进行一些选项的设置。

（1）【缺省模型】：指定想要创建工程图的零件或装配件。如果内存中有零件，则在文本框中显示零件的文件名，也可以单击【浏览】按钮选取其他模型作为工程图建立对象。

图 8-3　【新建】对话框

图 8-4　【新制图】对话框

（2）【指定模板】：是否使用模板。选【空】不使用模板，需要设置图纸放置的方向和大小；若选【使用模板】将在列表框中显示系统自带的模板。

（3）【方向】：图纸放置方向，有【纵向】、【横向】和【可变】三种；如果选【横向】表示图纸横向放置。

（4）【大小】：设置用于横向或纵向放置时的标准图幅规格。单击 按钮出现图幅下拉列表，如图 8-5 所示，其中，A、B、C、D、E、F 是英制图幅，A0、A1、A2、A3、A4 是公制图幅。如选 A3 图幅，单位为 mm，宽和高分别为 420、297。

图 8-5　标准图幅规格

在该对话框中单击【确定】按钮系统进入工程图模块。

8.1.4　工作环境设置

在工程图模块中，创建工程图之前需要设置工作环境。我国国家标准（GB）对工程图规定了许多要求，例如尺寸文本的方位和字高、尺寸箭头的大小等都有明确的规定。正确地配置系统文件，可以使创建的工程图基本符合我国国家标准。

图 8-6　【文件属性】菜单

1．设置工程图配置文件

设置工程图配置文件方法有如下两种。

1）使用工程图模块中的【属性】命令

单击主菜单【文件】→【属性】，屏幕右侧出现【文件属性】下拉菜单，如图 8-6 所示。选取【绘图选项】，系统弹出如图 8-7 所示的【选项】对话框，对话框中提供了系统默认配置文件的选项，可以修改和设置所需要的参数。例如将投影类型由第三角设置为第一角，在对话框中选择 projection_type 项，并在对话框下方【值】栏中选择 first_angle 选项，单击【添加/更改】

图 8-7　工程图配置文件【选项】对话框

按钮进行参数更改，单击【应用】按钮开始应用设置，单击对话框【关闭】按钮，完成参数设置。此种方法设置的参数只能用于当前工程图文件，但操作简单、方便快捷。另外，也可以将其保存为一个文件以便以后使用。

2）修改工程图配置文件

在 Pro/E 安装目录的 text 文件夹中系统提供了多个工程图配置文件，包括 cns_cn.dtl、cns_tw.dtl、din.dtl、dwgform.dtl、iso.dtl、jis.dtl、prodesign.dtl、prodetail.dtl 和 prodiagram.dtl 等，用户可以根据不同的需要调用和修改。例如修改 prodetail.dtl 文件，操作步骤如下。

（1）在图 8-7 对话框中单击打开图标 ，找到 Pro/E 安装目录的 text 文件夹，打开 prodetail.dtl 文件，修改有关参数，保存文件退出。

（2）设置系统配置文件。

① 单击【工具】→【选项】，显示【选项】对话框。

② 在【显示】栏中选择【当前进程】，不勾选【仅显示从文件载入的选项】复选框。

【显示】栏中的【当前进程】是显示 Pro/E 大部分的默认选项，不勾选【仅显示从文件载入的选项】复选框将列出所有配置设置。

③ 在下方的【选项】栏中输入"draw_setup_file"，在【值】栏中输入"Prodetail.dtl"。

④ 依次单击 添加/更改、应用 按钮，完成参数设置。再勾选【仅显示从文件载入的选项】复选框。

⑤ 单击 图标，保存设置修改，将文件名改成 config.pro。关闭对话框。

在启动 Pro/E 系统时自动调入该配置文件，此种方法设置的参数能用于所有工程图文件。

2．常用工程图选项设置

如表 8-2 所示列出了工程图比较常用的选项设置。表中提供的修改值仅供参考，应根据具体的图幅大小设置合适的值。

表 8-2 常用工程图选项设置

项 目	修 改 值	默 认 值	说 明
axis_line_offset	3	0.1	轴线延伸超出相关特征的长度
circle_axis_offset	3	0.1	圆中心线超出圆轮廓的长度
crossec_arrow_length	5	0.187500	剖视图中剖切符号箭头长度
crossec_arrow_width	3	0.062500	剖视图中剖切符号箭头宽度
dim_leader_length	8	0.5	当尺寸线箭头在尺寸界限外面时，尺寸引线长度（比尺寸线箭头要长）
draw_arrow_length	5	0.187500	尺寸标注箭头长度
draw_arrow_style	filled	closed	箭头样式
draw_arrow_width	3	0.062500	尺寸标注箭头宽度
drawing_text_height	5	0.156250	文本字高度
drawing_units	mm	inch	绘图单位
leader_elbow_length	3	0.250000	注释和形位公差引导线水平折弯长度
projection_tyle	first_angle	third_angle	投影类型（根据需要）
text_orientation	parallel_diam_horiz	horizontal	控制尺寸文本方向
tol_display	yes	no	显示公差（根据需要）
witness_line_delta	3	0.125000	尺寸界限超出尺寸线的长度

8.2 工程图视图创建

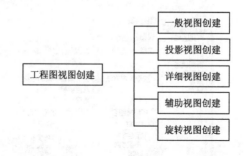

机械制图中规定了各种视图来表达零件形状，视图是工程图的基础，尺寸、形位公差等各种标注都依附于视图之上，应当选用合理的视图表达零件的特征。Pro/E 系统提供的视图类型分类如表 8-1 所示。下面以如图 8-8 所示实体模型为例介绍常用视图的创建方法，首先创建实体模型，文件名为 modle.prt，模型尺寸参考后面的图 8-25，然后按 8.1.3 节所述方法进入工程图模块（选 A3 图幅）。

图 8-8 实体模型

8.2.1　一般视图创建

当工作区内没有任何视图时，创建的第一个视图一定是一般视图，它是其他视图的基础。另外，创建轴测图时，也是用一般视图创建的。创建一般视图的方法如下。

1）进入一般视图设置环境

在工程图模块中，单击主菜单【插入】→【绘图】→【一般】；在屏幕绘图区单击鼠标左键拾取视图中心点，在中心点处出现模型的轴测视图，同时系统弹出【绘图视图】对话框，如图 8-9 所示。

在【绘图视图】对话框中系统提供了有关视图设置的选项，单击【类别】列表中的各项，右面会出现对应的设置内容，根据需要设定选项。

2）设置视图名称

在【视图类型】下面输入视图名。创建一般视图时，【类型】选项不可用。

3）确定视图方向

在【视图方向】中选取【查看来自模型的名称】项，此时在【模型视图名】列表框中列出了实体模型中已命名的视图，双击 FRONT 项，单击【应用】按钮，将设置应用于视图。如果选取【几何参照】或【角度】选项则能更灵活地确定视图的各种方向。

图 8-9　【绘图视图】对话框

4）修改视图比例

在【类别】栏选择【比例】项，选择【定制比例】，在编辑框输入比例值 1.5，单击【应用】按钮，将比例设置应用于视图。

最后，单击【关闭】按钮，完成一般视图创建，如图 8-10 所示。

8.2.2　投影视图创建

在创建投影视图时需要指定一个视图作为父视图，投影视图不能指定视图比例，创建投影视图方法如下。

1）进入投影视图创建环境

单击主菜单【插入】→【绘图视图】→【投影】。也可以先选取父视图，再单击并长按鼠标右键，在弹出的菜单中选取【插入投影视图】项，能快捷地创建投影视图。

2）确定视图位置

在已有视图的上、下、左、右位置拾取放置视图的中心点，单击鼠标左键确认。如果在工作区只有一个视图，系统默认它为父视图，只需选取放置视图的中心点；如果在工作区中有两个以上视图，需要先拾取父视图，然后再选取放置视图的中心点。如图 8-11 所示是以图 8-10 视图为父视图建立的两个投影视图。

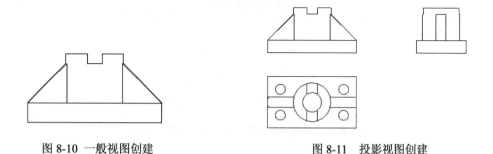

图 8-10　一般视图创建　　　　　　　　　图 8-11　投影视图创建

> **小提示：** 本书均采用第一角视图投影关系。

8.2.3　详细视图创建

详细视图是以较大的比例显示已有视图的一部分，以便查看几何和尺寸。该视图与父视图形成关联关系，但可以独立于其父视图移动详细视图。如图 8-12 所示，详细视图创建方法如下。

1）进入详细视图创建状态

单击主菜单【插入】→【绘图视图】→【详细】。

2）确定详细视图位置

在需要创建详细视图的父视图中选择一点来定义详细视图的中心点，紧接着围绕中心点绘制一条封闭的样条曲线，用于确定详细视图的显示范围，单击鼠标中键结束绘制，样条曲线变成圆。在页面上适当位置拾取一点放置详细视图，图面出现详细视图，如图 8-12 所示。

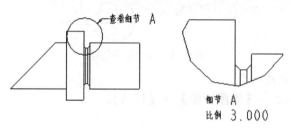

图 8-12　详细视图创建

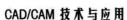

3）设置详细视图其他属性

双击已创建的详细视图，屏幕出现【绘图视图】对话框，如图 8-13 所示。在对话框中可以重新设置视图名、边界类型、比例和剖面等。

图 8-13　创建详细视图的【绘图视图】对话框

8.2.4　辅助视图创建

辅助视图是沿着一个斜面或基准面的法向方向建立的投影视图。辅助视图也与父视图形成关联关系。如果用父视图中的一条边作为参照，该视图平行于父视图中包含该边的曲面。

当几何模型具有斜面而无法使用正投影的方式来显示真实形状时，利用辅助视图来显示其真实形状。如图 8-14 所示为选择边为参照创建的辅助视图，其创建方法如下。

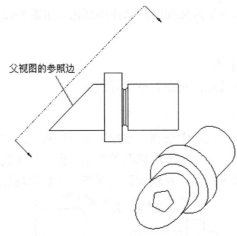

图 8-14　辅助视图创建

1）进入辅助视图创建状态

单击主菜单【插入】→【绘图视图】→【辅助】。

2）选取投影参照

在要创建辅助视图的父视图上选取斜边作为参照，然后向下方移动鼠标直到合适位置，

单击鼠标左键确认视图放置位置，系统在该边的垂直方向创建辅助视图。

3）设置辅助视图其他属性

双击已创建的辅助视图，屏幕出现【绘图视图】对话框，在对话框中可以重新设置辅助视图名、设置可见区域和剖面等。

8.2.5　旋转视图创建

旋转视图是绕剖切面线旋转 90°并与沿其长度方向偏移的剖视图。视图截面是个区域截面，仅显示被剖切面切割的轮廓区域。创建如图 8-15 所示旋转视图的方法如下。

1）进入辅助视图创建状态

单击主菜单【插入】→【绘图视图】→【旋转】。

2）建立旋转视图

选取生成旋转视图的父视图，拾取放置视图的中心点，屏幕出现【绘图视图】对话框。

3）设置剖切面

在对话框中输入视图名；在【截面】下拉菜单中选取【创建新...】，系统出现如图 8-16 所示的【剖截面创建】菜单，选择【平面】/【单一】→【完成】，输入剖截面名称为 A，选取 RIGHT 基准面为参照。

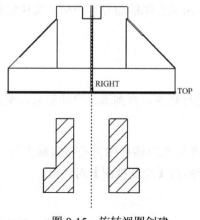

图 8-15　旋转视图创建

图 8-16　【剖截面创建】菜单

8.3　视图操作

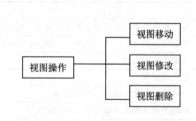

工程图的各个视图创建完成后，可以对视图进行操作，包括视图移动、视图修改、视图

删除等。

8.3.1 视图移动

为了把图样布置得清楚、美观，常常需要对视图进行移动操作，将视图从一个位置移动到新的位置。在移动过程中，系统将保持视图间的投影关系及父子关系，具体操作如下。

1）解除视图移动锁定

选取视图，长按鼠标右键弹出如图 8-17 所示快捷菜单；在图纸空白处长按鼠标右键，弹出如图 8-18 所示快捷菜单，去掉【锁定视图移动】前的"√"号，使该选项处于未选状态。

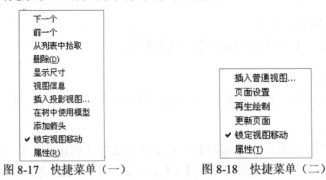

图 8-17　快捷菜单（一）　　　　图 8-18　快捷菜单（二）

2）移动视图

单击鼠标左键拾取需要移动的视图，显示出该视图的边界和图柄；按住鼠标左键拖动视图到新的位置。

8.3.2 视图修改

如果创建的视图不够理想，可以对视图进行修改，直到满足设计要求，操作方法如下。

1）进入视图修改环境

在需要修改的视图上双击鼠标左键，或者先选取该视图再长按鼠标右键，在弹出的如图 8-17 所示的快捷菜单中选取【属性】，系统弹出【绘图视图】对话框。

2）选择修改项目

在该对话框的【类别】栏列出了一些项目，选取修改项目进行修改。【类别】栏的各项目含义如表 8-3 所示。

表 8-3　【绘图视图】对话框中【类别】栏各项目含义

项　　目	含　　义
视图类型	修改视图类型，如将投影视图转换为一般视图。也可修改视图的名称
可见区域	控制视图的可见性。有四种：全视图、半视图、局部视图、破断视图
比例	修改视图的比例
剖面	建立剖视图
视图状态	使视图处于简化表示或操作状态
视图显示	视图的显示模式（如是否显示隐藏线等）
原点	重新设置视图的中心
对齐	使一视图与另一视图对齐

3）进行修改

选取的修改项目不同，其操作方法也不同；按系统提示完成对视图的修改，一般与创建视图时的属性设置相同。

8.3.3　视图删除

进行视图删除时，需要先删除子视图，再删除父视图。操作方法是选取要删除的视图，按键盘上的【Delete】键；或长按鼠标右键，在弹出的如图 8-17 所示的快捷菜单中选取【删除】项，即可删除视图。

8.4　尺寸标注

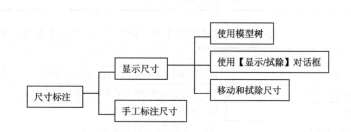

图样中的视图只能表示出零件的结构形状，有关各部分确切大小与相对位置是由所标注尺寸确定的。Pro/E 提供了显示工程图中各视图的尺寸和手工标注尺寸。

8.4.1　显示尺寸

显示尺寸有两种方法：使用模型树或使用【显示/拭除】对话框。

1．使用模型树

在模型树中选取需要显示尺寸的特征，单击鼠标右键，在弹出的快捷菜单中单击【显示尺寸】选项，如图 8-19 所示。在工作区即显示该特征的尺寸，如图 8-20 所示。

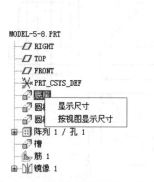
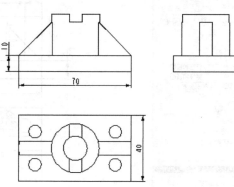

图 8-19　使用特征树显示尺寸　　　　图 8-20　尺寸在模型上显示

2. 使用【显示/拭除】对话框

单击主菜单【视图】→【显示/拭除】，弹出【显示/拭除】对话框，如图 8-21 所示。表 8-4 和表 8-5 分别列出了【类型】栏图标按钮和【显示方式】单选钮各项的含义。

表 8-4 【显示/拭除】对话框中【类型】栏图标按钮的含义

图标按钮	含　义	图标按钮	含　义
←1.2→	显示/拭除尺寸		显示/拭除焊接符号
←(1.2)→	显示/拭除参照尺寸	32/	显示/拭除表面粗糙度
⊕Ø1Ⓜ	显示/拭除形位公差	A◄	显示/拭除基准平面
⌐ABCD	显示/拭除注释		显示/拭除装饰特征
⌐⑤	显示/拭除球标	×⌐A1	显示/拭除基准目标
·····A.1	显示/拭除基准轴		

表 8-5 【显示/拭除】对话框中【显示方式】各项含义

显　示　方　式	含　义
特征	显示或拭除指定特征的项目。可以从模型树上选取特征
特征和视图	将指定特征的项目在指定视图中显示或拭除
零件	显示或拭除指定零件的项目
零件和视图	显示或拭除指定零件和视图的项目
视图	显示或拭除指定视图的项目
显示全部或拭除全部	在所有视图中显示或拭除所有项目
所有项目	只在拭除时可用，拭除选定项目标注

如图 8-22 所示是在视图上显示全部尺寸，操作方法如下。

（1）在【显示/拭除】对话框中单击【显示】按钮。

（2）在【类型】栏中单击 ←1.2→ 按钮显示尺寸。

图 8-21 【显示/拭除】对话框

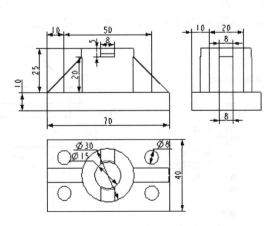

图 8-22 【显示全部】标注尺寸

（3）在【显示方式】栏选取一个选项，并根据提示进行下一步选取。如图 8-22 所示是选取【显示全部】标注的尺寸。

（4）单击【预览】按钮，选取【接受全部】。

（5）单击【关闭】按钮，完成显示尺寸操作。

3．移动尺寸

1）在同一个视图内调整尺寸位置

单击尺寸，按住鼠标左键拖动，调整尺寸到合适位置。

2）将尺寸从一个视图移动到另一个视图

单击尺寸，长按鼠标右键，弹出图 8-23 所示的快捷菜单，选取菜单中的【将项目移动到视图】项，单击想要尺寸移动到的视图。

4．拭除尺寸

有些尺寸不需要显示，可以将其拭除。单击要拭除的尺寸，长按鼠标右键，弹出如图 8-23 所示的快捷菜单，选取菜单中的【拭除】项，单击鼠标左键确认。

8.4.2　手工标注尺寸

在视图中使用显示尺寸往往不能够和设计意图的标注方案一致，杂乱无章，所以需要进行尺寸的编辑。可以手工直接在视图上标注尺寸，但该尺寸不能修改，操作方法如下。

（1）单击【插入】→【尺寸】→【新参照】命令，或者单击工具栏的按钮，弹出【依附类型】菜单，如图 8-24 所示。

图 8-23　尺寸编辑快捷菜单

图 8-24　【依附类型】菜单

（2）选取尺寸标注的依附方式，根据尺寸类型选取一个或两个图元进行标注。

（3）在合适位置单击鼠标中键，确定尺寸文字的位置，完成尺寸的标注。如图 8-25 所示为用手工标注的尺寸。

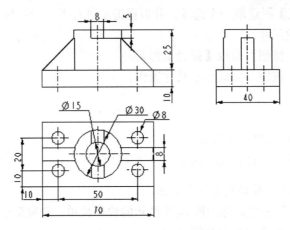

图 8-25　手工标注尺寸

8.5　尺寸公差和形位公差标注

知识分布网络

在工程图模块中尺寸公差和形位公差标注有两种方法，一是显示尺寸公差和形位公差，二是创建尺寸公差和形位公差。显示尺寸公差和形位公差，需要在零件模块中配置相关选项和进行一些操作。下面重点介绍在工程图模块中创建尺寸公差和形位公差。

8.5.1　尺寸公差标注

标注如图 8-26 所示的 $25^{+0.02}_{-0.02}$ 尺寸公差。

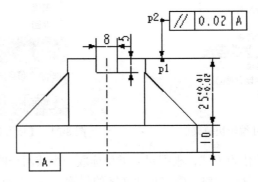

图 8-26　尺寸公差标注

1. 设置有关选项

在创建尺寸公差前需要对配置文件进行有关设置。

（1）在实体模型创建中将配置文件 config.pro 中的选项 tol_mole 值设置为 nominal（只显示名义尺寸）。

（2）工程图配置文件中的 tol_display 值设置为 yes。

2. 尺寸公差标注

1）进入尺寸公差标注模式

选取欲加尺寸公差的尺寸 25，长按鼠标右键，弹出如图 8-23 所示下拉菜单，选取【属性】项，弹出【尺寸属性】对话框，如图 8-27 所示。

图 8-27　【尺寸属性】对话框

2）设置公差模式及公差值

在该对话框中单击【公差模式】旁的▾按钮出现下拉菜单，系统提供了四种公差模式，其含义如表 8-5 所示；选取"加-减"项，在上、下公差编辑框中输入相应值 0.01、0.02。你还可以修改尺寸样式、尺寸文本等。

3）完成尺寸公差标注

单击该对话框中的【确定】按钮，完成尺寸公差标注。

表 8-5　公差模式各项含义

公差模式	含　义	标注式样
象征	用名义尺寸方式显示尺寸，尺寸没有公差	70
限制	用极限尺寸方式显示尺寸	69.99-70.01
加-减	用带正负公差值的方式显示尺寸	$70^{+0.02}_{-0.05}$
十一对称	用对称公差值方式显示尺寸	70 ± 0.01

> **小经验：** 系统默认上偏差为正，下偏差为负，在标注时系统自动加上正负号。如果下偏差是正值，在数字前输入一个负号；如果上偏差是负值，在数字前输入一个负号。

8.5.2 形位公差标注

标注如图 8-26 所示的 $\boxed{/\!\!/\ 0.02\ A}$ 形位公差。

1. 设置基准

在标注形位公差时需要先设置基准。

1）进入基准创建环境
单击【插入】→【模型基准】，选取【平面】，弹出【基准】对话框，如图 8-28 所示。

2）基准设置
输入基准名称 A，单击 $\boxed{\text{-A-}}$ 按钮，单击【在曲面上】按钮，在视图上选取模型的底面，单击【确定】按钮，完成基准设置。如果要删除基准，在实体模型环境中，利用特征树删除。

图 8-28 【基准】对话框

2. 进入形位公差标注环境

单击【插入】→【几何公差】，或者单击工具栏的 按钮，弹出【几何公差】对话框，如图 8-29 所示。对话框中包括了四个选项卡，各选项卡含义如表 8-6 所示。

表 8-6 【几何公差】对话框各选项卡含义

选 项 卡	含 义
【模型参照】选项卡	用来指定要添加形位公差的模型和参照，以及在工程图中放置形位公差
【基准参照】选项卡	用于指定形位公差的参照基准和材料状态，以及复合公差的值和参照基准
【公差值】选项卡	用于指定公差值和材料状态
【符号】选项卡	用于指定形位公差符号及投影公差区域或轮廓边界

3. 指定形位公差项目

在形位公差类型栏中单击 $/\!\!/$ 按钮，以选取平行度的形位公差项目。

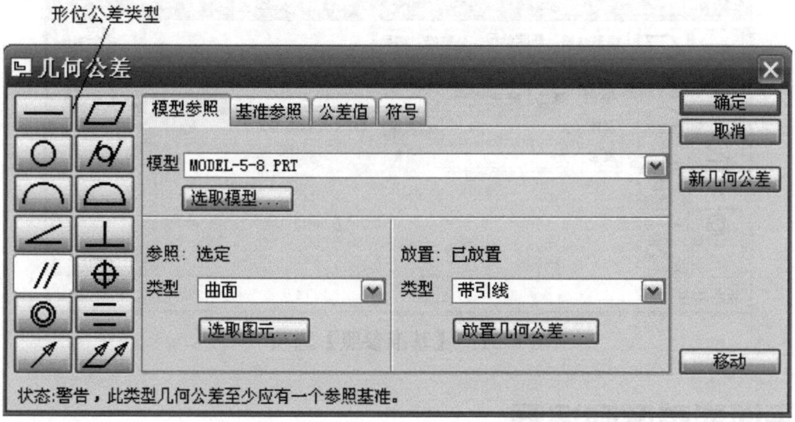

形位公差类型

图 8-29　【几何公差】对话框

4．定义参照模型

单击 选取模型 按钮选取要添加形位公差的参照模型。此时系统仅有一个模型打开，系统会将其作为默认的要添加形位公差的参照模型。如果有多个模型或组件模型，需要选取参照模型。

5．定义参照图元

在【参照】栏选取参照图元。单击 按钮选取【曲面】项， 选取图元 按钮处于激活状态，在模型上选取上面为控制的参照图元几何。形位公差项目不同，可供选择的参照图元类型也不同。

6．定义放置方式

以上内容定义后，系统要求确定形位公差放置的方式。在【放置】栏单击 按钮，选取【带引线】项， 放置几何公差 按钮被激活，同时系统出现如图 8-30 所示的【依附类型】下拉菜单。选取【图元上】/【箭头】，单击形位公差箭头指向的位置 p1 点，再单击形位公差放置位置 p2 点。

7．定义基准参照

标注位置公差时需要选取基准。单击【基准参照】选项卡，如图 8-31 所示。在【基本】栏单击 按钮，选取第一步设置的基准 A。

8．指定公差值

在【公差值】选项卡中输入公差值 0.02。

图 8-30　【依附类型】菜单

图 8-31　【基准参照】选项卡

8.6　表面粗糙度和注释

知
识
分
布
网
络

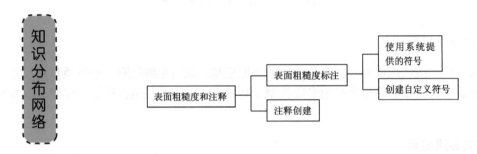

8.6.1　表面粗糙度标注

1. 使用系统提供的符号

表面粗糙度代号由符号和粗糙度值构成。在 Pro/E 系统目录\symbols\suffins 文件夹中分别放置了 3 种表面粗糙度符号，每种又分为无值和有值两种方式，具体如表 8-7 所示。

表 8-7　表面粗糙度符号

符号 方式	generic（一般）	machined（去除材料）	unmachined（不去除材料）
no_value.sym（无值）	√	∇	∇
standard.sym（标准）	值√	值∇	值∇

（1）单击【插入】→【表面光洁度】，弹出【得到符号】菜单，如图 8-32 所示。在没有创建任何表面光洁度之前只能选择检索。

（2）单击【检索】项，在弹出的【打开】文件对话框中选取 machined→standard1.sym，单击【打开】按钮。

（3）在【实例依附】菜单中选取一种粗糙度符号的放置方法，如图 8-33 所示，选择【无方向指引】项。

（4）根据放置方式的要求选取相应的放置图元。

（5）输入表面粗糙度值 6.3 并按回车键。单击鼠标右键完成表面粗糙度标注。

图 8-32　【得到符号】菜单

图 8-33　【实例依附】菜单

2．创建自定义符号

对于其他表面粗糙度符号，如 $\sqrt{\overline{Ra0.8}}$ 符号，可以使用 Pro/E 系统提供的符号库功能来定制，创建方法如下。

1）自定义符号

（1）单击菜单【格式】→【符号库】，系统弹出【符号库】菜单，如图 8-34 所示。可以进行符号的定义、删除和写入等操作。

（2）单击【定义】项，在信息栏输入 rghness_GB，单击 ✓ 按钮。

（3）系统进入符号编辑环境，并在屏幕右侧出现【符号编辑】菜单。用直线命令绘制表面粗糙度符号，然后单击【插入】→【注释】，注释文本：Ra0.8。

（4）双击注释文本，系统出现【注释属性】对话框，如图 8-35 所示，在对话框中修改文本，注意加入" \ "符号。

（5）在【符号编辑】菜单中选取【属性】命令，在【符号定义属性】对话框中选取【自由】，在工程图中单击粗糙度符号的底部顶点，单击【确定】按钮。

（6）在【符号编辑】菜单中单击【完成】按钮，系统返回工程图模块环境。

图 8-34　【符号库】菜单

图 8-35　【注释属性】对话框

2）插入自定义符号

（1）【插入】→【绘图符号】→【定制】。系统出现【定制绘图符号】对话框，如图 8-36 所示。

（2）在【定制绘图符号】对话框中，符号名选取 RGHNESS_GB。在【可变文本】选项卡中修改粗糙度数值。

（3）在屏幕上单击放置的位置，单击【确定】按钮，完成自定义粗糙度符号的插入。

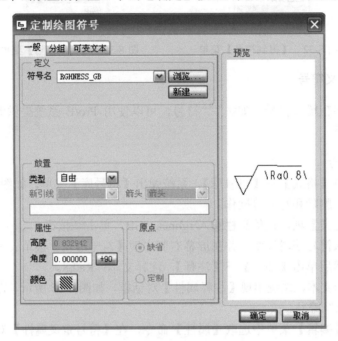

图 8-36　【定制绘图符号】对话框

以上方法也适用于一般符号的定制和使用。

8.6.2　注释创建

（1）单击【插入】→【注释】，弹出【注释类型】菜单，如图 8-37 所示。

（2）在菜单中为注释选取有无引线、输入方式、内容来源、文本放置方向和文本对齐方式。选取【制作注释】命令，弹出【获得点】菜单，如图 8-38 所示。

（3）在绘图区选取注释放置的位置，系统提示输入注释内容，并弹出【文本符号】对话框。

（4）在信息提示区输入注释，单击两次鼠标中键完成注释输入，单击菜单的【完成/返回】选项，完成注释创建。

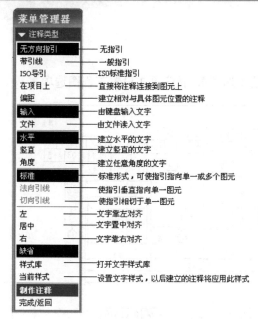

图 8-37　【注释类型】菜单　　　　　　　　　图 8-38　【获得点】菜单

实训 14　轴零件工程图创建

将如图 8-39 所示轴零件实体模型创建为如图 8-40 所示的工程图。

图 8-39　轴零件实体模型

通过这个实例练习进一步掌握剖视图创建；会显示尺寸及整理尺寸；正确设置基准，熟练进行形位公差和表面粗糙度标注，创建注释，草绘图元及修改线形等内容操作。具体创建步骤与操作方法如下。

1．打开已创建的轴文件（zhou.prt）

> **小经验：** 在实体造型时需要将配置文件 config.pro 中的选项 tol_mode 值设置为 nominal。

2．创建工程图文件

（1）单击菜单【文件】→【新建】（或单击□按钮），进入【新建】对话框，如图 8-3 所示。

（2）在该对话框中【类型】栏中选【绘图】，输入工程图文件名：zhou，【使用缺省模板】不勾选。

（3）在【新制图】对话框中，如图 8-4 所示，设置对话框各项内容，图纸放置方向为【横

放】，A3 图幅。

3．设置工程图环境参数

单击菜单【文件】→【属性】→【绘图选项】，按表 8-2 设置工程图选项。

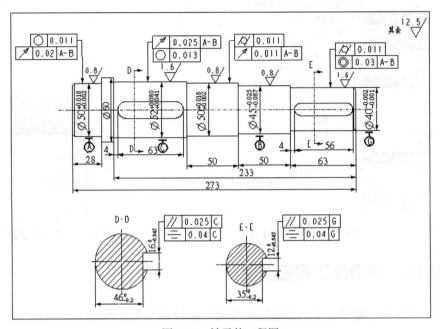

图 8-40　轴零件工程图

4．创建主视图

单击菜单【插入】→【绘图视图】→【一般】，在屏幕绘图区中间上方拾取视图中心点，在如图 8-9 所示的【绘图视图】对话框中进行如下设置。

（1）在【类别】栏选取【视图类型】，从【模型视图名】列表中双击 FRONT 项，单击【应用】按钮。

（2）在【类别】栏选取【比例】，单击【定制比例】按钮，输入比例值 1，单击【应用】按钮，关闭对话框完成主视图创建。

5．创建两个剖视图

两个剖视图创建方法相同，现只介绍 D-D 视图的创建。

单击菜单【插入】→【绘图视图】→【一般】；在主视图左下方拾取视图中心点，在如图 8-9 所示的【绘图视图】对话框中，选取不同的类别项进行设置。

1）【视图类型】设置

在【类别】栏选取【视图类型】，从【模型视图名】列表中双击 LEFT 项，单击【应用】按钮。

2）【比例】设置

在【类别】栏选取【比例】，单击【定制比例】按钮，输入比例值 1，单击【应用】按钮。

3）【剖面】设置

（1）有关剖面选项设置：在【类别】栏选取【剖面】，弹出如图 8-41 所示的创建剖视图的对话框，在对话框中进行设置。【剖面选项】栏选【2D 截面】，【模型边可见性】选【区域】。

（2）创建剖面：单击 ➕ 按钮，在【名称】下拉列表中选【创建新…】，在如图 8-42 所示的【剖截面创建】下拉菜单中选取【偏距】→【双侧】→【单一】。单击【完成】，在信息栏输入剖截面名称 D，按鼠标中键确认。

图 8-41　创建剖视图的对话框

图 8-42　【剖截面创建】下拉菜单

（3）绘制剖截面线。系统自动进入实体模块，选取 FRONT 为草绘平面，其他采用默认设置，进入草绘环境，画出剖切面线，如图 8-43 所示，单击 ✔ 按钮，返回工程图模块。单击鼠标中键，完成剖视图创建，如图 8-44 所示。

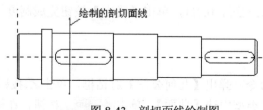

图 8-43　剖切面线绘制图

图 8-44　剖视图创建

6．显示轴线

单击主菜单【视图】→【显示/拭除】，在弹出的对话框中单击【显示】按钮，单击轴线 `-----A_1` 按钮，【显示方式】栏选择【零件】，在主视图上拾取一点，显示出零件全部轴线，单击轴线调整轴线长度。

7．尺寸标注

（1）显示尺寸。单击主菜单【视图】→【显示/拭除】，在对话框中单击【显示】按钮。单击 `┡1,2┩` 按钮，【显示方式】栏选择【特征和视图】，在屏幕上单击主视图，显示出零件尺寸。

（2）整理尺寸。拭除与设计意图不符的尺寸，手工标注缺少的尺寸。移动尺寸位置，调整箭头方向。

8. 尺寸公差标注

选取要标注尺寸公差的尺寸，长按鼠标右键，弹出如图 8-23 所示的下拉菜单。选择【属性】选项，弹出如图 8-27 所示的【尺寸属性】对话框。在【公差模式】中选取【加-减】；小数位数输入 3，在上公差和下公差分别输入相应值，单击【确定】按钮。

9. 形位公差标注

1）设置基准

设置左端基准 A。单击菜单【插入】→【模型基准】→【轴】，弹出如图 8-28 所示【基准】对话框。输入基准名称 A，单击 -A- 按钮，单击【定义】按钮，弹出【基准轴】下拉菜单，如图 8-45 所示。选取【过柱面】，在主视图上拾取左端φ50 的圆柱面，单击【确定】按钮，完成基准轴 A 的设置。

用同样方法设置基准轴 B、C、G。

图 8-45　【基准轴】
下拉菜单

2）标注左端φ50 圆柱面的圆度

（1）单击【插入】→【几何公差】命令，弹出【几何公差】对话框，单击 ○ 按钮。

（2）在模型参照栏选【曲面】，单击 选取图元... 按钮，在图上单击左端φ50 的圆柱面；

（3）放置类型选【带引线】，在【依附类型】下拉菜单选【图元上】→【箭头】，在φ50 圆柱面的上母线适当位置用左键拾取一点（箭头将指向该处），紧接着在上母线上方的适当位置单击鼠标中键，确定形位公差标注的放置位置。

（4）在【公差值】选项卡中，输入公差值 0.011，单击【确定】按钮完成圆度标注，移动框格到适当位置，如图 8-46 所示。

3）标注左端φ50 圆柱面的圆跳动

（1）单击【插入】/【几何公差】命令，弹出【几何公差】对话框，单击 ↗ 按钮。

（2）在【模型参照】选项卡的参照类型中选【曲面】，单击 选取图元... 按钮，在屏幕上单击左端φ50 的圆柱面。

（3）放置类型选【作为自由注释】，在圆度标注下方单击鼠标左键，圆跳动放置此处。

（4）在【基准参照】选项卡中的【首要】栏内的【基本】选 A，【复合】选 B。

（5）在【公差值】选项卡中，输入公差值 0.020，单击【确定】按钮完成圆跳动标注。移动框格到适当位置，如图 8-47 所示。

用同样方法标注其他形位公差。

10. 表面粗糙度标注

（1）单击菜单【插入】→【表面光洁度】，弹出【得到符号】菜单，如图 8-32 所示。

（2）单击【检索】，弹出【打开文件】对话框；从对话框中双击 machined 文件夹，双击 standard1.sym 文件；

（3）在如图 8-33 所示的【实例依附】菜单中选取【图元】。在主视图上依次选取圆柱上的母线放置粗糙度符号，输入粗糙度值；最后单击菜单【完成/返回】，完成粗糙度标注。

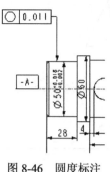

图 8-46　圆度标注

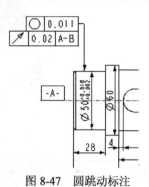

图 8-47　圆跳动标注

11. 整理工程图

（1）拭除带框的基准代号及不需要的显示。

（2）增加剖切符号和剖切面名称。增加 D-D 剖切符号，单击菜单【插入】→【箭头】，先单击 D-D 剖视图，然后单击主视图。用同样方法增加 E-E 剖切符号。

（3）注释剖视图名称。单击菜单【插入】→【注释】，采用如图 8-37 所示的默认选项。单击【制作注释】，选取轴剖视图上方为注释放置的位置，在信息提示区输入 D-D。用同样方法增加 E-E 注释。

（4）用草绘命令画出基准符号。分别单击工具栏 ＼ 和 ○ 按钮，画出直线和圆。选取线和圆，长按鼠标右键，弹出直线修改下拉菜单，如图 8-48 所示。选择【线型】，弹出【修改线体】对话框，如图 8-49 所示。【线型】选【实线】，【宽度】编辑框中输入 2。

图 8-48　直线修改下拉菜单

图 8-49　【修改线体】对话框

12. 保存工程图文件

单击【文件】→【保存】，接受默认文件名，保存文件。

实训 15　泵体零件工程图创建

将如图 8-50 所示的泵体零件实体模型创建为如图 8-51 所示的工程图。

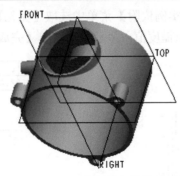

图 8-50　泵体零件实体模型

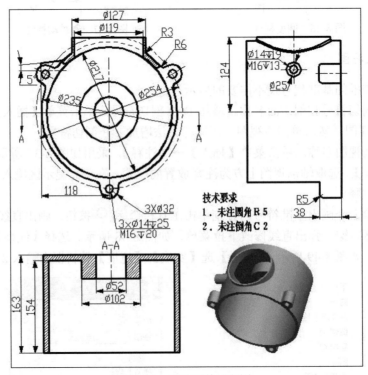

图 8-51　泵体零件工程图

通过这个实例练习进一步熟练掌握剖视图创建，即局部剖视图和全剖视图的创建，会显示尺寸及整理尺寸，创建注释等内容。具体创建步骤与操作方法如下。

1．打开已创建的泵体文件（bengti.prt）

2．创建工程图文件

（1）单击菜单【文件】→【新建】（或单击□按钮），进入【新建】对话框，如图 8-3 所示。

（2）在对话框中【类型】栏选【绘图】，输入工程图文件名：bengti，【使用缺省模板】不勾选。

（3）在【新制图】对话框中，如图 8-4 所示，设置对话框各项内容，图纸放置方向为【横放】，A1 图幅。

3．设置工程图环境参数

单击菜单【文件】→【属性】→【绘图选项】，按表 8-2 设置工程图选项。

4．创建主视图

（1）单击菜单【插入】→【绘图视图】→【一般】，在屏幕绘图区中间上方拾取视图中心点。

（2）在如图 8-9 所示的【绘图视图】对话框中进行设置。在【类别】栏选择【视图类型】，从【模型视图名】列表中双击 FRONT 项，单击 应用 按钮。

（3）在【类别】栏选择【比例】，单击【定制比例】按钮，输入比例值 1，单击 应用 按钮，关闭对话框完成主视图创建。

5．创建俯视图和左视图

（1）创建俯视图。单击菜单【插入】→【绘图视图】→【投影】，选取主视图，然后向下方移动鼠标，在合适位置拾取一点确定俯视图的位置。

（2）创建左视图。与俯视图创建方法相同，只是选取主视图后向左方移动鼠标。

6．创建主视图的局部剖视图

先绘制一个剖截面线创建全剖主视图，然后再绘制局部区域的样条曲线创建局部剖视图。

双击主视图，在【绘图视图】对话框的【类别】栏中选择【剖面】。如图 8-52 所示为创建剖视图的对话框和【剖截面创建】下拉菜单。进行如下操作：

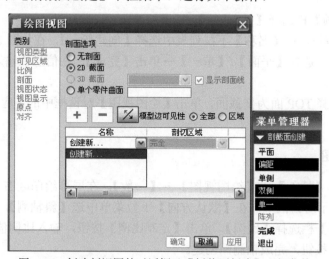

图 8-52　创建剖视图的对话框及【剖截面创建】下拉菜单

（1）【剖面选项】栏选择【2D 截面】。

（2）单击 ✚ 按钮，在【名称】下拉列表中选择【创建新...】，在【剖截面创建】下拉菜单中选择【偏距】/【双侧】/【单一】→【完成】，在信息栏输入剖截面名称 B，单击鼠标中键确认。

（3）系统进入实体模块，选取模型 TOP 面为草绘平面，其他采用默认，进入草绘环境，

画出剖截面线，如图 8-53 所示，单击 ✔ 按钮，返回工程图模块，在空白区域单击鼠标左键，出现全剖的主视图。

（4）在图 8-52 所示的对话框中【剖切区域】中选择【局部】。在主视图上方要进行局部剖的位置处拾取一点，紧接着围绕该点绘制一条封闭的样条曲线，单击鼠标中键结束绘制，单击【应用】按钮，绘制的局部区域曲线如图 8-54 所示，单击【关闭】按钮完成局部剖视图创建。

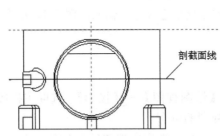

图 8-53　主视图剖截面线绘制

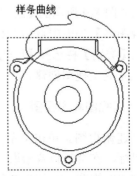

图 8-54　局部剖样条曲线绘制

7．创建俯视图的全剖视图

用 TOP 面作为剖截面，创建俯视图的全剖视图。

双击俯视图，在【绘图视图】对话框的【类别】栏选择【剖面】，在如图 8-52 所示的对话框中进行如下操作：

（1）【剖面选项】栏选择【2D 截面】。

（2）单击 ➕ 按钮，在【名称】下拉列表中选择【创建新…】，在如图 8-52 所示的【剖截面创建】下拉菜单中选择【平面】/【单一】→单击【完成】，在信息栏输入剖截面名称 A，单击鼠标中键确认。

（3）在图上选择 TOP 面为剖截面，单击【绘图视图】对话框中的【应用】按钮，完成全剖的俯视图。

8．创建轴测图

（1）单击菜单【插入】→【绘图视图】→【一般】，在屏幕绘图区右下方拾取视图中心点。在如图 8-9 所示对话框中，在【默认方向】下拉菜单中选【斜轴测】，单击 应用 按钮。

（2）在【类别】栏选择【比例】，单击【定制比例】按钮，输入比例值 0.6，单击 应用 按钮。单击【关闭】按钮，完成轴测图创建。

9．显示轴线

单击主菜单【视图】→【显示/拭除】，在对话框中单击【显示】按钮，单击轴线 ----A_1 按钮，【显示方式】栏选择【零件和视图】，在主视图上拾取一点，然后单击【接受全部】按钮，俯视图、左视图进行同样操作，单击轴线调整轴线长度。

10．尺寸标注

（1）显示尺寸。单击主菜单【视图】→【显示/拭除】，在对话框中单击【显示】按钮。单击 ├←1.2→┤ 按钮，【显示方式】栏选择【特征和视图】，在屏幕上单击主视图，显示出零件尺寸。

（2）整理尺寸。拭除与设计意图不符的尺寸，手工标注缺少的尺寸。移动尺寸位置，调整箭头方向。

11．创建注释

1）注释左视图右上方的标注 $\frac{\varnothing 14 \overline{\mp} 19}{M16 \overline{\mp} 13}$

该模块无法直接标注出这种注释，需要分两步进行。

（1）标注出带箭头的引线。单击菜单【插入】→【注释】，在【注释类型】菜单中选择【带引线】的标注类型，单击【制作注释】在左视图 $\varPhi$14 小圆上拾取一点，在信息栏输入任意字符即可，双击该字符，在【注释属性】对话框中删除该字符，如图 8-55 所示。

（2）标注出注释内容。单击菜单【插入】→【注释】，在【注释类型】菜单中选择【无方向引线】的标注类型，单击【制作注释】在左视图 $\varPhi$14 小圆右上方拾取一点，在信息栏输入注释内容，如图 8-56 所示。最后将文本移动到合适位置并将注释引线水平线拉长。

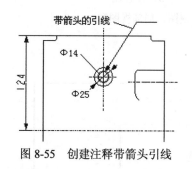
图 8-55　创建注释带箭头引线

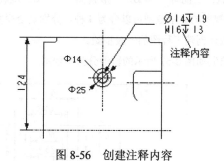
图 8-56　创建注释内容

2）注释技术要求

单击菜单【插入】→【注释】，采用如图 8-37 所示的默认选项。单击【制作注释】，选择图纸适当位置单击，作为放置注释的位置，在信息提示区输入技术要求的内容。

12．整理工程图

完善视图，尺寸和其他标注摆放合理，剖面线间隔合理。

13．保存工程图文件

单击菜单【文件】→【保存】，接受默认文件名，保存文件。

知识梳理与总结

在产品研发、设计、制造等过程中，工程图是常用的交流工具，因而工程图的创建是产品设计过程中的重要环节。本章首先介绍了工程图的有关基本概念，包括视图形成、视图的种类、工程图工作环境的设置；然后介绍了各种视图的创建方法，各种标注方法：尺寸标注、尺寸公差标注、形位公差标注、表面粗糙度标注，以及注释等。本章还结合表面粗糙度符号介绍了自定义符号的创建方法及使用。通过这些内容的学习，使读者能够对工程图的概念和创建过程有基本的了解。在此基础上，通过两个实例，详细介绍了工程图的整个创建过程和相关命令的使用。

通过本章的学习，应该熟练掌握由三维实体模型生成工程图的基本过程和操作方法，理解并掌握【绘图视图】对话框中各项内容含义及应用，能创建机械行业常见的工程图。另外，要想掌握本章内容还需进行大量练习，通过练习可以做到快速、清晰、准确地由三维实体模型创建出各种工程图。

习　题　8

1．填空题

（1）在工程图的实际设计过程中，为了更清楚地表示细小的视图，设计者通常使用_____来辅助说明。

  A．三视图　　　B．一般视图　　　C．投影视图　　　D．详细视图

（2）辅助视图、投影视图和详细视图等其他视图都是建立在_____基础上的。

  A．三视图　　　B．一般视图　　　C．旋转视图　　　D．左视图

（3）视图的显示范围可以分为 4 种。分别是全视图、半视图、局部视图和_____。

2．叙述创建工程图的一般步骤。

3．绘制如图 8-57 所示的输液分头工程图。

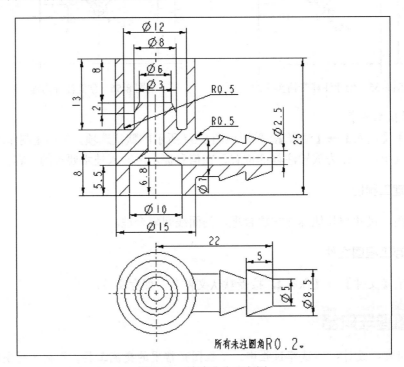

图 8-57　输液分头工程图

4. 绘制图 8-58 所示的法兰盘工程图。

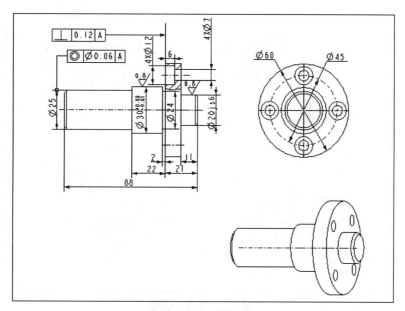

图 8-58　法兰盘工程图

5. 绘制图 8-59 所示的泵体盖工程图

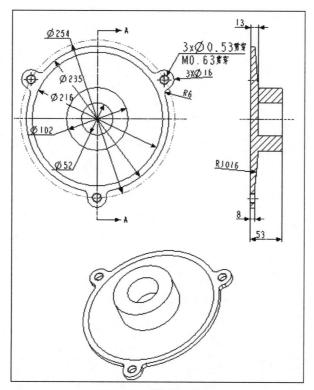

图 8-59　泵体盖工程图

6. 绘制图 8-60 所示的支座工程图

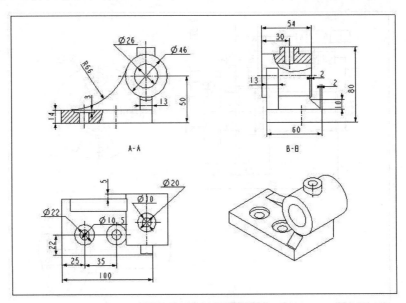

图 8-60　支座工程图

第9章

模具设计

教学导航

教学目标	1. 会进入模具创建环境
	2. 了解模具模块工作界面，掌握常用操作命令
	3. 掌握模具设计的基本方法及步骤
	4. 掌握分型面创建的常用方法及使用
	5. 掌握模具分析的基本方法
知识点	1. 熟练掌握模具设计各基本环节的操作要领
	2. 模具模型的创建
	3. 创建分型面的常用方法和高级技巧，如拉伸、旋转、扫描曲面及复制曲面、阴影曲面或裙边曲面等
	4. 分型面的编辑方法
重点与难点	1. 理解并掌握运用 Pro/E 进行模具设计的基本步骤
	2. 学习并掌握分型面创建的常用方法及一些高级技巧
教学方法建议	充分利用多媒体，动静结合。先重点讲练分型面创建的常用方法（拉伸、旋转、扫描曲面等）及运用分型面分割体积块等全过程；之后作为知识面拓展和能力提高，再介绍创建分型面的高级技巧（复制曲面、裙边曲面、阴影曲面等）
学习方法建议	1. 课堂：在理解模具设计的基本方法及步骤的前提下，重点学习掌握运用曲面设计方法进行分型面的创建方法
	2. 课外：在及时复习巩固曲面设计及模具设计基本方法的基础上，练习运用适当的曲面设计方法创建分型面
建议学时	10 学时

将一个产品模型通过加载、分型、添加模具元件就会形成不同的模具设计方法：组件设计法（在装配模式下进行模具设计）、模具模块法（在 Pro/MoldDesign 模块中设计模具）。两种方法各有千秋。本章仅介绍 Pro/E 的 Pro/MoldDesign 模块的功能及应用。

9.1 模具设计有关的基本概念

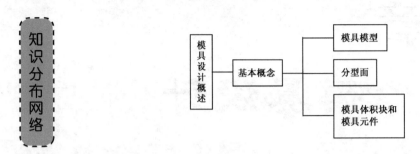

Pro/MoldDesign 模块在 Pro/E 系统中是一个选择性模块，在此模块中，用户可以创建、修改和分析模具元件及其组件，并可以根据设计模型中的变化对它们进行快速修改。

1．设计模型

设计模型就是设计模具所要生产的零件。它是模具设计的基础和依据。设计模型一般在 Pro/E 的零件模式中创建，也可以在模具模式中创建。

2．参照模型

参照模型是设计模型在模具设计环境中的替代。参照模型能保证用所设计的模具，生产出的最终产品就是设计原型的克隆。

3．工件

工件就是设计模具所用的毛坯。

工件完全包裹产品模型（即参照模型），还包容着浇注系统、冷却水线等型腔特征，工件就是所有模具型腔与型芯的体积之和。

4．模具模型

在模具设计环境中，参照模型与工件统称为"模具模型"，参照模型及工件通过装配而重叠在一起，通过适当操作，将获得所需要的模具型腔及模具元件。

在保存模具模型时系统将产生 5 个文件：

（1）设计模型文件，文件名为*.prt。

（2）参照模型文件，文件名为*.prt。

（3）工件文件，文件名为*.prt。

（4）模具装配文件，文件名为*.asm。

（5）模具设计过程文件，文件名为*.mfg。

这 5 个文件缺一不可，包括后续操作生成的模具元件文件，都应放在同一文件夹中，否则，当打开模具设计过程文件（*.mfg）时，因找不到某一文件，系统会给出提示信息，要么找到"丢失的文件"，模具设计过程文件正常打开，要么删除"丢失的文件"，模具设计过程文件打开失败。

5．分型面

如果采用分割的方法来产生模具元件（如上模型腔、下模型腔、型芯、滑块、镶块、销等），则必须先根据参照模型的形状创建一系列的曲面特征，然后再以这些曲面为参照，将工件分割成各个模具元件。用于分割工件的这些曲面称为"分型曲面"，简称"分型面"或称"分模面"。分割上、下型腔的分型面一般称为主分型面；分割型芯、滑块、镶块和销的分型面一般分别称为型芯分型面、滑块分型面、镶块分型面和销分型面。

6．模具体积块

模具体积块是封闭的曲面，可以由分型面分割工件或体积块而获得，也可以直接用体积块命令创建。它的生成，是从工件到模具元件所不可缺少的中间过渡环节，即将体积块的封闭曲面实体化后就成为了模具元件，这一过程是由系统自动实体化——"抽取"完成。

体积块也可以用来分割工件或其他体积块。

7．模具元件

模具元件就是最终所设计的模具的各个部分。模具元件主要采用抽取模具体积块的方法来创建，也可以直接在模具模式中创建模具元件。

模具元件生成后，立即以单独的模型文件存在于当前文件夹中，其文件名为*.prt。

8．铸件

铸件可以理解为模具设计好后，试模时的产品，它为单一实体特征的零件文件（名为*.prt），不含任何基准（面、体系）特征。试模的主要目的是检查模具设计的正确性。

9．开模

定义开模操作顺序，模拟开模过程，并可进行开模过程的干涉检查。

10．拔模检测和厚度检测

塑件或铸件上必须有适当的拔模斜度，才能从模具中顺利脱出。在进行模具设计前，应根据开模方向对参照零件进行拔模检测，并对参照零件上的各部位进行厚度检测。

建议：拔模操作，最好在零件设计的过程中随时完成。

9.2 模具设计流程

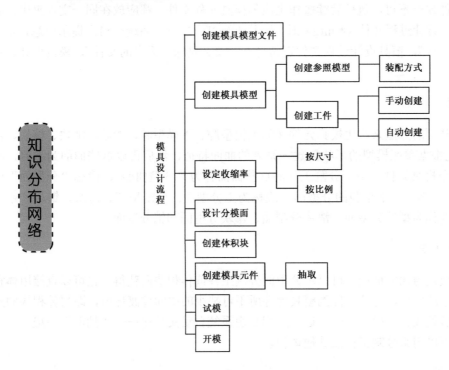

9.2.1 模具设计的一般流程

模具设计的一般流程如图 9-1 所示。

9.2.2 进入模具模块

（1）选择菜单【文件】→【新建】，弹出【新建】对话框，如图 9-2 所示。

（2）选择【类型】为【制造】→【子类型】为【模具型腔】→输入模具文件名，如 12-diaohuan-mold→采用公制模板 mmns_mfg_mold→单击【确定】按钮，进入模具设计模块。

工作界面类似于零件模块的界面，但是【插入】菜单中增加了有关模具设计的命令，增加了【模具】菜单，如图 9-3 所示，增加了【模具/铸件制造】工具栏，如图 9-4 所示。

> **小经验:** Pro/E 3.0 和 Pro/E 4.0 模具模块比 Pro/E 2.0 有较大的改进，很多曲面设计、编辑命令不再用模具设计专用名词重复单独设置菜单或图标，而是放到【插入】、【编辑】菜单中，但是在应用中要有引导命令，如创建分模面、创建模具体积块等命令引导，进入相应的创建界面中，再直接采用曲面设计、编辑命令。

零件设计及装配

模具组件设计：
一、添加参照模型（创建或装配）
二、添加工件（创建或装配）

分析零件的拔模斜度及厚度

设置收缩率
（应在创建分模面和模具体积块前完成）

创建分模面

建立模具体积块（创建或分割）

设计浇注系统、水线系统

建立模具元件

试模（检验模具设计正确性）

模具开启（干涉检验）

绘制模具工程图

图 9-1　模具设计的一般流程

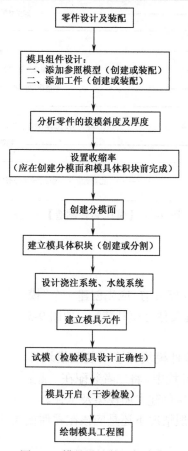

图 9-2　【新建】对话框

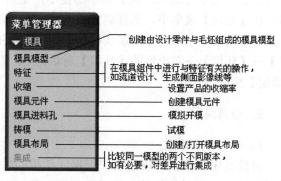

图 9-3　【模具】菜单

图 9-4　【模具/铸件制造】工具栏

定义参照零件布局

设置收缩率

自动创建工件

创建模具体积块/模具元件

创建裙边曲面的侧面影像线

创建分模面

分割体积块/分割零件 (仅保留零件的一部分)

抽取模具元件

开模

由其他零件、面组或平面修剪指定的零件

模具布局

9.2.3　模具装配

设置好精度后，在开始设计模具前，应先创建一个"模具模型"，创建模具模型的过程又称为模具装配，如图 9-5 所示。

参照模型及工件可以在零件模块环境或装配模块环境中提前创建，再在模具模块环境中，将二者装配在一起；也可以在模具模块环境中，直接创建参照模型及工件。

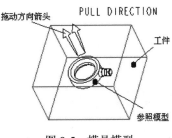

图 9-5　模具模型

建议：对于参照模型，一般情况下还是应该在零件模块环境或装配模块环境中创建后，再装配到模具模式中。

1．隐藏拖动方向的箭头及改变拖动方向

进入模具模块后，会看到如图 9-5 所示的模具模型的拖动方向箭头。在一般的模具设计中，仅从模具设计的角度讲，此箭头没有多大意义。只有当采用阴影曲面法和裙边曲面法创建分型面时，默认的光线投影方向与此拖动方向相反。如果拟采用另外指定光线投影方向，拖动方向箭头也就没有意义了。

此拖动方向，也可以根据需要重新设置。其方法为单击菜单【编辑】→【设置】→【拖拉方向】→根据【选取方向】菜单的提示，重新选择参照（面、线或坐标系），定义拖动方向→在【方向】菜单中，选择确定拖动的方向（取"正向"或"反向"）→【完成】。

当不需要显示拖动方向箭头时，可采用下面的操作方法将其暂时隐藏起来：选择菜单【工具】→【环境】→在出现的【环境】对话框中，取消【拖动方向】前复选框中的对钩→单击【确定】按钮。

2．模具装配

1）装配参照模型

向模具中加载参照模型要先根据注塑机的最大注射量、最大锁模力及塑件的精度要求或经济性来确定型腔数目，然后再进行加载。根据一个模具中加载的型腔数目的多少，模具可分为单腔模具和多腔模具，Pro/E 中有不同的模具最优加载方法。本章仅介绍单腔模

具的加载方法。

（1）单击菜单管理器【模具】中的【模具模型】，出现如图 9-6 所示的【模具模型】菜单→选择【装配】。

【模具模型】菜单中主要选项的说明如表 9-1 所示。

表 9-1　【模具模型】菜单中主要选项的说明

选　项	说　明	
【装配】选项	将预先设计好的零件或工件装配到模具制造模型中	
【创建】选项	若预先还未设计好零件或工件，选择该命令，可创建之	
【定位参照零件】选项	进入参照零件的布局功能模块（主要用于一模多腔模具）	
【删除】选项	删除制造模型中的某个零件或工件，但第一个零件不能被删除	
【重定义】选项	重新定义设计零件或工件的装配	
【阵列】选项	当一个模具模型内含多个零件（即一模多腔）时，可用该命令来阵列放置多个零件模型	
【简体表示】选项	在设计模座等模具元件时，如果希望简化屏幕上的表示，可用该命令创建一个简化表示	
【重分类】选项	设置模具模型内哪些是工件，哪些是参照模型	
【高级实用工具】选项	【复制】选项	对模具元件进行平移或旋转复制
	【合并】选项	将两个零件的实体体积合并为一个新的零件
	【切除】选项	将一个零件的实体体积从另一个零件体积中挖除

（2）在弹出的如图 9-7 所示【模具模型类型】菜单中，选择【参照模型】→从【打开】对话框中选取需要的三维模型，如选取 12-diaohuan.prt 作为参照模型→单击【打开】按钮。

图 9-6　【模具模型】菜单

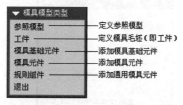

图 9-7　【模具模型类型】菜单

小提示：若单击【创建】选项→在【模具模型类型】中选择【参照模型】，可在模具模块中创建一个参照模型，这与组件中创建元件的方式是一样的。

（3）在系统弹出的【元件设置】操控板中，其装配方式与组件模式中装配元件方式完全一致。在此，从【约束】类型下拉列表框中选择约束类型 缺省，将参照模型按默认放置→

单击按钮✅确认。

（4）弹出如图9-8所示【创建参照模型】对话框，均采用默认选项，也可给参照模型输入新的名称→单击【确定】按钮，完成参照模型创建。

图9-8所示的对话框中有三个选项，说明如表9-2所示。

表9-2 【创建参照模型】对话框中选项说明

选 项	说 明
【按参照合并】选项	复制一个与设计模型完全一样的零件模型（其默认的文件名为 ***ref.prt）添加到模具装配体中，作为后续创建分型面、模具元件体积块的参照模型
【同一模型】选项	设计模型加入到模具模型装配体中，作为后续各项操作的参照模型
【继承】选项	参照零件继承设计零件中的几何和特征信息。可以指定在不更改原始零件的情况下在继承零件上进行修改的几何及特征数据

注意： 选择【按参照合并】或【同一模型】选项，只要设计模型发生了变化，参照模型及其所有相关的模具特征均会发生相应的变化。

2）创建工件

（1）手动创建工件。

在【模具】菜单中，选择【模具模型】→【创建】→【工件】命令→在系统弹出的如图9-9所示【创建工件】菜单中，选择【手动】命令→元件创建方式与在组件模式创建元件的方式完全相同→在弹出的【元件创建】对话框中，默认类型为【零件】→子类型为【实体】→输入工件名称，如输入12-diaohuan-wkp→单击【确定】按钮→在【元件选项】对话框中，选择创建方法为【创建特征】→单击【确定】按钮→在【特征操作】菜单中，选择【实体】→【加材料】→采用拉伸实体→【完成】→创建工件的几何特征→【完成/返回】→【完成/返回】，完成工件创建。

图9-8 【创建参照模型】对话框　　图9-9 【创建工件】菜单

小经验： 毛坯的外形尺寸应大于参照模型，并要考虑到浇注系统、水线特征所需要的体积以及保证必要的壁厚尺寸。

（2）自动创建工件。

Pro/E 提供了自动创建工件方式，系统会根据参照模型的最大轮廓尺寸来创建工件。自动创建工件的功能主要有：一是相对模具基本分型面和拖动方向确定工件的方向；二是创建定制尺寸的工件或从标准尺寸中选取标准形状工件。

可以将自动工件创建过程中使用的偏移保存到文件中，以备将来使用。

在如图 9-9 所示的【创建工件】菜单中，选择【自动】命令（或直接单击图标），将弹出如图 9-10 所示的【自动工件】对话框，同时，系统要求选择模型原点坐标系，应在工作区或在模型树中选择模具参考坐标系。

在图 9-10 所示的对话框中，各项说明如下：

在【工件名】文本框中输入工件名称，一般采用默认名称；在【参照模型】文本框中系统列出了自动检测到的参照模型名称，可以单击文本框左侧的按钮，重新选择参照模型；在【形状】选项组中有三个可选形状图标。

：工件默认的形状，表示标准的矩形盒状。

：表示标准的圆柱形状。

：表示自定义形状。

在工作区中参照模型周围有一个与上述形状相对应的线框，并且用箭头指示 X、Y、Z 这 3 个方向。

在【单位】列表中选择工件所使用的单位制。

在【偏移】选项组中，通过定义相对于参照模型最大外形尺寸的偏移量，确定工件的大小。在【统一偏距】文本框中输入工件偏移值，从而同时更新各方向的偏移值和整体尺寸值；也可在指定方向上输入偏移值。可选不同的工件形状，如选择（矩形）时，在【统一偏距】文本框中输入 50，可以同时更新 X、Y 和 Z 的正、负方向的偏移值各为 50，同时工件也会在参照模型最大外形的基础上增大 50，如图 9-10 所示。若仅【X 方向】的"-"文本框中输入 30，则同时整体尺寸中 X 值也会因此而改变。

调整【平移工件】选项组中的 X 方向或 Y 方向，可改变工件相对于参照模型在 X 或 Y 方向上的位置，但【整体尺寸】选项组中指定的工件外形尺寸不变。

> **小提示：** 要使用自动创建工件的方式，Pro/E 中必须有自动工件的数据，应当在安装 Pro/E 时，在【要安装的功能】列表中选择【Mold Component Catalog】选项。

按图 9-10 所示，设置工件偏移量→单击【确定】按钮→单击【模具模型】菜单中的【完成/返回】，完成工件创建。

9.2.4 设定收缩率

由于塑件或铸件在冷却和固化时会产生收缩，所以必须增加参照零件的尺寸。Pro/E 软件提供了收缩率功能，来纠正成品零件体积收缩上的偏差。

收缩率在 Pro/E 模具设计中作为特征添加，操作过程如下：

（1）选择【模具】菜单的【收缩】命令，出现【收缩】菜单，如图 9-11 所示。

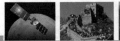

图 9-10 【自动工件】对话框

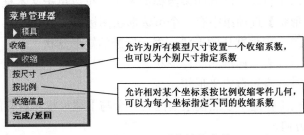

允许为所有模型尺寸设置一个收缩系数，也可以为个别尺寸指定系数

允许相对某个坐标系按比例收缩零件几何，可以为每个坐标指定不同的收缩系数

图 9-11 【收缩】菜单

（2）如图 9-11 所示，收缩方法有两种。

① 按尺寸收缩。

单击【按尺寸】（或单击工具栏上的图标），出现【按尺寸收缩】对话框，如图 9-12 所示→按下"1+S"→取消【更改设计零件尺寸】前的"√"号→在【比率】栏中，输入收缩率 0.005（即 0.5%）→按回车键→单击按钮→选择【收缩】菜单中的【完成/返回】命令，完成参照模型收缩率设定。

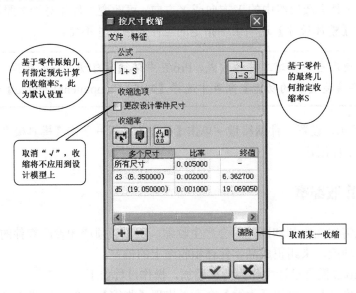

基于零件原始几何指定预先计算的收缩率S。此为默认设置

基于零件的最终几何指定收缩率S

取消"√"，收缩将不应用到设计模型上

取消某一收缩

图 9-12 【按尺寸收缩】对话框

② 按比例收缩。

单击【按比例】（或单击工具栏上的图标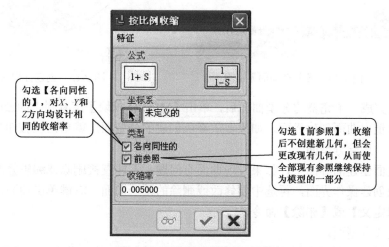），出现【按比例收缩】对话框，如图 9-13 所示→按下"1+S"→按下 按钮→在图形工作区域创建或选取某一坐标系作为收缩基准→默认【类型】区域的选项→在【收缩率】文本框中输入收缩率 0.005（即 0.5%）→按回车键→单击 按钮→选择【收缩】菜单中的【完成/返回】命令，完成参照模型收缩率设定。

收缩应用的几点说明：

- 采用按比例收缩，设计模型的尺寸不会受到影响。

- 采用按尺寸收缩，可以影响到设计模型的尺寸（在设计原型文件模型树上会出现收缩特征标记 按尺寸收缩），也可以不影响设计模型的尺寸。

- 收缩率不积累。

- 收缩率 S 值为正，模型放大；反之，S 值为负值，模型将产生缩小效果。

勾选【各向同性的】，对 X、Y 和 Z 方向均设计相同的收缩率

勾选【前参照】，收缩后不创建新几何，但会更改现有几何，从而使全部现有参照继续保持为模型的一部分

图 9-13　【按比例收缩】对话框

（3）查看收缩信息。

在【按尺寸收缩】和【按比例收缩】对话框中，单击【特征】菜单中的【信息】命令，就可以在出现的【信息窗口】中看到列出的参照模型收缩设置的详细信息。如果已经退出了收缩操作对话框，则可以单击【收缩】菜单中的【收缩信息】命令查看收缩信息。

9.2.5　设计分型面

小经验： 在 Pro/E 中创建分型面必需遵守的基本原则如下：

（1）分型面必须与工件或模具体积块完全相交以形成分割。

（2）所设计的分型面不能自身相交。

（3）分型面不能有破孔。

分型面特征要在组件级中创建，该特征的创建是 Pro/E 模具设计的关键。

在 Pro/E 中创建分型面主要有如下两种方式。

方法一：先单击分型曲面工具，激活分型面创建界面。此法比较常用，建议大家采用此法。主要操作方法如下。

（1）单击如图 9-14 所示的菜单【插入】→【模具几何】→【分型曲面】命令（或单击工具栏上图标），激活分型曲面创建界面。

激活分型曲面创建界面后，【插入】、【编辑】菜单中所有激活的曲面创建、编辑命令（包括复制、粘贴在内）都可以用于创建和编辑分型曲面片，此时可以根据参照模型的形状、拔模以及要分割的体积块形状，确定采用曲面创建及编辑的具体命令。

如图 9-15 所示的分型面的创建，可采用【拉伸】命令，也可采用【填充】命令、【阴影曲面】命令、【侧面影像线】和【裙状曲面】等命令。

图 9-14　【分型曲面】命令

图 9-15　创建分型面

（2）创建完成一个完整的分型曲面后，单击【MFG 体积块】工具栏上的按钮，确认创建的分型面并退出曲面创建界面。如果要放弃所创建的分型面，就单击按钮并退出。

（3）修改、删除分型面。

在此分型面创建的界面中，如果发现曲面有问题，不能直接删除或编辑修改。必须先确认退出分型面创建操作界面，再选中要修改或删除的某一曲面，右键单击曲面，选择快捷菜单中的【编辑定义】或【删除】命令。

（4）重定义分型面。

确认退出创建分型面的创建界面后，右键单击曲面，选择快捷菜单中的【重定义分型面】命令，就可回到该分型面创建界面，进行完善分型面的操作。

（5）预览显示分型面。

单击菜单【视图】→【可见性】→【着色】。

在出现的如图 9-16 所示【搜索工具】对话框中，从【找到 n 个项目】列表选择要显示的分型面，单击按钮移动到【选定的 0 项目】列表里→单击【关闭】按钮。系统就以着色方式单独显示指定的分型面。

> **小提示：**如果分型面是由多个曲面片经合并而成，则合并时，必须按照创建顺序依次选择曲面进行合并，否则，合并后的曲面将成为不可见曲面组并且也不能重新定义分型面，此时必须重新编辑"合并"顺序。

方法二：

单击【模具】菜单→【特征】→【型腔组件】→【曲面】→【新建】命令，在【曲面选项】菜单中，选择创建分型面的方式，有拉伸、旋转、扫描、混合、平整、偏距、复制、通过裁剪复制、圆角、着色（又称"阴影曲面"）、裙边、高级方式，之后选择【完成】命令，就可以创建了。

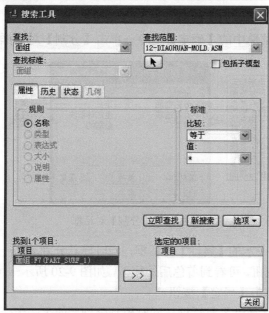

图 9-16 【搜索工具】对话框

在【面组曲面】菜单中，选择编辑分型面的方式，如裁剪、延伸、合并等。

> **小经验：** 上述两种方法创建分型面后，在模型树上标记不同，注意区分。

9.2.6 创建模具体积块

与分型面相似，模具体积块也是一个曲面面组，不同的是，分型面可以是开放的，而体积块必须是封闭面组。

体积块的创建可用分割法（单击分割图标 ）、命令方式（单击模具体积块图标 ，再运用聚合法、草绘修剪法、滑块法等）。

本章仅以图 9-15 为例介绍用分割命令产生体积块的基本方法。

（1）单击菜单【编辑】→【分割】（或单击分割图标 ），出现【分割体积块】菜单，如图 9-17 所示→默认【两个体积块】、【所有工件】→【完成】，出现【分割】对话框，如图 9-18 所示，要求选取分型面。

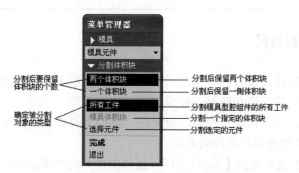

图 9-17 【分割体积块】菜单

（2）选取指定的分型面。如选取图 9-15 所示的分型面。

（3）单击【选取】菜单中的【确定】命令→单击【分割】对话框中的【确定】按钮。

图 9-18　【分割】对话框

（4）出现如图 9-19 所示的【属性】对话框，同时模具分割后的一半变为高亮显示，在该对话框中单击【着色】按钮，可看到着色后的模型，如图 9-20 所示→可以修改体积块的名称，如名称改为 XIAMO→单击【确定】按钮。

（5）又出现类似的【属性】对话框，同时模具分割后的另一半变为高亮显示，在该对话框中单击【着色】按钮，可看到着色后的模型→名称改为 SHANGMO→单击【确定】按钮。

说明：体积块也可以用来分割体积块。要对体积块进行分割，在图 9-17 所示的【分割体积块】菜单中选择分割对象为【模具体积块】→【完成】→在【搜索工具】对话框中，从【找到 n 个项目】列表中选择要分割的体积块，移动到【选定的 0 项目】列表里→单击【关闭】按钮，就可以对该体积块进行分割了。后续操作，重复前面步骤（2）～（5）即可。

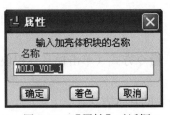

图 9-19　【属性】对话框

图 9-20　着色后的模具体积块

小提示： 体积块创建好后，也可以通过视图【可见性】命令进行显示、观察。

9.2.7　创建模具元件

模具元件是实体零件，可以在零件模式下检索到，能用于绘图、NC 制造加工，并能添加新特征，如倒角、圆角、冷却通路、拔模、浇口和流道等。

在 Pro/E 模具设计中，抽取体积块，也就是"将封闭的体积块曲面进行实体化以产生模具元件"，这是常用的创建模具元件的方法。

（1）单击【模具】菜单中的【模具元件】（或单击模具元件图标 ），出现如图 9-21 所示

【模具元件】菜单→单击【抽取】命令，出现图 9-22 所示的【创建模具元件】对话框。

> **小提示：**单击抽取图标，不会出现【模具元件】菜单，而直接出现【创建模具元件】对话框。

（2）在出现的【创建模具元件】对话框中，可以选取所有体积块或单独选取某些体积块，所选取的体积块出现在对话框的【高级】区域中，可以在【高级】区域里为要抽取的模具元件指定名称、添加基准特征。

（3）本例选取所有体积块。完成选取后，单击对话框中的【确定】按钮，在模型树中立即出现抽取后生成的模具元件实体标记，如图 9-23 所示。

（4）单击【文件】→【保存】，完成操作。

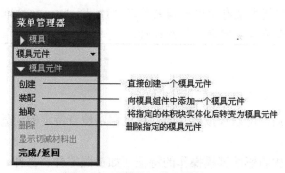

图 9-21 【模具元件】菜单

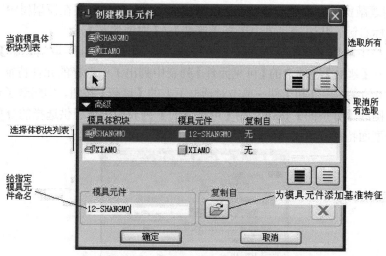

图 9-22 【创建模具元件】对话框

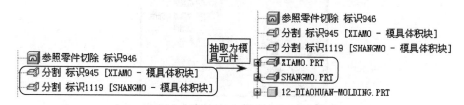

图 9-23 抽取得到模具元件

> **小提示：** 抽取的模具元件只存储在进程中的内存里，只有模具设计过程文件被保存到磁盘上，这些模具元件文件才能同时被保存到磁盘上。

9.2.8 试模

完成了抽取元件的创建之后，应进行试模操作：

（1）单击【模具】菜单中的【铸模】→【创建】。

（2）输入试模件的名称，如输入名称 12-diaohuan-molding→按回车键。

> **小提示：** 如果模型树中没有出现试模文件名"12-diaohuan-molding"及其标志，说明模具设计失败。需要找出问题，修改设计。

9.2.9 开模

通过定义模具开启，可以模拟模具的开启过程，检查特定的模具元件在开模时是否与其他模具元件发生干涉。

（1）开模前，应先将影响开模操作的特征（如参照零件、工件、分型面等）遮蔽起来，使屏幕简洁。

遮蔽/取消遮蔽操作有两种方法：一是用图标命令 ；二是直接在模型树中选中要遮蔽的特征，单击鼠标右键，从快捷菜单中选择【遮蔽】/【取消遮蔽】命令。

单击工具栏中的用于遮蔽（或显示）的按钮 ，出现【遮蔽–取消遮蔽】对话框，如图 9-24 所示，在【遮蔽】选项卡的【可见元件】列表中列出了供选择的元件特征→按住【Ctrl】键，选择列表中的参照零件和工件→单击对话框下方的【遮蔽】按钮，即隐藏了选中的特征→单击对话框右侧的【分型面】按钮，在【可见曲面】列表中出现了供选择的分型面特征→选取要遮蔽的分型面特征→单击【遮蔽】按钮，即隐藏了选中的特征。

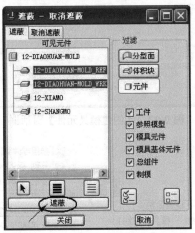

图 9-24 【遮蔽–取消遮蔽】对话框

如果单击【取消遮蔽】选项卡，可以先进"取消遮蔽"的操作，方法同上。

（2）开模操作。

① 选择【模具】菜单中的【模具进料孔】，出现如图 9-25 所示的【模具孔】菜单。

② 选择菜单中的【定义间距】，出现如图 9-26 所示的【定义间距】菜单→选择【定义移动】。

> **小提示：** 在移动前，可以选择【拔模检测】命令，进行拔模角度的检测。

③ 选取要移动的模具元件，如选取（上模）SHANGMO.PRT→在【选取】菜单中单击【确定】。

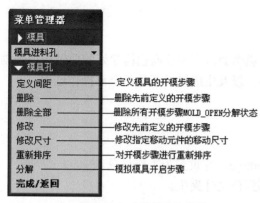

图 9-25 【模具孔】菜单

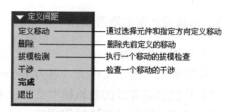

图 9-26 【定义间距】菜单

④ 选取确定移动方向的参照（平面、轴线、边线等），比如选取上模的上表面，以其平面的法向为移动参照方向，如图 9-27 所示→输入要移动的距离 100→按回车键→单击菜单中的【完成】，效果如图 9-28 所示。

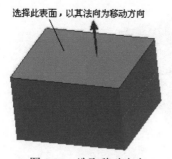

图 9-27 选取移动方向

图 9-28 移动上模

⑤ 参照以上步骤①～④的操作方法，选取其余需要移动的元件，如在此选取铸模→【确定】→选取模具元件一条垂直边线为移动方向参照，如图 9-29 所示→输入 50→按回车键→【完成】。完成模具开模操作。

说明：开模效果图也可以像创建编辑装配爆炸图一样采用下拉菜单【视图】中的【分解】命令组或在【视图管理器】中进行分解、编辑。

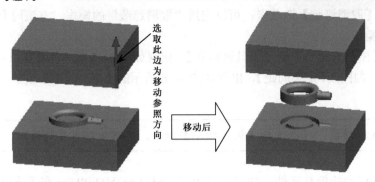

图 9-29　开模

实训 16　曲轴模具设计

本例以图 9-30 所示的曲轴模具设计为例，说明如何利用前面已构建好的曲轴模型来创建分型面的多种方法和如何分割生成模具体积块，以及生成模具元件的全部操作过程。

1．模具设计前的准备工作

（1）设置工作目录。

在指定硬盘中建立文件夹，名为 1-quzhoumoju，并设置为工作目录。

（2）找到已建立好的曲轴模型文件，复制到该文件夹中。

（3）建立曲轴模具设计过程文件。

单击按钮□→选择【类型】为【制造】→【子类型】为【模具模型】→输入文件名为1-quzhou-mold→采用公制模板 mmns_mfg_mold→单击【确定】按钮，进入模具设计模块。

（4）隐藏拖动方向箭头。单击菜单【工具】→【环境】→取消【拖动方向】选项→【应用】→【关闭】。

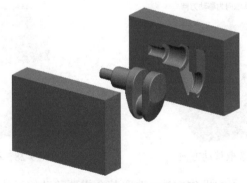

图 9-30　曲轴模具

2．创建模具模型

1）装配参照模型

（1）装配曲轴参照模型。

单击【模具】菜单中的【模具模型】→【装配】→【参照模型】→选择 1-quzhou.prt→单

击【打开】按钮。

（2）定义装配约束。

在出现的【元件设置】操控板中，从【约束】类型下拉列表框中选择约束类型为 缺省，将参照模型按默认放置→单击✔按钮，完成装配约束。

（3）创建参照模型。

在出现的【创建参照模型】对话框中，默认各选项→单击【确定】按钮，装配的曲轴参考模型如图 9-31 所示。

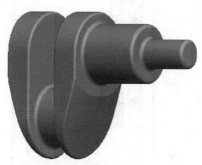

图 9-31　曲轴模型

2）设计工件

（1）进入实体创建状态。

单击【模具模型】→【创建】→【工件】→【手动】→在【元件创建】对话框中输入工件名称为 1-quzhou-wkp，其余采用默认选项→单击【确定】按钮→在【创建选项】对话框中选择【创建特征】→单击【确定】按钮，进入实体创建状态。

（2）进入特征创建状态。

单击【实体】→【加材料】→【拉伸】→【实体】→【完成】→选择 MOLD_FRONT 面为草绘平面→MOLD_RIGHT 面为参照平面→单击【草绘】按钮，完成如图 9-32 所示的截面草图→采用双向拉伸 120，完成工件实体创建，如图 9-33 所示。

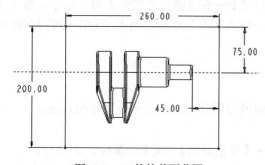

图 9-32　工件的截面草图

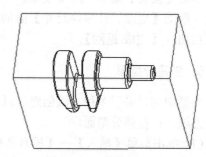

图 9-33　工件特征

3．拔模角特征检测

（1）单击菜单【分析】→【几何】→【拔模检测】→在【斜度】对话框中，修改"绘制"选项，以确定待检测的拔模角度为"双向"，角度值为 3；其余选项采用默认设置，如图 9-34（a）所示。

（2）从模具设计界面下方【智能】选取栏中，选取【实体几何】→选取曲轴参照模型的所有表面→单击对话框中【方向】右侧方框中的【单击此处添加项目】，变为【选取项目】→选取曲轴对称基准平面，出现检测结果，如图 9-34 所示。图 9-34（a）中显示的"括起区域的百分率 5.1844"，表示已检测出，有 5.1844% 的检测区域未达到拔模角 3 度及其以上。此时，可参照图 9-34（b）、（c）分析拔模角度不到 3 度的部位在何处。

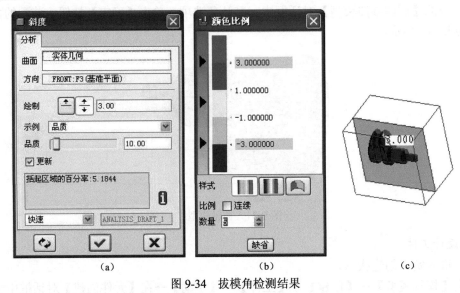

图 9-34 拔模角检测结果

可以看到，色阶分布正常，曲轴表面符合预设拔模角度 3° 的要求。

（3）关闭【颜色比例】窗口→关闭【斜度】对话框，退出拔模检测。

> **小经验：** 拔模斜度最好在零件模型创建过程中及时完成。

4. 设置曲轴模型的收缩率

单击【模具】菜单中的【收缩】→【按尺寸】→在【按尺寸收缩】对话框中，按下 1+S 按钮→取消【更改设计零件尺寸】前的对钩→输入所有尺寸的收缩率 0.005→按回车键→单击☑按钮→【完成/返回】。

5. 创建分型面

分型面可以采用多种方法创建，以本例曲轴为例介绍三种创建分型面的方法。

方法一：拉伸分型面。

（1）单击菜单【插入】→【模具几何】→【分型曲面】（或单击图标▢）命令。

（2）单击图标▱→【放置】→【定义】→在工作区选择工件下表面为草绘面→按图 9-35（a）所示选择工件两边及通过曲轴对称中心面为约束参照，完成草绘直线→选择拉伸深度方式为▥（至指定的）→指定拉伸到工件的上表面为拉伸终止面→单击☑按钮，完成拉伸曲面创建，如图 9-35（b）所示。

方法二：平整分型面（先删除上次创建的分型面）。

（1）单击菜单【插入】→【模具几何】→【分型曲面】（或单击图标▢）命令。

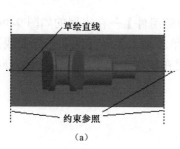

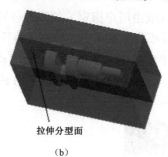

图 9-35　拉伸分型面

（2）单击菜单【编辑】→【填充】命令，如图 9-36 所示，在【填充】操控板上，单击【参照】→【定义】。

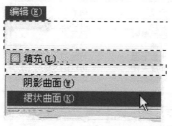

图 9-36　选择【填充】命令

（3）取通过曲轴对称中心的基准平面 MAIN_PARTING_PLN 为草绘面，如图 9-37 所示→取工件轮廓为草绘参照，如图 9-38 所示→单击 ✔ 按钮，确认完成草图→单击 ✔ 按钮，完成填充特征的创建。结果与图 9-35（b）所示的拉伸分型面完全相同。

图 9-37　选取填充草绘面

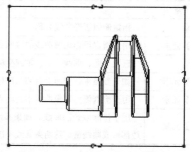

图 9-38　工件边界为草绘参照

方法三：裙边曲面分型面（先删除上次创建的分型面）。

强调说明：采用裙边、阴影方式建立分型面时，模型应有充分的拔模和圆角过渡，有利于简化设计过程。

当模型外形不规则时，难以确定分型面位置。可以根据"分型面应取在模型尺寸最大处"的原则，使用侧面影像曲线功能得到最大轮廓线，然后使用裙边曲面功能由系统自动沿最大轮廓线向工件四周延伸，将工件分割开来。

1）建立侧面影像曲线

创建侧面影像曲线时，系统会将曲线放置到其曲面垂直于拖动方向（即开模方向，该方

CAD/CAM 技术与应用

向由系统默认或由用户指定）的零件位置处。

（1）在【模具】菜单中，单击【特征】→【型腔组件】→在出现的如图 9-39 所示的【模具特征】菜单中单击【侧面影像】→（或单击菜单【插入】→【侧面影像曲线】；或直接单击图标⊜），出现【侧面影像曲线】对话框，同时在模型上出现默认的投影方向（与系统拖动方向相反），如图 9-40 所示。

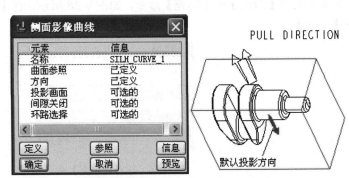

图 9-39　选择【侧面影像】命令　图 9-40　【侧面影像曲线】对话框及【侧面影像】默认投影方向

【侧面影像曲线】对话框中各元素说明如表 9-3 所示。

表 9-3　【侧面影像曲线】对话框中各元素说明

元　素	说　明
【名称】元素	指定侧面影像曲线名称
【曲面参照】元素	用于指定投影轮廓曲线的参照曲面
【方向】元素	选取平面、曲线、边、轴或坐标系用于指定光源方向
【投影画面】元素	如果参照零件侧面上有凹凸部位，则可以使用该选项指定体积块或元件以创建正确的分型线
【间隙关闭】元素	用于检查侧面影像曲线中的断点及小间隙，并将其闭合
【环路选择】元素	用于排除多余的曲线。如果参照零件中的曲面没有拔模时，则系统在该曲面上方的边和下方的边都形成曲线链。这两条曲线不能同时使用，用户必须根据需要选取其中的一条曲线

本实例中的曲轴如果沿着默认投影方向开模，将会使设计变得复杂，并且与曲轴的拔模方向不相同，故拟修改开模方向，按曲轴拔模方向来修改侧面影像曲线投影方向。

（2）选择【侧面影像曲线】对话框中的【方向】→【定义】，出现如图 9-41（a）所示的【选取方向】菜单，默认【平面】→点选图 9-41（b）所示的工件前面，出现如图 9-41（c）所示的【方向】菜单→选择【正向】→单击【侧面影像曲线】对话框中的【预览】按钮，出现如图 9-42 所示的封闭的轮廓投影曲线→单击【确定】按钮，完成侧面影像曲线创建。

2）建立裙边曲面

（1）单击菜单【插入】→【模具几何】→【分型曲面】（或单击图标▱）命令。

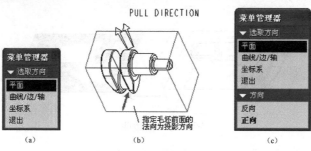

图 9-41 选取投影方向

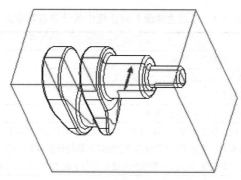

图 9-42 侧面投影曲线预览

（2）单击如图 9-36 所示的【编辑】菜单→【裙状曲面】命令→出现如图 9-43 示【裙边曲面】对话框和图 9-44 所示的【链】菜单。

单击【链】菜单中【退出】→单击【裙边曲面】对话框中【方向】→【定义】，又出现【选取方向】菜单→单击工件前面→单击【方向】菜单中【正向】命令→【链】菜单重新出现。

图 9-43 【裙边曲面】对话框

图 9-44 【链】菜单

（3）选择模型中已创建的"侧面影像曲线"特征→单击【链】菜单中的【完成】→单击对话框中的【预览】按钮，观看裙边曲面创建效果→单击【确定】按钮→单击✔按钮，完成分型面的创建，如图 9-45 左图所示。

（4）显示裙边曲面创建效果。单击菜单【视图】→【可见性】→【着色】→从【搜索工具】对话框中选取可显示的曲面面组→单击【关闭】按钮，如图 9-45 右图所示→单击【完成/返回】。

CAD/CAM 技术与应用

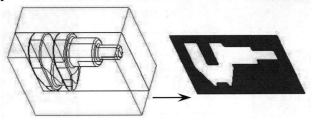

图 9-45　裙边曲面

【裙边曲面】对话框中各元素及其含义如表 9-4 所示。

表 9-4　【裙边曲面】对话框中各元素及其含义

元　素	含　义
【参照模型】元素	选取裙边的参照几何模型
【工件】元素	选取要定义裙边边界的一个或多个工件
【方向】元素	定义假想光源的方向
【曲线】元素	定义"侧面影像"曲线的相应段
【延伸】元素	改变曲线上选定点伸出长度的方向并可以从伸出长度中排除选定的曲线。当裙边曲面没有延伸到工件边界时，采用"延伸"可以方便地控制裙边分型面的方向，接受系统找到的默认的方向或交互式确定新的延伸方向。若用户对延伸方向不满意时，可以指定新的延伸方向
【环路闭合】元素	定义裙边分型曲面上的内环闭合
【关闭扩展】元素	定义关闭延伸
【拔模角度】元素	定义关闭拔模角度
【关闭平面】元素	选取或创建关闭平面。该项与【关闭扩展】配合使用，可实现定义关闭延伸并使曲面延伸截止到一个分型平面

说明：

参照模型和坯料不得遮蔽，否则【裙边曲面】命令不出现，无法使用。另外，使用该命令前，需创建分型曲线（即要先建立"侧面影像曲线"）。

6. 分割体积块

1）启动分割命令

单击菜单【编辑】→【分割】（或单击图标⬚）。

2）选择分割对象及分割数目

选择【分割体积块】菜单中的【两个体积块】→【所有工件】→【完成】。

3）指定用于分割的分型面

在工作区选择上一步创建的分型面→单击【选取】菜单中的【确定】项→单击【分割】对话框中的【确定】按钮。

4）预览体积块及确定体积块名

单击【属性】对话框中的【着色】按钮，加亮显示的体积块被着色显示出来，确认体积块没有问题→修改体积块名称为 dongmo→单击【确定】按钮→预览下一个体积块，修改名称为 dingmo→单击【确定】按钮。完成体积块创建。

> **小提示：** 如果着色显示时，发现体积块不符合要求，单击【属性】对话框中的【取消】按钮，退出分割操作，返回前面查找问题并解决后，再重新进行分割操作。

7．抽取模具元件

单击图标⬚→在【创建模具元件】对话框中，选取所有体积块→在【高级】区域里为要抽取的模具元件指定名称，分别为 quzhou-dongmo 和 quzhou-dingmo→单击对话框中【确定】按钮，在模型树中立即出现抽取后生成的模具元件实体特征标记 QUZHOU-DONGMO.PRT 和 QUZHOU-DINGMO.PRT。

8．建立铸模

单击【模具】菜单中的【铸模】→【创建】→在工作区下方输入铸模模型文件名为 QUZHOU-MOLDING→单击⬚按钮，完成铸模创建。

9．开模

（1）隐藏参照模型，右键单击模型树中的曲轴参照模型→在快捷菜单中单击【遮蔽】。

（2）重复步骤（1），完成工件及分型面的隐藏操作。

（3）开模操作。

① 单击【模具】菜单中的【模具进料孔】。

② 选择【定义间距】→【定义移动】→在工作区选取动模 QUZHOU-DONGMO→单击【选取】菜单中的【确定】→在工作区选取动模前面为移动方向的法平面→输入移动量 200→单击⬚按钮，完成开模的第一步。

③ 重复上述步骤②，完成"铸模"件的移动。

10．保存模具设计文件

单击⬚按钮，保存模具模型文件，删除旧版本，清理文件夹中多余文件。

实训 17　输液器管接头模具设计

本例设计输液器管接头模具，如图 9-46 所示。重点介绍运用分型面创建模具抽芯、侧滑块等操作方法。

1．模具设计前的准备工作

1）设置工件目录

在指定硬盘上建立文件夹，命名为 suyefentou→找到已建立好的输液器管接头模型文件，复制到该文件夹中→设置该文件夹为工作目录。

2）建立输液器管接头模具设计过程文件

单击⬚按钮→选择【类型】为【制造】→【子类型】为【模具模型】→输入文件名为

suyefentou-mold→采用公制模板 mmns_mfg_mold→【确定】，进入模具设计模块。

3）隐藏拖动方向箭头

单击菜单【工具】→【环境】→取消【拖动方向】选项→【应用】→【关闭】。

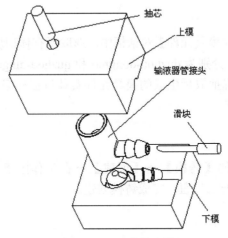

图 9-46　输液器管接头模具

2．创建模具模型

1）装配参照模型

（1）装配输液管接头参照模型。

单击【模具】菜单中的【模具模型】→【装配】→【参照模型】→选择 suyefentou.prt→【打开】。

（2）定义装配约束。

选择约束类型为 □ 缺省，将参照模型按默认放置→单击 ✓ 按钮，完成装配约束。

（3）创建参照模型。

在出现的【创建参照模型】对话框中，采用默认选项→单击【确定】按钮，完成曲轴模型，如图 9-47 所示。

2）设计工件

单击【模具模型】→【创建】→【工件】→【自动】→在【自动工件】对话框中，默认工件名称为 SUYEFENTOU-MOLD_WRK→选取系统坐标系 MOLD_DEF_CSYS，以确定"模具原点"→采用"标准矩形"工件→单位取 mm→在【偏移区】的【X 方向】正负向文本框中均输入 20→【Y 方向】负向文本框中输入 20，正向文本框中输入 30→【Z 方向】负向文本框中输入 20，正向文本框中输入 30→单击【确定】按钮→单击菜单中的【完成/返回】，完成工件创建，如图 9-48 所示。

3．设置输液器管接头模型的收缩率

单击【模具】菜单中的【收缩】→【按尺寸】→按下 1+S 按钮→取消【更改设计零件尺寸】前的对钩→输入所有尺寸的收缩率 0.005→按回车键→单击 ✓ 按钮→单击菜单中的【完

成/返回】。

图 9-47 输液器管接头模型

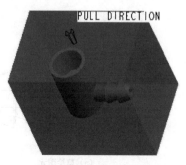

图 9-48 输液器管接头模具模型

4．建立分型面

1）创建分型面 1（滑块）

（1）单击图标 命令。

（2）遮蔽工件。

（3）单击菜单【编辑】→【属性】→默认分型面名 PART_SURF_1→【确定】。

（4）选种子曲面（如图 9-49（a）所示的侧圆柱孔表面）→按住【Shift】键，选边界曲面（如图 9-49（b）所示的圆锥面、锥面过渡圆弧面、右侧过渡圆弧）→松开【Shift】键，PRO/E 会选择种子曲面到边界曲面之间的所有曲面（包括种子曲面，不包括边界曲面）。

（5）按【Ctrl+C】组合键复制→按【Ctrl+V】组合键粘贴，系统将打开【粘贴】操控板→在【粘贴】操控板中，单击【选项】→点选【按原样复制所有曲面】→单击操控板上的 按钮，完成复制曲面，如图 9-49（c）所示。

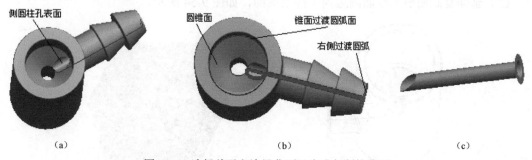

（a）   （b）   （c）

图 9-49　选择种子和边界曲面及生成复制的曲面

（6）取消遮蔽工件。

（7）创建一个拉伸曲面，以补相贯孔。

单击图标 →选取工件前端面为草绘平面，用【通过边创建图元】命令，以图 9-49 所示的侧圆柱孔与圆锥面相贯的轮廓生成草绘，如图 9-50（a）所示→拉伸到工件另一侧面，封住相贯孔，结果如图 9-50（b）所示。

（8）将拉伸曲面与复制曲面合并，完成补破孔。预览效果，如图 9-51 所示。

（9）延伸曲面大端到工件端面。预览曲面效果，如图 9-52 所示。

（10）单击 按钮，退出分型创建。

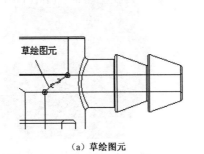

（a）草绘图元

（b）拉伸曲面

图 9-50　补相贯孔

图 9-51　滑块曲面合并结果

图 9-52　滑块曲面延伸后

2）创建分型面 2（抽芯）

（1）单击图标□命令→单击菜单【编辑】→【属性】→默认分型面名 PART_SURF_2→【确定】。

（2）选取垂直孔及其上端面→按【Ctrl+C】和【Ctrl+V】组合键→【按原样复制所有曲面】→单击☑按钮，完成复制曲面，如图 9-53 所示。

（3）延伸复制曲面上端面圆边到工件上端面，如图 9-54 所示。

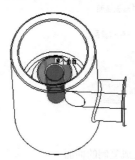

图 9-53　复制曲面

图 9-54　分型面 2

3）创建分型面 3（主分型面）

（1）单击图标□命令。

（2）遮蔽工件。

（3）单击菜单【编辑】→【属性】→默认分型面名 PART_SURF_3→【确定】。

（4）单击图标□→选取工件前表面为草绘平面，绘制直线，拉伸到草绘后侧面，结果如图 9-55（a）所示。

（5）旋转锥曲面→合并拉伸曲面与旋转锥曲面，结果如图 9-55（b）所示。

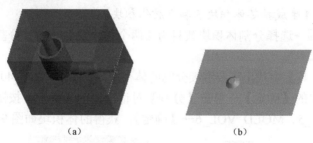

（a）　　　　　　　　　　　　（b）

图 9-55　分型面 3

5．分割体积块

1）分割工件生成滑块体积块 2 及体积块 1

（1）单击图标■→选择分割体积块数目为【两个体积块】→选择分割对象为【所有工件】→单击【完成】。

（2）选取分型面 1→单击【选择】菜单中的【确定】→单击【分割】对话框中的【确定】按钮→保留默认的体积块名称 MOLD_VOL_1、MOLD_VOL_2→【确定】，获得的体积块如图 9-56 所示。

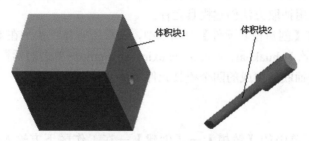

图 9-56　体积块 1 和体积块 2

2）分割体积块 1 生成新体积块 3 和体积块 4

（1）单击图标■→选择分割体积块数目为【两个体积块】→选择分割对象为【模具体积块】→单击【完成】。

（2）从【搜索工具】中找出需要继续分割的体积块（MOLD_VOL_1）→选取分型面 3→单击【选择】菜单中的【确定】→单击【分割】对话框中的【确定】按钮→保留默认的体积块名称 MOLD_VOL_3、MOLD_VOL_4→【确定】，获得的体积块如图 9-57 所示。

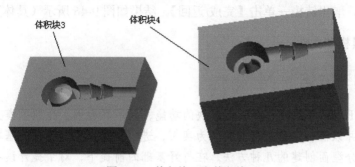

图 9-57　体积块 3 和体积块 4

3）分割体积块 4 生成抽芯体积块 5 和上腔体积块 6

（1）单击图标 □→选择分割体积块数目为【两个体积块】→选择分割对象为【模具体积块】→单击【完成】。

（2）从【搜索工具】中找出需要继续分割的体积块（MOLD_VOL_4）→选取分型面 2→单击【选择】菜单中的【确定】→单击【分割】对话框中的【确定】按钮→保留默认的体积块名称 MOLD_VOL_5、MOLD_VOL_6→【确定】，获得的体积块如图 9-58 所示。

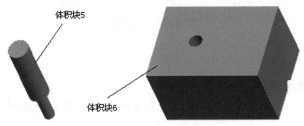

体积块5

体积块6

图 9-58　体积块 5 和体积块 6

6．创建模具元件

前面创建了 6 个体积块，它们不都是有用的模具元件，究竟哪些是有用的，系统会在抽取时自动识别。下面用抽取方法创建模具元件。

单击图标 ❖→在【创建模具元件】对话框中，选取所有体积块→在【高级】区域里为模具元件指定名称，依次为 huakuai、xiamo、couxin、shangmo→单击对话框中的【确定】按钮，在模型树中立即出现抽取后生成的四个模具元件实体文件。

7．试模

单击【模具】菜单中的【铸模】→【创建】→在工作区下方输入铸模模型文件名为 SUYEFENTOU-MOLDING→单击 ✔ 按钮，完成铸模创建。

8．开模

（1）用遮蔽命令隐藏干扰开模的特征。

单击图标 ▨（遮蔽或显示）→在【遮蔽—取消遮蔽】对话框上遮蔽分型面、工件、参照模型，完成遮蔽后，单击【关闭】按钮。

（2）单击菜单【模具】→【模具进料孔】→按【模具孔】菜单提示，先移出后面的滑块，再分开上、下模，取出铸模→单击【完成/返回】。结果如图 9-46 所示（具体开模步骤略）。

9．保存模具模型文件

知识梳理与总结

本章介绍了 Pro/E 系统中模具设计模块的功能，以吊环为例，介绍了模具型腔设计的基本方法和步骤，并以曲轴、输液器管接头为实例，进一步介绍模具设计的基本技术与技巧，尤其重点介绍了分型面创建的几种方法，在打好基础的前提下，对于提升读者的模具设计水平和能力很有帮助。

分型面实际上就是曲面面组，所以 Pro/E 中可以创建曲面的特征都可以用来设计分型面，设计过程中应当根据产品的状态特点，选择合适的分型面特征创建曲面片，再用曲面合并工具得到整个分型面。

因篇幅的原因，本书没有介绍浇注系统、水线系统的建立方法，对于检测方面也简单介绍了使用方法。

习 题 9

1．单分型面模具设计

建立如图 9-59 所示的端盖产品模具。创建过程与吊环模具创建过程相似。

操作提示：

（1）在建立分型面时，对于表面破孔必须填补。但是，如果采用了裙状曲面、阴影曲面方法，分型面上的破孔由系统自动填补了。

（2）该产品的分型面创建方法有多种，请尝试采用复制粘贴、拉伸、填充、着色（阴影曲面）、裙状曲面等方法。可以采用一种方法也可以采用多种方法组合创建出完整的分型面（其中的阴影曲面法、裙状曲面法可以独立应用）。

2．含侧向分型结构的模具设计

图 9-60、图 9-61 所示的产品模具是含有侧向分型结构的模具，它与前面讲述的输液器管接头模具设计过程相似。

操作提示：

该模具的分型面要复杂些，它包含有曲面的延伸与裁剪，同时也有曲面的破孔的补漏。

3．含有多个侧向分型结构的模具设计

图 9-62、图 9-63 所示的产品模具是含有多个侧向分型结构的模具，它与前面讲述的输液器管接头模具设计过程相似。

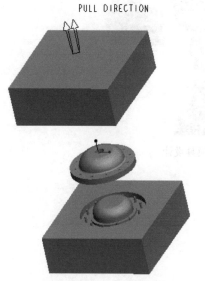

图 9-59　端盖分型面设计

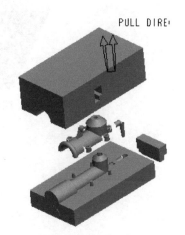

图 9-60　含侧向分型结构的模具设计（1）

操作提示:

(1) 对称侧向滑块可以用创建圆柱分型面分割,也可以用圆柱体积块处理。

(2) 带螺旋结构的侧向滑块,创建体积块比创建分型面要方便些。

图 9-61　侧向分型结构的模具设计 (2)　　　图 9-62　多侧分型结构的模具设计

图 9-63　泵体模具设计

第10章

数控加工——Pro/NC

教学目标	1. 了解制造模块环境的界面基本操作
	2. 了解特征表面各种加工方法的概念
	3. 理解制造模块中"参考模型"与"工件"等重要含义
	4. 掌握常见加工方法组件的创建
	5. 了解将工序生成后置处理文件的方法
知识点	1. 制造模型的创建
	2. 工作机床、刀具、操作及参数等设置
	3. 加工、NC 序列及各种辅助加工方法的操作
	4. 演示刀具轨迹
重点与难点	1. 参考模型及工件的含义及装配
	2. 工作机床、刀具、操作等设置
	3. 综合应用加工方法建立出符合要求的制造组件
教学方法建议	采用投影仪讲解，结合多媒体教学软件组织教学，讲练结合，通过实例进行强化训练
学习方法建议	1. 课堂：多动手操作实践
	2. 课外：课前预习，课后练习，勤于动脑，平时多观察身边的物体与所学知识联系应用
建议学时	16 学时

在实际生产过程中，加工一个零件模型会涉及很多内容，比如毛坯的确定、工艺规程的确定、夹具的确定、机床的选择、刀具的选择，以及切削用量的选择等，其中切削用量又包括切削速度、进给量和切削深度（背吃刀量）等。

切削用量的设定需要长期的实践经验积累，因此本章学习的重点应放在怎样生成刀具轨迹以及如何生成后处理文件上。

10.1 数控加工过程

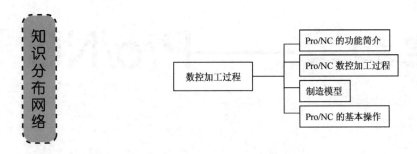

10.1.1 Pro/NC 的功能简介

采用"图形交互自动编程"方法的 CAD/CAM 软件是随着数控机床的广泛应用而发展起来的，特别适用于具有复杂外形及各种空间曲线、曲面的模具类零件的自动编程。作为集成化的 CAD/CAM/CAE 系统，Pro/ENGINEER 提供了功能强大的加工制造模块——Pro/NC 模块。

Pro/NC 提供了包括数控车床、数控铣床、数控线切割、加工中心等自动编程方法。

Pro/NC 模块可以根据不同公司的需求，对可用功能模块进行任意组合的可选模块，其不同模块及应用范围如表 10-1 所示。

表 10-1　Pro/NC 的功能模块

模 块 名 称	功　　能
铣削	两轴半铣床加工
	三轴至五轴铣床加工
车削	两轴车床及钻孔加工
	四轴车床及钻孔加工
铣削/车削	两轴至五轴铣床及车床综合加工
WEDM（线切割）	两轴和四轴线切割数控加工

10.1.2 Pro/NC 数控加工过程

Pro/NC 能生成驱动数控机床加工 Pro/ENGINEER 零件的必需的数据和信息。Pro/NC 所提供的工具使加工人员遵循一系列的逻辑步骤，从设计模型到生成 ASCII 刀位数据文件，再经后置处理生成数控加工程序。

使用 Pro/NC 模块设计加工流程与实际加工的思维逻辑相似，其加工流程如图 10-1 所示。具体流程说明如下。

1）建立制造模型

制造模型一般由一个设计模型和一个工件装配组成。

制造模型中可以包含工件，也可以不包含，包含工件的优点是可以计算加工的范围、模拟材料的加工切削情况和查询加工材料切削量等。

2）建立制造数据库

制造数据库包含机床设置、刀具设置、夹具设置、地址设置、刀具表等项目。其中有些项目可以在加工过程中需要定义时再进行设置。

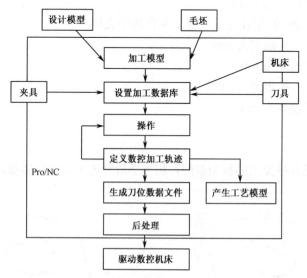

图 10-1　Pro/NC 的加工流程

3）定义操作

操作实质上就是将数控加工工艺告诉给 Pro/NC，使其能按人们的要求生成 NC 程序指令，这一般也叫做生成 NC 序列。操作设置一般包括操作名称、定义机床、定义 CL 输出坐标系、操作注释、设置参数操作、定义起始点和返回点（即本道工序加工完成后的安全退刀点）等。

4）定义 NC 序列

通过定义 NC 序列的类型、切削参数和制造参数，由系统自动生成刀具轨迹。

5）校验及生成 NC 代码文件

通过仿真操作可以对生成的刀具轨迹进行检查，如果不符合要求，则应对 NC 序列即时进行修改；如果刀具轨迹符合要求，则可以通过后置处理，生成 NC 代码文件，驱动数控机床进行加工。

10.1.3　制造模型

使用 Pro/NC 进行加工程序设计时，要先设计出加工所需的制造模型。在制造模型上通过适当的设置，定义加工中所需的刀具和工艺参数，才能产生正确的加工刀具轨迹，从而生成正确、合理的数控程序。

一般制造模型由【参考模型】和【工件】组合而成。

参考模型也就是设计模型，其几何形状表示数控加工最终完成时的零件形状。Pro/NC 模块中的参照主要以 Pro/ENGINEER 所设计的零件几何模型为主。参照模型上的特征、曲面、曲线、边和点等均可以作为产生刀具轨迹的参照。

工件的形状应是零件在进行本道工序加工之前的材料形状。

使用工件在生成 NC 工序时可以自动定义加工尺寸；可以做加工模拟和运动干涉检查。参考模型和工件主要在设计部分完成。如果形状简单，也可以在加工模块中直接创建，特别是工件常常如此，如图 10-2 所示。

一个制造模型用 Pro/E 创建完成，通常包含四个文件：

（1）参考模型——扩展名为.prt；

（2）工件——扩展名为.prt；

（3）制造文件——扩展名为.mfg；

（4）组件——扩展名为.asm。

1．参考模型

参考模型是完成各种加工的模型参照，相当于最终加工完成后需要达到形状，如图 10-3 所示。

图 10-2　制造模型

图 10-3　参考模型

2．工件

Pro/NC 中的工件，其几何形状为被加工零件尚未经过切削加工的形状，表示在进行本道工序加工之前的原件，如图 10-4 所示。

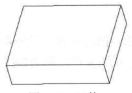

图 10-4　工件

10.1.4　Pro/NC 的基本操作

1．Pro/NC 加工的基本过程

1）启动 Pro/NC 模块

在 Pro/ENGINEER 中 Pro/NC 模块属于加工制造模块，所以新建 NC 文件时应在【新建】对话框中选取【类型】为【制造】，【子类型】为【NC 组件】，如图 10-5 所示。

2）建立数控加工所需的基本数据库

这些数据包括机床、刀具、夹具、工艺参数及刀具表等的选择和参数设置。这一过程可以首先完成，也可以在后面需要时再完成。

3）定义一个操作

操作实际上就是一系列 NC 工序的集合。操作的设置包含以下内容：

（1）操作的名称；

（2）定义加工机床；

（3）定义刀位数据输出的参考坐标系；

（4）关于本操作的备注；

（5）设置操作的基本参数；

（6）定义初始点及返回点。

图 10-5　新建 NC 组件文件

定义完操作后就可以定义该操作所包含的 NC 加工的各工序。其中必须完成的是机床和坐标系的定义，其他设置内容是可选的。

4）为指定的操作定义 NC 工序

工序实质上就是由专用后处理词语所描述的一系列刀具运动轨迹。一旦指定了 NC 工序的类型、切削部位和加工参数，Pro/NC 将自动产生刀具运动轨迹。

5）定义被切削材料的特征

完成 NC 工序的定义后，有两种方法可以定义被切削材料的特征。一是系统自动根据设计模型的几何特征完成对材料的切削；二是可以在工件上构成几何特征来定义切削。

2. Pro/NC 模块的操作界面

进入 Pro/NC 模块设计环境，主工作界面窗口如图 10-6 所示。

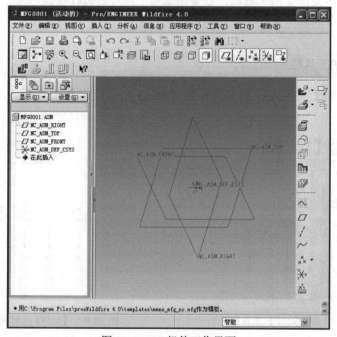

图 10-6　NC 组件工作界面

3. Pro/NC 的菜单

在 Pro/E 中 Pro/NC 模块打开后，主工作界面右侧会弹出【制造】菜单，在进行数控加工操作时，【制造】菜单的使用频率最高，加工中几乎所有的操作都可以在其中完成。

【制造】菜单如图 10-7（a）所示。

【制造模型】菜单如图 10-7（b）所示，它用来设置加工模型。参考模型和工件的创建及修改可以在【制造模型】菜单中完成。

【制造设置】菜单用来设置加工机床、刀具、夹具、工件坐标系等，如图 10-7（c）所示。

（a）【制造】菜单　　　　（b）【制造模型】菜单　　　　（c）【制造设置】菜单

图 10-7

【加工】菜单用来定义加工数据，即说明本道工序究竟做什么。

【制造】菜单中的其他选项，其功能和用法与零件设计中的菜单类似。

4．Pro/NC 的工具栏

在窗口右侧有【制造元件】工具栏和【MFG 几何模型】工具栏，分别如图 10-8 和图 10-9 所示。

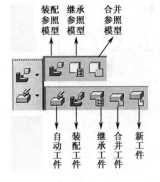
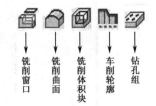

图 10-8　【制造元件】工具栏　　　　图 10-9　【MFG 几何模型】工具栏

10.2 平面铣削——型腔平面铣削加工

平面加工可以用来粗加工或精加工与退刀面平行的大面积或平面度要求较高的平面，加工表面可以是一个平面也可以是几个共面的平面。

进行表面加工的平面中，所有的内部轮廓（包括槽和孔等）将被系统自动排除，系统根据所选的面生成相应的刀具轨迹。同时，表面加工用于向下铣削工件，因此对内部岛屿或相邻边界不进行干涉检查。

平面铣削可以使用平头铣刀或端铣刀加工。在进行加工时尽量采用粗铣和精铣两次走刀，对于加工余量大又不均匀的粗加工，铣刀直径要先小些以减小切削扭矩；对于精加工，铣刀直径可以大些，最好能包容待加工平面的整个宽度。

平面铣削所选的机床应为铣床或车铣中心。一般来说，采用两轴半联动功能的数控铣床即可完成平面的铣削加工。

在加工工艺参数设置中几个重要参数的设置如下。

（1）加工到指定深度的分层切削次数由"步长深度"和"序号切割"决定。

① 步长深度：分层切削中的每一层的加工厚度就表示这一次的步长深度。如加工的总切深为 10mm，步长深度设为 4，系统计算的分三层切削次数为三次，前两次为 4mm，第三次为 2mm。

② 序号切割：加工到指定深度的分层切削次数。

系统根据由步长深度计算出的分层切削次数，与序号切割所设定的次数比较，使用其中的较大值。如果切削只需要一次加工，可将步长深度设置得较大，大于总切深，而序号切割设为 1 即可。

（2）每一层的走刀次数由"跨度"和"数目通路"控制。

① 跨度：加工轨迹相邻两条走刀轨迹间的宽度，该参数应小于刀具直径。

② 数目通路：每一层中的走刀次数。

系统通过跨度计算出每一层的走刀次数与数目通路所设置的次数比较，以数值较大者作为加工中的每一层的走刀次数，但当数目通路设为 1 时，系统将忽略跨度值，每一层只切一刀，这种情况只有在刀具宽度大于工件宽度时才有意义。

（3）平面铣削刀具路径的起点和终点由起始超传播和终止过调量控制。

① 起始超传播：指刀具路径起点处刀具参考点距工件轮廓的距离。

② 终止过调量：指刀具路径终点处刀具参考点距工件轮廓的距离。这两个参数对每次走刀都起作用。

"进刀距离"和"退刀距离"是每一层第一刀切入和最后一刀切出的附加距离。

"入口边"和"间距边"分别定义切入和切出时刀具的参考点。有三个选项：

a. 引导边：以刀具的前端为参考点；

b. 中心：以刀具的中心为参考点；

c. 棱：以刀具的后端为参考点。

此处刀具的前后端是以刀具的前进方向来判断的。

所以每一层的第一刀起点处刀具的参考点距工件轮廓的距离为起始超传播与进刀距离

CAD/CAM 技术与应用

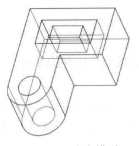

图 10-10 参考模型

的和；相同的，每一层的最后一刀终点处刀具的参考点距工件轮廓的距离为终止过调量与退刀距离的和。

下面以型腔平面铣削的加工过程为例，来说明 Pro/NC 平面铣削的操作方法。

要用平面铣削方式加工如图 10-10 所示的工件上表面，材料为 45 钢，加工余量为 10 mm。

1. 创建参考模型

以文件名为 10_2.prt 创建参考模型,创建一个拉伸实体，其草绘图如图 10-11 所示，拉伸长度为 100。

以减材料的方式创建拉伸，以实体上表面为草绘面，其草绘图如图 10-12 所示，拉伸长度为 50。

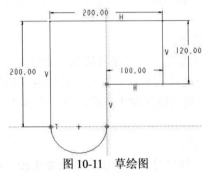

图 10-11 草绘图

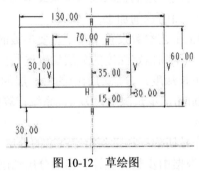

图 10-12 草绘图

再创建一个直径为 50 的通孔，参考模型显示如图 10-10 所示。

参考模型创建完成，存盘，关闭窗口。

由于这里的平面铣削加工工件比较简单，所以在制造模型中直接创建比较方便。

2. 创建制造文件

单击菜单【新建】→【制造】→【NC 零件】，输入加工文件名"10_2"，然后单击【确定】按钮，注意在【新建】时去掉【使用默认模板】前面的对钩，使用 mmns_mfg_nc 模板，如图 10-13 和图 10-14 所示。

图 10-13 【新建】对话框

图 10-14 mmns_mfg_nc 模板

3. 设置参照模型和工件

（1）在系统弹出的菜单中依次选择【制造模型】→【装配】→【参照模型】。

（2）系统弹出【打开】对话框，双击打开前面所创建的 10_2.prt 文件，如图 10-15 所示。系统自动调入 10_2.prt 参照模型，如图 10-16 所示。

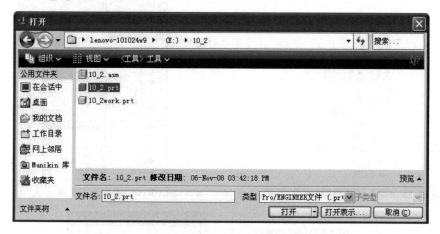

图 10-15　【打开】对话框

（3）系统在区下方弹出装配操作板 ![放置 移动 挠性 属性] 。单击【放置】按钮，再在【约束类型】下拉菜单框中单击【缺省】项。此时装配操作板中的【状态】显示为【完全约束】，则系统已自动确定好了参照模型的空间装配位置，如图 10-17 所示。

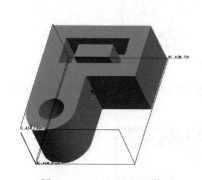

图 10-16　调入的参照模型

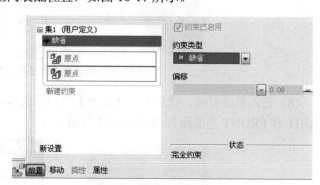

图 10-17　调入的参照模型

（4）单击装配操作板 ![图标] 中的 ![勾选] 按钮，这时在空间中显示出已安装好的参照模型，特征树里显示如图 10-18 所示。

（5）在【制造模型】菜单中选择【创建】，然后在弹出的【制造模型类型】菜单中选择【工件】，如图 10-19 所示。

（6）系统主窗口下方的消息框提示输入零件名称，输入"10_2work"，系统弹出【特征类】菜单→选择【实体】，在【实体】中选择【伸出项】，弹出【实体选项】菜单，依次选择【拉伸】、【实体】和【完成】。

（7）在下方的弹出操作板上选择【放置】→【定义】，系统弹出【草绘】窗口，选择刚才装配好的参照模型底面作为草绘平面，所选平面及【草绘】窗口如图 10-20 所示。

图 10-18　调入参照模型后的特征树　　　　　图 10-19　依次选取菜单方式

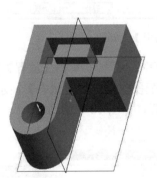

图 10-20　所选平面及【草绘】窗口

（8）进入草绘界面，弹出草绘【参照】窗口，选择前模型的两个垂直面为参照（此处为 RIGHT 和 FRONT 基准面），如图 10-21 所示。

图 10-21　草绘窗口

（9）现在开始草绘，单击从边创建图元按钮 ，单击 完成草绘并自动退出草绘界面。

（10）在窗口下方的操作板上的拉伸选项中选择 ，在输入框中输入 110，用鼠标中键确认，单击【拉伸】对话框的【确定】按钮，完成工件的创建。

（11）在【制造模型】菜单中选择【完成/返回】，完成制造模型的建立。完成的制造模型如图 10-22 所示。

> **小提示：** Pro/E 4.0 新增的【自动工件】命令，可方便创建工件操作。

4．制造设置

（1）单击【制造】菜单中的【制造设置】，系统弹出【操作设置】对话框，如图 10-23 所示。

图 10-22 制造模型

图 10-23 【操作设置】对话框

（2）单击 NC 机床后面的 ，系统弹出【机床设置】对话框，将机床名称设置为 MILL01，类型为铣削，轴数为 3 轴，【主轴】选项卡中的最大速度设置为 6000，其他默认，如图 10-24 所示。

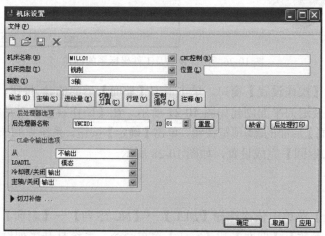

图 10-24 【机床设置】对话框

（3）单击【切削刀具】选项卡，然后单击【切削刀具设置】图标 ，输入刀具名称 T0002，类型为端面铣削，其他参数如图 10-25 所示，依次单击【应用】按钮→【确定】按钮→【确定】按钮。

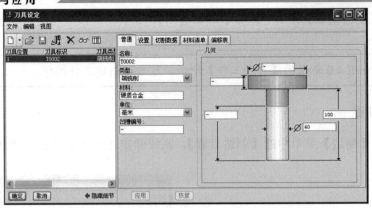

图 10-25 【刀具设定】对话框

（4）系统返回【操作设置】窗口，单击【加工零点】后的 按钮，设置加工零点。选择主绘图窗口右边的基准坐标系工具 ✗ 创建工件坐标系，再选择工件一顶点上的三个面，并且通过【方向】控制使 Z 向上，操作设置及工件坐标系的创建如图 10-26 所示。

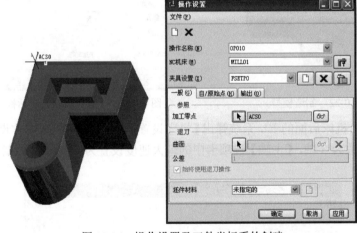

图 10-26 操作设置及工件坐标系的创建

（5）系统返回【操作设置】窗口，单击退刀【曲面】后面的 按钮，出现【退刀设置】对话框，退刀设置及退刀平面创建如图 10-27 所示。在【操作设置】对话框中，单击【加工零点】和退刀【曲面】后面的 预览按钮，单击【确定】按钮。系统返回操作设置，单击【确定】按钮→【完成/返回】完成设置，如图 10-28 所示。

5．加工设置

（1）在【制造】菜单中依次选择【加工】→【NC 序列】→【表面】→【3 轴】→【完成】→【刀具】、【参数】、【曲面】和【完成】菜单命令，系统打开序列设置菜单。此处加工必须对刀具进行设置：选择刚才已经创建好的图 10-25【刀具设定】对话框中的【T0002】，然后单击【确定】按钮。

（2）刀具定义完成后，还要进行 NC 序列参数设置。在系统弹出的【编辑序列参数"面铣削"】对话框中，设置具体的加工参数，如图 10-29 所示，右侧底纹为浅粉色参数必须设置。

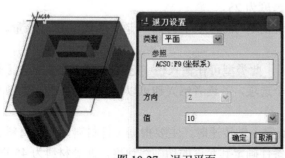

图 10-27　退刀平面

图 10-28　完成操作设置

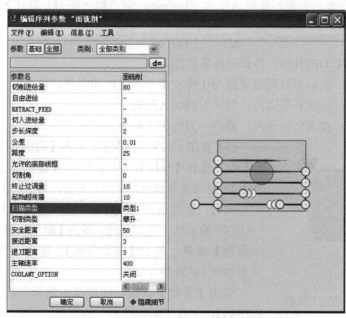

图 10-29　【编辑序列参数"面铣削"】对话框

制造参数中的各参数含义如下。

① 切削进给量：切削运动的进给速度，主要受工件材料、刀具材料和切削类型的影响，可通过查表确定进给速度范围，此处所用刀具为硬质合金，选用的进给速度为 80。

② 自由进给：刀具未进入切削时在 XY 平面内的快速移动速度，缺省时按机床最大速度移动。

③ RETRACT_FEED：刀具未进行切削时沿 Z 轴向下的快速移动速度，缺省时按机床最大速度移动。

④ 切入进给量：刀具在工件表面上方由快进转为工进的距离。

⑤ 步长深度：设置每一次切割的递增深度，即切除金属层 Z 向厚度。在粗加工阶段，

当工艺系统刚性允许时，为提高生产效率，这个值可以选取较大，一般为 2～8，在精加工时为了保证加工精度，应选取较小的步长深度，一般为 0.2～1，此处选用步长深度为 6，材料需要切除的总厚度为 10 mm，所以要分两次切削。

⑥ 跨度：为铣削刀具设置每一次通路的距离，即刀具横向刀具量，从工艺上讲跨度值只要是小于刀具直径的正数都可以，但实际上为了兼顾加工质量和效率，这个值常取刀具直径的 1/2～2/3。本例中刀具直径为 40，取跨度为 25。

⑦ 允许的底部线框：若设置此数据表示在沿退刀面的方向要为下一道工序留出的加工余量。

⑧ 切割角：改变进给路线的方向。

⑨ 扫描类型：选择加工区域走刀方式，此类型可在输入栏中选择，有【类型一】、【类型一方向】、【类型三】和【类型螺旋】四个选项，若读者感兴趣可以分别选择各种类型细看各走刀方式的区别。

⑩ 主轴速率：主轴的旋转速度。在确定主轴转速时，主要根据工件材料、刀具材料、机床功率和加工性质（如粗、精加工）等条件确定其允许的切削线速度。此处材料为 45 钢、刀具材料为硬质合金，查表得铣削速度为 50 m/min，则主轴（铣刀）转速为：

$$n = \frac{1000v}{\pi D} = \frac{1000 \times 50}{3.14 \times 40} \approx 400 \text{ r/min}$$

⑪ COOLANT_OPTION：冷却液流量控制。

⑫ 安全距离：表示刀具回退平面与工件安全平面之间的距离，这个数必须是正值。

⑬ 接近距离：在 XY 平面内，第一刀的切入距离。

⑭ 退刀距离：在 XY 平面内，最后一刀的切出距离。

图 10-30　模拟演示的走刀轨迹

（3）在图 10-29 对话框中，单击【确定】按钮，系统弹出曲面拾取，选择【模型】、【完成】，系统提示【选择要加工模型的曲面】，这时选择参照模型的上表面，然后单击【完成/返回】。

此时已经完成加工设计，下面可以进行模拟走刀。

（4）演示加工走刀轨迹：单击【演示轨迹】，系统弹出【演示路径】菜单，单击【屏幕演示】，单击 ▶ 按钮，模拟演示如图 10-30 所示。

单击【关闭】按钮，结束模拟演示。选择菜单中的【完成序列】，完成平面铣削加工的创建。

10.3　体积块铣削——型腔粗加工

体积块加工是 Pro/NC 模块中最基本的材料去除方法和工艺手段。

体积块加工主要用在切削余量较大的粗加工中，且加工后为其他加工还留有部分余量。体积块加工主要用于以下几个方面：

（1）去除工件外部材料；

（2）对工件进行 2 轴半的等高分层加工；

（3）切削余量较大的凹槽粗加工。

体积块加工所产生的刀具轨迹会根据制造几何形状——铣削体积块或铣削窗口，以等高

分层的形式去除材料，即在体积块加工中材料是一层一层的去除，所有层的切面与退刀面平行。每层的深度由参数"步长深度"和"侧壁扇形高度"共同决定。层间允许的最小距离由参数"最小步长深度"控制。每一层中走刀的行距由"跨度"、"数目通路"、"底部扇区高度"和"跨度调整"控制。

下面以型腔粗加工为例，来说明 Pro/NC 体积块铣削的操作方法。

型腔参考模型如图 10-31 所示，其材料为 45 钢，要求用体积块铣削方式对模型上凹槽部分进行粗加工。

1. 设计参考模型

单击菜单【文件】→【新建】，创建文件名为 10_3.prt、【子类型】为【实体】的公制 mmns_part_solid 零件文件。

系统进入零件设计环境，创建长、宽、高为 150、100、100 的拉伸实体。以实体的顶面为草绘平面，草绘图如图 10-32 所示，创建减材料的拉伸特征，拉伸长度为 40。

2. 创建制造文件

制造文件的创建方法和 10.2 节中制造文件的创建方法相同。

单击菜单【新建】→【制造】→【NC 零件】，输入加工文件名"10_3"，然后单击【确定】按钮，注意在【新建】时去掉【使用缺省模板】前面的复选钩，使用 mmns_mfg_nc 模板。

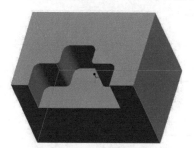

图 10-31　型腔参考模型

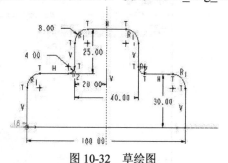

图 10-32　草绘图

3. 设置参照模型和工件

其设置方法和平面铣削加工基本相同。

（1）在系统弹出的菜单中依次选择【制造模型】→【装配】→【参照模型】，系统弹出【打开】对话框，选择前面所创建的 10_3.prt 文件并打开，然后系统在区下方弹出装配操作板 放置 移动 挠性 属性 。单击【放置】，再在【约束类型】下拉菜单框中单击【缺省】项。此时装配操作板中的【状态】显示为【完全约束】，再单击装配操作板中的按钮，这时在工作区中显示出已安装好的参照模型，特征树里显示如图 10-33 所示。

（2）在【制造模型】菜单中选择【创建】按钮，然后弹出的【制造模型类型】菜单中选择【工件】按钮。系统主窗口下文的消息框提示输入零件名称，输入"10_3work"，系统弹出【特征类】→【实体】菜单，在【实体】中选择【伸出项】，弹出【实体选项】，选择【拉伸】、【实体】和【完成】。然后系统进入工件设计状态，在原参照模型坐标位置创建长、宽、高分别为 150、100、100 的拉伸实体。完成的制造模型如图 10-34 所示。

图 10-33　调入参照模型后的特征树

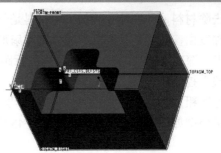

图 10-34　制造模型

4. 制造设置

（1）在【制造】菜单中选择【制造设置】，系统显示【操作设置】对话框。

（2）单击【NC 机床】后面的 按钮，系统弹出【机床设置】对话框，将机床名称设置为 MILL01，类型为铣削，轴数为 3 轴。

（3）单击【切削刀具】→单击【切削刀具设置】图标 ，输入刀具名称 TOOL001，这里的刀具类型应该选择铣削，刀具有一定的拐角半径，而不能选择端铣削，因为此处会加工到内凹槽。

其他参数如图 10-35 所示，依次单击【应用】按钮→【确定】按钮→【确定】按钮。

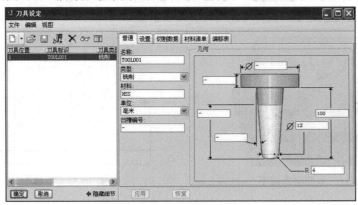

图 10-35　刀具设定

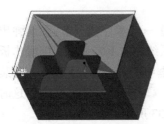

图 10-36　设置好的制造坐标系和退刀平面

（4）【制造坐标系】及【退刀曲面选项】的设置方法和 10.2 节中相似，最终设置好的制造坐标系和退刀平面如图 10-36 所示。

（5）系统返回【制造】菜单，单击【加工】→【NC 序列】→【加工】/【体积块】/【3 轴】→【完成】→【刀具】、【参数】、【体积】→【完成】，系统自动弹出【刀具设定】对话框，选择刚才建立的 TOOL001 刀具，单击【确定】按钮。

（6）系统弹出【编辑序列参数"体积块铣削"】对话框，设置各参数如图 10-37 所示。

制造参数中【允许轮廓坯件】表示在铣削切割后材料为精加工留下的加工余量。体积块铣削中这个值一般要求大于零，小于【允许未加工坯件】值。

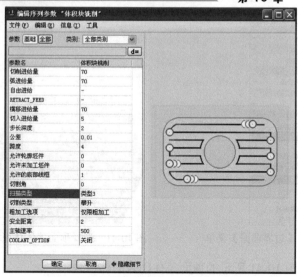

图 10-37　【编辑序列参数"体积块铣削"】对话框

【允许未加工坯件】表示在体积铣削后若还要进行其他方法的粗加工，原料量留给粗加工刀具的横向轨迹量。

【制造参数】中其他参数含义见 10.2 节。

（7）单击【确定】，信息提示 选取先前定义的铣削体积块。单击主菜单中的【插入】→【制造几何】→【铣削体积块】，然后再单击主菜单中的【编辑】→【收集体积块】，弹出【聚合步骤】菜单，选择【选取】、【封闭】后单击【完成】，弹出【聚合选取】菜单，如图 10-38 所示。

（8）选择【曲面和边界】→【完成】，消息框提示 选取一个种子曲面。如图 10-39 所示，选择参考模型的凹槽内侧任一曲面（如 a 面）作为种子面。

（9）系统弹出如图 10-40 所示的【曲面边界】菜单，选择【边界曲面】选项，在【特征参考】菜单中选择【添加】，同时系统的消息框提示 指定限制加工曲面的边界曲面。选择将凹槽封闭起来的顶面 b 和前面 c 为边界曲面，然后单击【完成参考】。

图 10-38　【聚合选取】菜单

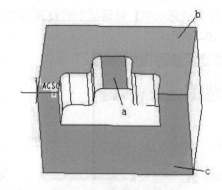

图 10-39　选择种子曲面

（10）在【曲面边界】菜单中单击【完成/返回】，然后在【封合】菜单中选择【顶平面】、【全部环】及【完成】。系统消息栏中提示 选取或创建一平面，盖住闭合的体积块。同时弹出【封

图 10-40 【边界曲面】菜单

图 10-41 选择顶面盖住体积块

闭环】菜单，选取如图 10-41 所示的顶面盖住闭合的体积块。

（11）系统弹出【封合】菜单，选择【顶平面】、【选取环】，单击【完成】，消息栏提示 ⇨选取或创建一平面，盖住闭合的体积块。，再次选取顶面。在弹出的菜单中依次选择【确定】→【完成参考】→【完成/返回】。

图 10-42 演示轨迹

（12）单击绘图区右侧的 ✔ 按钮，则系统成功创建体积块。

（13）单击【演示轨迹】，系统弹出【演示路径】菜单，再单击【屏幕演示】，单击 ▶ 按钮，模拟演示如图 10-42 所示。

选择菜单中的【完成序列】，完成体积块 NC 工序的创建，单击 💾 存盘。

5．切除多余的材料

（1）在【加工】菜单中选择【材料切减材料】，然后在弹出的【NC 序列列表】菜单中选择前面创建的体积块，接着在系统弹出的【材料删除】菜单中选择【自动】→【完成】，则系统弹出【相交元件】对话框，在模型树窗口中选择工件 10_3work.prt。

（2）此时【相交元件】对话框中的设置如图 10-43 所示，单击【确定】按钮。完成材料切除，如图 10-44 所示。

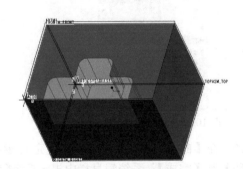

图 10-43 【相交元件】对话框

图 10-44 材料切除

10.4　轮廓铣削——凸轮加工

轮廓铣削可以用来粗加工或精加工垂直或倾斜度不大的表面，所选择的加工表面必须能够形成连续的刀具路径，采用等高线的方式沿着几何曲面分层切削。这种工序主要用于精加工垂直或倾斜度不大的轮廓表面，不能加工各种水平表面。

轮廓加工采用刀具的侧刃铣削曲面轮廓。选用不同大小、形状的各种铣刀，可以进行不同曲面轮廓的加工。一般来说，采用两轴半联运功能的数控铣床即可完成轮廓的铣削加工。

对轮廓铣削影响较大的参数如下。

（1）步长深度：表示每一次的切削深度。如果希望一次完成轮廓全深度的加工则可以使参数 STEP_DEPTH 的值大于轮廓的厚度。

（2）数量_配置_通过和轮廓增量：前者为切削轮廓的次数，后者为层间厚度。在余量较大不能一次完成切削的情况下，可以采用这两个参数。

下面以凸轮加工为例，来说明 Pro/NC 轮廓铣削的操作方法。

1．设计参考模型

启动 Pro/E，使用 mmns_part_solid 模板，建立如图 10-45 所示的名称为 10_4.prt 的拉伸实体，实体的拉伸高度为 10。

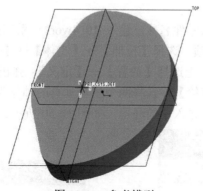

图 10-45　参考模型

2．新建制造模型

启动 Pro/E 后，单击主菜单中的 □ 按钮，则系统弹出【新建】对话框，在【类型】分组中选取【制造】，在【子类型】分组框中选取【NC 组件】，使用 mmns_mfg_nc 模板，制造文件的名称为"10_4"。

3．设置参照模型及工件

（1）在系统弹出的【制造】菜单中选择【制造模型】，在弹出的【制造模型】菜单中选择【装配】，然后在弹出的【制造模型类型】菜单中选择【参照模型】，如图 10-46 所示。

（2）在系统弹出的【打开】对话框中，选择前面所创建的 10_4.prt 文件并打开。系统自动调入 10_4.prt 参照模型，如图 10-47 所示。

（3）系统在区下方弹出装配操作板  放置 移动 挠性 属性 。单击【放置】，在【约束类型】菜单的下拉菜单中选择【缺省】。此时装配操作板中的【状态】显示为【完全约束】，则系统自动确定参照模型在空间的装配位置。

（4）单击装配操作板 中的 按钮，参照模型已安装好。

图 10-46　选择菜单

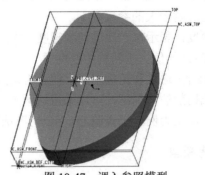

图 10-47　调入参照模型

（5）在【制造模型】菜单中选择【创建】，然后在弹出的【制造模型类型】菜单中选择【工件】，如图 10-48 所示。

（6）系统消息框提示输入零件名称，输入 10_4work，系统弹出【特征类】→【实体】，选择【伸出项】，弹出实体选项，选择【拉伸】→【实体】→【完成】。

（7）在下方弹出的操作板上选择【放置】→【定义】，弹出【草绘】窗口，选择参照模型顶面为草绘平面→单击【草绘】→选择两个相互垂直的轴作为参照轴，如图 10-49 所示，然后单击【关闭】按钮。系统进入草绘环境，如图 10-50 所示。

图 10-48　依次选取菜单方式

图 10-49　选择两个参照平面

（8）通过前面的模型【偏移一条边来创建图元】草绘工件草图，在【选择偏距边】中选

第 10 章 数控加工——Pro/NC

中【环】，选取模型的边界，消息框提示 → 于箭头方向输入偏距[退出]，输入数值为3，单击☑确定。再单击主菜单中的☑完成草绘，系统自动退出草绘界面。

（9）观查绘图窗口是黄色箭头的指向，单击操作板中的⚒可以改变箭头的方向，使其指向原模型内部，并输入拉伸深度值为10，最后单击操作板中的☑按钮。系统成功创建制造模型，如图 10-51 所示。

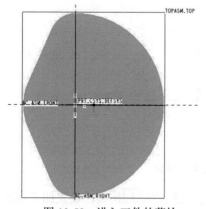

图 10-50　进入工件的草绘

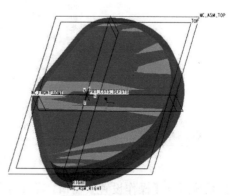

图 10-51　制造模型

4. 制造设置

（1）在【制造模型】菜单中选择【完成/返回】，系统弹出【制造】菜单。单击【制造设置】选项，系统弹出【操作设置】窗口。

（2）单击【NC 机床】后面的🖳按钮，系统弹出【机床设置】对话框，将机床名称设置为 MILL01，机床类型为【铣削】，轴数为【3轴】，其他默认，如图 10-52 所示。

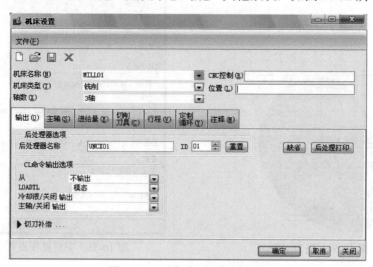

图 10-52　【机床设置】对话框

（3）依次单击【切削刀具】选项卡，然后单击【切削刀具设置】图标🔲，输入刀具名称 TOOL001，其他参数如图 10-53 所示，依次单击【应用】按钮→【确定】按钮→【确定】按钮。

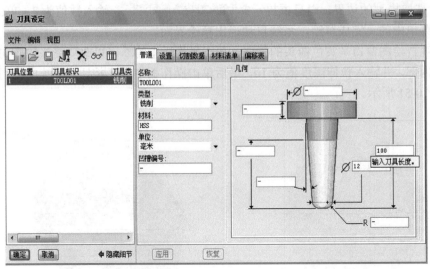

图 10-53 【刀具设定】对话框

（4）系统返回【操作设置】窗口，单击【加工零点】后的 按钮，设置加工零点，在特征树中选择创建工件的坐标，即工件坐标系。

（5）系统返回【操作设置】窗口，单击【曲面】后面的 按钮，出现【退刀设置】对话框，退刀设置及退刀平面创建参考图 10-27。在【操作设置】对话框中，单击加工零点和退刀曲面后面的 预览按钮，单击【确定】按钮。系统返回操作设置，单击【确定】按钮→【完成/返回】完成设置，如图 10-54 及图 10-55 所示。

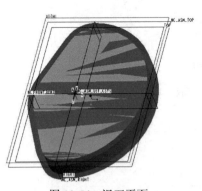

图 10-54 退刀平面

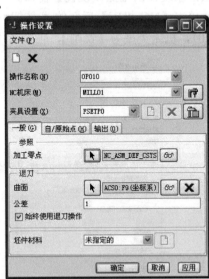

图 10-55 完成操作设置

5. 加工方法设置

（1）在完成操作之后，系统回到【制造】菜单。在【制造】菜单中依次选择【加工】→【NC 序列】。系统弹出【辅助加工】菜单，选择【加工】/【轮廓】/【3 轴】→【完成】。系统弹出【序列设置】菜单，选择【刀具】、【参数】、【曲面】→【完成】。菜单选择如图 10-56 所示。

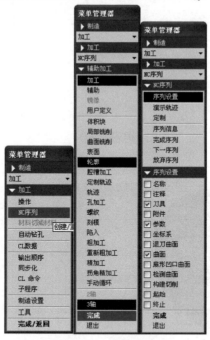

图 10-56　菜单选择

（2）系统弹出【刀具设定】对话框，选择前面设置好的相应刀具 TOOL001，单击【确定】按钮。

（3）系统弹出【编辑序列参数"剖面铣削"】对话框，设置各参数如图 10-57 所示。

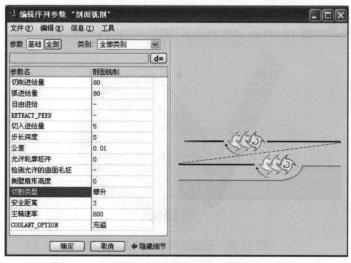

图 10-57　【编辑序列参数"剖面铣削"】对话框

（4）在【制造参数】菜单中单击【完成】，系统弹出的【曲面拾取】，再选择【模型】→【完成】。系统弹出【选取曲面】菜单，同时消息栏提示 选取要加工模型的曲面。，选取模型的各个连续侧面作为要加工模型的曲面，如图 10-58 所示。

（5）在【曲面/环】菜单中选择【曲面】→【完成】，如图 10-59 所示。系统弹出【选取曲面】菜单，单击【完成/返回】。

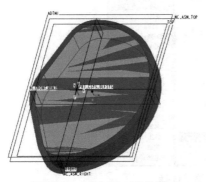

图 10-58　选取加工模型曲面　　　　　　　　　　图 10-59　选取加工模型曲面

6. 演示刀具路径

（1）在【NC 序列】菜单中单击【演示轨迹】，在【演示路径】菜单中选择【屏幕演示】。

（2）系统弹出【播放路径】对话框，单击 ▶ 按钮，系统开始在屏幕上动态演示刀具加工的路径，如图 10-60 所示为刀具其中的一个走刀加工位置。

图 10-60　轮廓铣削加工的刀具路径

由图 10-60 可以看出，刀具在 Z 方向分两次走刀，在轮廓法向一次走刀。若法向要分层切削，可以通过参数高级设置【数量_配置_通过】和【轮廓增量】来完成，【数量_配置_通过】表示法向走刀次数，【轮廓增量】表示两次走刀之间的法向距离。

现在将法向走刀设置为两次走刀，依次选择【序列设置】→【参数】→【完成】，弹出如图 10-57 所示对话框，单击【参数】后的【全部】按钮，显示出全部加工参数。设置参数【数量_配置_通过】为 2，【轮廓增量】为 1，如图 10-61 所示。

图 10-61　设置参数

单击【演示轨迹】→【屏幕演示】→单击 ▶ 按钮。模拟演示新刀具路径如图 10-62 所示。

图 10-62　新刀具路径

这种情况下的加工顺序由参数【铰接轨迹扫描】决定，该参数有两个选项：【路径_由_路径】、【逐层切面】。其中，【路径_由_路径】是在整个切削深度上完成一层，再法向进刀完成第二层的切削；【逐层切面】是先在一个步长深度上完成所有法向余量的切削，再进一个步长深度切削。

7. 查看过切检测

（1）在【演示路径】菜单选择【过切检测】，系统弹出【选取曲面】菜单。消息栏提示给过切检测选取曲面或面组。。

（2）选择所有加工的连续侧表面，然后在【选取曲面】菜单中选择【完成/返回】，在【曲面零件选择】菜单中选择【完成/返回】，接下来在【过切检测】菜单中选择【运行】。系统会在信息栏显示过切检测的运行结果，如图 10-63 所示。

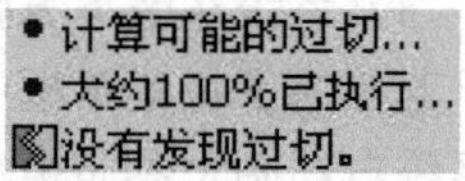

- 计算可能的过切…
- 大约100%已执行…
- 没有发现过切。

图 10-63　过切检测运行结果

（3）在【过切检测】菜单中选择【完成/返回】，在【制造检测】中单击【完成/返回】。

（4）在【NC 序列】中单击【完成序列】→【加工】→【完成/返回】。

完成了轮廓铣削的全部过程。

带斜度的轮廓面加工的设置方法与垂直轮廓面的设置一样。

10.5 腔槽加工——型腔精加工

腔槽加工可用于铣削腔槽中包含的水平面、垂直面或倾斜曲面。它一般要求所选择的加工曲面必须能够形成连续的刀具轨迹。

腔槽铣削主要用于零件的精加工，如在粗加工的体积块铣削之后进行的精加工铣削。它的走刀路线的设计将直接影响到加工零件的精度。腔槽铣削主要适用于具有各种腔槽类特征的零件加工。

腔槽加工中腔槽侧面边界的铣削方法类似于轮廓铣削加工；腔槽底部的铣削方法类似于体积块铣削加工中的底面铣削。

腔槽加工中采用的刀具一般为平底立铣刀。

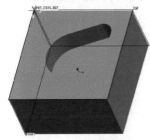

图 10-64 参考模型

下面以型腔精加工为例，来说明了 Pro/NC 腔槽加工的操作方法。

1. 设计参考模型

启动 Pro/E 后，使用 mmns_part_solid 模板，建立名为 10_5.prt 的零件模型，单击【确定】按钮。

建立如图 10-64 所示的拉伸实体，实体的拉伸高度为 10，选择主菜单中的【文件】→【保存】命令，保存建立的参考模型。

2. 新建制造模型

启动 Pro/E 后，单击主菜单中的▢按钮，则系统弹出【新建】对话框，在【类型】选取【制造】，【子类型】选取【NC 组件】，在【名称】文本框中输入文件名 10_5，去掉【使用缺省模板】前面的对钩，单击【确定】按钮。在弹出的文件选项中使用 mmns_mfg_nc 模板，单击【确定】按钮。

3. 设置参照模型及工件

（1）在系统弹出的【制造】菜单中选择【制造模型】，在弹出的【制造模型】菜单中选择【装配】，然后在弹出【制造模型类型】菜单中选择【参照模型】。

（2）在系统弹出的【打开】对话框中，选择前面创建的 10_5.prt 文件并打开。系统自动调入 10_5.prt 参照模型。

（3）系统在区下方弹出装配操作板 ▢ 放置 移动 挠性 属性 。单击【放置】菜单，在【约束类型】菜单的下拉菜单框中单击【缺省】。此时装配操作板中的【状态】显示为【完全约束】，则系统自动确定参照模型在空间的装配位置。单击装配操作板▢▢❚✓✕中的✓按钮完成参照模型装配。

（4）在【制造模型】菜单中选择【装配】，然后弹出【制造模型类型】菜单，在菜单中单击【工件】，系统弹出文件浏览器。选中之前已经创建好的工件 10_5work.prt，单击【打开】按钮。

（5）系统调入 10_5work 工件，如图 10-65 所示。

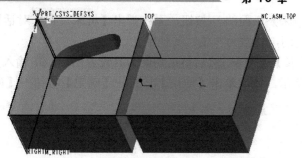

图 10-65 调入工件

（6）单击操作板中的【放置】，在【约束类型】中选择【对齐】。在设计窗口中分别选择模型中对应的三个面，将【偏移】设置为【重合】，此时【状态】栏显示为【完全约束】，如图 10-66 所示。

（7）单击装配操作板 中的 按钮则完成工件装配。系统弹出【制造模型】菜单，单击【完成/返回】。制造模型如图 10-67 所示。

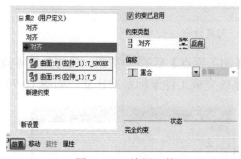

图 10-66 放置工件

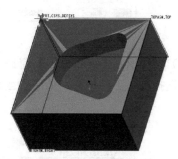

图 10-67 装配工件

4. 制造设置

（1）完成制造模型设置之后，单击【制造设置】，系统弹出【操作设置】对话框，如图 10-68 所示。

图 10-68 操作设置

（2）单击【NC 机床】后面的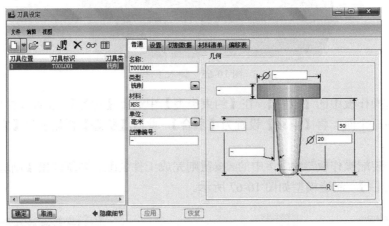按钮，系统弹出【机床设置】对话框，将机床名称设置为 MILL01，类型为铣削，轴数为 3 轴，其他默认。

（3）单击【切削刀具】选项卡，然后单击切削刀具设置图标，输入刀具名称 TOOL001，其他参数如图 10-69 所示，依次单击【应用】按钮→【确定】按钮→【确定】按钮。

图 10-69　刀具设定

（4）系统返回【操作设置】窗口，单击【加工零点】后的按钮，设置加工零点。在特征树中选择创建工件坐标，即工件坐标系，系统完成工件坐标系的建立，如图 10-70 所示。

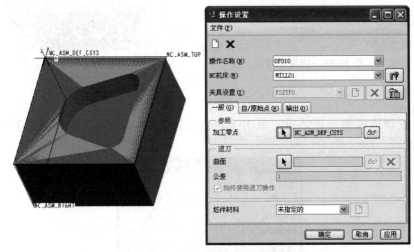

图 10-70　创建加工零点

（5）系统返回【操作设置】窗口，单击【曲面】后的按钮，出现【退刀设置】对话框，退刀设置及退刀平面创建参考图 10-27。在【操作设置】对话框中单击【确定】按钮，系统返回【操作设置】对话框，单击【确定】按钮→【完成/返回】完成设置。

5. 加工方法设置

（1）在完成上面操作设置之后，系统返回到【制造】菜单。在【制造】菜单中依次选择【加工】→【NC 序列】。系统弹出【辅助加工】菜单，选择【加工】/【腔槽加工】/【3 轴】→

【完成】。系统弹出【序列设置】菜单，选择【刀具】、【参数】、【曲面】→【完成】。菜单选择如图 10-71 所示。

（2）系统弹出【刀具设定】对话框，选择前面设置好的刀具 TOOL001，单击【确定】按钮。

（3）系统弹出【编辑序列参数"容器铣削"】对话框，设置各参数如图 10-72 所示。

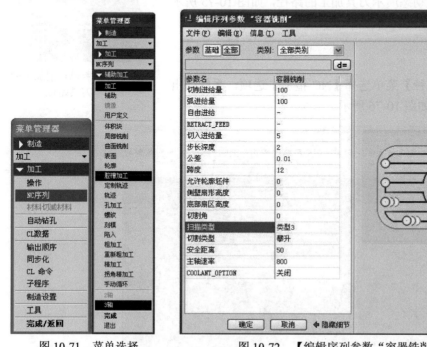

图 10-71　菜单选择　　　　　图 10-72　【编辑序列参数"容器铣削"】对话框

（4）在【制造参数】菜单中单击【完成】，系统弹出的【曲面拾取】菜单，选择【模型】→【完成】。系统弹出【选取曲面】菜单，同时消息栏提示 选取要加工模型的曲面。，选取模型的底面及各个连续侧面作为要加工模型的曲面，如图 10-73 所示。

（5）在【选取曲面】菜单中单击【完成/返回】，系统返回到【NC 序列】菜单，如图 10-74 所示。

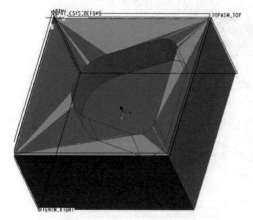 

图 10-73　选取加工模型曲面　　　　图 10-74　NC 序列菜单

6. 演示刀具路径

（1）在【NC 序列】菜单中选择【演示轨迹】，在【演示路径】菜单中选择【屏幕演示】。

（2）系统弹出【播放路径】对话框，单击 ▶ 按钮，则系统开始在屏幕上动态演示刀具加工的路径，如图 10-75 所示为刀具其中的一个走刀加工位置。

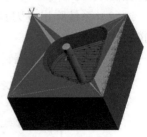

图 10-75　腔槽铣削加工的刀具路径

7. 观察仿真加工

（1）在【演示路径】菜单选择【NC 检测】选项，系统弹出 NC 检测模拟窗口，如图 10-76 所示。

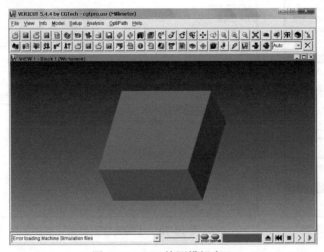

图 10-76　NC 检测模拟窗口

（2）单击右下角的 ▶ 按钮，开始仿真加工，如图 10-77 所示。

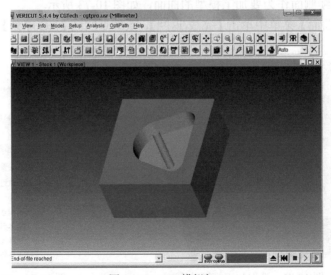

图 10-77　NC 模拟加工

10.6　曲面铣削——曲面型腔加工

曲面铣削是 Pro/NC 中功能强大，走刀路线灵活的铣削加工方法。通过设置适当的参数，可以完成平面铣削、轮廓铣削、块铣削、曲面铣削等。尤其对曲面加工来说，可以借助其提供的非常灵活的走刀选项来实现不同曲面特征的加工要求。

在曲面铣削中通过【切削定义】对话框定义刀具路径，如图 10-78 所示。定义刀具路径共有 4 个选项：【直线切削】、【自曲面等值线】、【切削线】、【投影切削】。

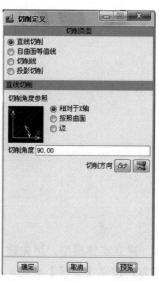

图 10-78　【切削定义】对话框

1.【直线切削】

尽管名为【直线切削】，但实际的刀具路径既可以是直线也可以是曲线。它的下级选项有 3 个：

（1）【相对于 X 轴】——刀具路径和 X 轴的夹角，其默认值由参数切削角度决定，可以在切削角度右侧的输入窗口中输入不同的值来改变方向。

（2）【按照曲面】——选中该项，系统提示选择平面，刀具路径将和选取中的平面平行。

（3）【边】——选中该项，系统提示选择棱线，刀具路径将和被选中的直棱线平行。

用【直线切削】定义的刀具路径具有以下特点：

（1）彻底铣削被加工面。如果被加工面的边界是开放的，刀具将超出边界 1 个半径值。

（2）被加工面内部的突起部分会被自动避开。如果有加工余量的话，会自动应用于侧壁。

2.【自曲面等值线】和【直线切削】的区别

【自曲面等值线】和【直线切削】的区别在于：前者在加工多个面时，可以分别设定各面的走刀方向，这样各面的走刀方向可以不同；而后者在加工多个面时，各面的走刀方向必须一致。所以前者具有更大的灵活性。

当选中【自曲面等值线】选项时，定义窗口如图 10-79 所示。选取的被加工面的代号列在窗口中。若选中其中一个面，则主窗口中该面上出现一个箭头标志走刀方向。单击定义窗口左下角的按钮，可以改变走刀方向，单击下方带箭头的按钮可以改变加工面的顺序。各面的方向和顺序确定后，单击【确定】按钮，结束设置。

下面以曲面型腔加工为例，来说明 Pro/NC 曲面铣削的操作方法。

如图 10-80 所示的零件，以该零件为参照模型创建一个制造文件，利用曲面铣削加工方法完成曲面部分的粗加工。

1. 设计参考模型

启动 Pro/E 后，依次选择主菜单中的【文件】→【新建】命令，使用 mmns_part_solid 模板，名称为 10_6.prt，单击【确定】按钮。

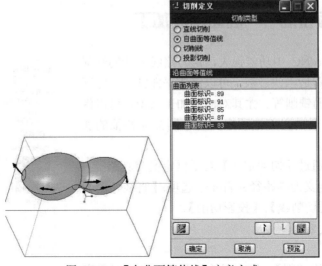

图 10-79 【自曲面等值线】定义方式

建立实体模型，可先建立拉伸实体，拉伸实体为 150×100×80mm。再以【去除材料】的方式建立【旋转】实体，模型建立完成后选择主菜单中的【文件】→【保存】命令，保存建立的参考模型。

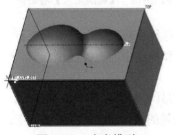

图 10-80 参考模型

2．新建制造模型

启动 Pro/E 后，单击主菜单中的 ❑ 按钮，则系统弹出【新建】对话框，在【类型】分组中选取【制造】，在【子类型】分组中选取【NC组件】，在【名称】文本框中输入文件名"10_6"，去掉【使用缺省模板】前面的对钩，单击【确定】按钮。在弹出的文件选项中使用 mmns_mfg_nc 模板，单击【确定】按钮。

3．设置参照模型及工件

（1）在系统弹出的菜单中依次选择【制造】→【制造模型】→【装配】→【参照模型】选项。然后在系统弹出的【打开】对话框，选择前面所创建的 10_6.prt 文件并打开，系统自动调入 10_6.prt 参照模型。再在装配操作板 📋 放置 移动 挠性 属性 中单击【放置】，在【约束类型】下拉菜单框中选择【缺省】。此时装配操作板中的【状态】显示为【完全约束】，则系统自动确定参照模型在空间的装配位置，如图 10-81 所示。

（2）单击装配操作板 📋⊡Ⅱ☑✕ 中的☑按钮完成参照模型装配。

（3）在【制造模型】菜单中选择【装配】选项，然后在弹出的【制造模型类型】菜单中选择【工件】选项。系统弹出打开文件的浏览窗口，双击打开已经创建好的文件 10_6work.prt，系统将 10_6work 工件调入空间，如图 10-82 所示。

（4）单击操作板中的【放置】，在【约束类型】中选择【对齐】。在设计窗口中分别选择模型中对应的三个面，将【偏移】设置为【重合】，此时【状态】栏显示为【完全约束】，如图 10-83 所示。

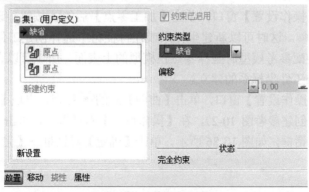

图 10-81　放置参照模型

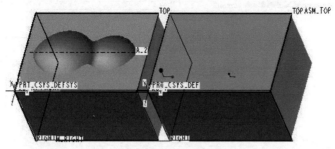

图 10-82　调入工件

（5）单击装配操作板 中的 按钮完成工件装配。系统弹出【制造模型】菜单，单击【完成/返回】。制造模型如图 10-84 所示。

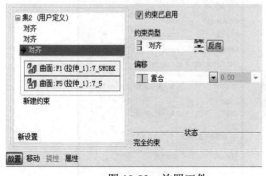

图 10-83　放置工件

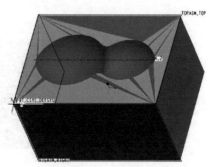

图 10-84　制造模型

4. 制造设置

（1）在【制造模型】菜单中选择【完成/返回】，系统弹出【制造】菜单。单击【制造设置】选项，系统弹出【操作设置】对话框。

（2）单击【NC 机床】后面的 按钮，系统弹出【机床设置】对话框，将机床名称设置为 MILL01，类型为铣削，轴数为 3 轴，其他默认。

（3）依次单击【切削刀具】选项卡，然后单击【切削刀具设置】图标 ，输入刀具名称 TOOL001，其他参数如图 10-85 所示，依次单击【应用】按钮→【确定】按钮，系统返回【机床设置】对话框，单击【确定】按钮。

（4）系统返回【操作设置】窗口，单击【加工零点】后的■按钮，设置加工零点，同时消息栏提示→选取坐标系。，这时可以新建坐标系或在特征树中选择创建工件的坐标，即工件坐标系，因我们这里装配参考模型时坐标零点在模型的上表面，所以可以直接在特征树中选择坐标零点，系统完成工件坐标系的建立。

（5）系统返回【操作设置】窗口，单击【曲面】后的■按钮，出现【退刀设置】对话框，退刀设置及退刀平面创建参考图 10-27，在【操作设置】对话框中，单击【确定】按钮。系统返回【操作设置】对话框，如图 10-86 所示，单击【确定】对话框→【完成/返回】完成设置。

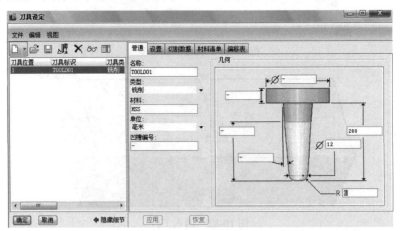

图 10-85　刀具设定

图 10-86　创建加工零点

5. 加工方法设置

（1）在完成操作之后，系统回到【制造】菜单。在【制造】菜单中依次选择【加工】→【NC 序列】。系统弹出【辅助加工】，选择【加工】/【曲面铣削】/【3 轴】→【完成】。系统弹出【序列设置】，选择【刀具】、【参数】、【曲面】、【定义切割】→【完成】。菜单选择如图 10-87 所示。

（2）系统弹出【刀具设定】对话框，选择前面设置好的相应刀具 TOOL001，单击【确定】按钮。

图 10-87　菜单选择

（3）系统弹出【编辑序列参数"曲面铣削"】对话框，按图 10-88 所示设置各参数。可以在对话框中选择【文件】→【另存为】保存设置的加工参数。

（4）在【制造参数】菜单中单击【完成】，系统弹出【曲面拾取】菜单，选择【模型】→【完成】。系统弹出【选取曲面】菜单，同时消息栏提示 ⇨选取要加工模型的曲面。，选取模型的加工曲面，如图 10-89 所示。

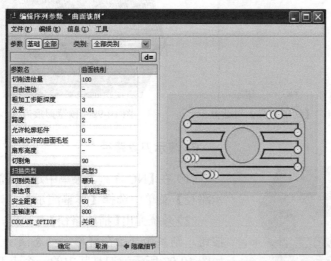

图 10-88　【编辑序列参数"曲面铣削"】对话框

（5）在【曲面/环】菜单中选择【完成】，系统弹出【选取曲面】菜单，选择【完成/返回】，

如图 10-90 所示。

（6）在上一步【完成/返回】之后，系统弹出如图 10-91 所示的【切削定义】对话框，设置对话框中的参数，【切削角度】设为 90，单击【预览】按钮，可以预览退刀平面的刀具轨迹，如图 10-92 所示。

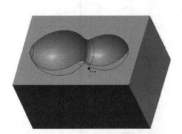

图 10-89　选取加工模型曲面

图 10-90　选取加工模型曲面

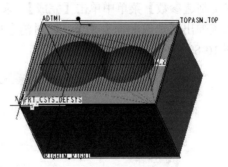

图 10-91　【切削定义】对话框

图 10-92　预览刀痕方向

6. 演示刀具路径

（1）在【NC 序列】菜单中选择【演示轨迹】，在【演示路径】菜单中选择【屏幕演示】。

（2）系统弹出【播放路径】对话框，单击 ▶ 按钮，则系统开始在屏幕上动态演示刀具加工的路径，如图 10-93 所示为刀具其中的一个走刀加工位置。

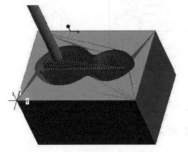

图 10-93　曲面铣削加工的刀具路径

10.7　轨迹铣削——曲线槽加工

轨迹加工是以扫描方式，使刀具沿着用户所设定的任意轨迹扫描刀具以进行铣削加工。

轨迹铣削可以用来铣削特别的沟槽，此时刀具的外形需要根据欲加工的沟槽来定义，即用成型刀具沿着设定的刀具轨迹对特别的沟槽或外形进行加工。

对于 2 轴轨迹铣削加工的刀具路径，可以草绘或选取代表刀位点的轨迹曲线。该曲线必须位于垂直于 NC 序列坐标系 Z 轴的平面上。刀具沿此轨迹进行单次切削走刀。用户还可以相对于最终刀具轨迹利用水平偏移创建多个轨迹铣削层切面。

对于 3 轴轨迹加工，既可使用标准刀具，也可使用定制功能，通过交互方式指定刀具控制点的轨迹。

下面以曲线槽加工为例，来说明 Pro/NC 轨迹铣削的操作方法。

如图 10-94 所示的零件，以该零件为参照模型建一个制造文件，利用轨迹铣削加工方法完成零件沟槽部分的铣削加工。

图 10-94　参考模型

1. 设计参考模型

启动 Pro/E 后，使用 mmns_part_solid 为模板，输入名称 10_7.prt 建立零件模型。

> 小提示：建立零件模型时，可先建立拉伸实体，拉伸实体为 100×100×30mm。再以扫描切口方式建立沟槽。

2. 建立制造模型

（1）启动 Pro/E 后，单击主菜单中的 按钮，则系统弹出【新建】对话框，在【类型】分组中选取【制造】，在【子类型】分组中选取【NC 组件】，在【名称】文本框中输入文件名"10_7"，去掉【使用缺省模板】前面的对钩，单击【确定】按钮。在弹出的文件选项中使用 mmns_mfg_nc 模板，单击【确定】按钮。

（2）然后在系统弹出菜单中依次选择【制造】→【制造模型】→【装配】→【参照模型】选项。在系统弹出的【打开】窗口中双击打开前面所创建的 10_7.prt 零件，系统自动调入 10_7.prt 参照模型。

（3）系统在区下方弹出装配操作板 放置 移动 挠性 属性 。单击【放置】，在【约束类型】

菜单的下拉菜单中单击【缺省】按钮。此时装配操作板中的【状态】显示为【完全约束】,则系统自动确定参照模型在空间的装配位置。然后单击装配操作板□□Ⅱ✓×中的✓按钮。

(4) 在【制造模型】菜单中选择【装配】,再在弹出的【制造模型类型】菜单中选择【工件】。系统弹出打开文件浏览窗口,选择已经创建好的工件 10_7work.prt ,单击【打开】按钮。系统将 10_7work 工件调入空间,如图 10-95 所示。

(5) 单击操作板中的【放置】,在【约束类型】中选择【对齐】。在设计窗口中分别选择模型中对应的三个面,将【偏移】设置为【重合】,此时【状态】栏显示为【完全约束】。

(6) 单击装配操作板□□Ⅱ✓×中的✓按钮则安装好工件。系统弹出【制造模型】菜单,单击【完成/返回】。制造模型如图 10-96 所示。

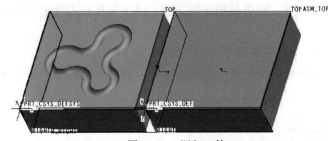

图 10-95 调入工件

图 10-96 制造模型

3. 制造设置

(1) 在【制造模型】菜单中选择【完成/返回】,系统弹出【制造】菜单。单击【制造设置】,系统弹出【操作设置】,再单击【NC 机床】后面的■按钮,系统弹出【机床设置】对话框,将机床名称设置为 MILL01,类型为铣削,轴数为 3 轴,其他默认。

(2) 在上面的【机床设置】对话框单击【切削刀具】选项卡,再单击【切削刀具设置】图标■,输入刀具名称 TOOL002,此处必须使用仿形刀具,由于沟槽的直径为 8,所以此处应选择直径为 8 的球头刀具,其他参数如图 10-97 所示,依次单击【应用】按钮→【确定】按钮,系统返回【机床设置】对话框,单击【确定】按钮。

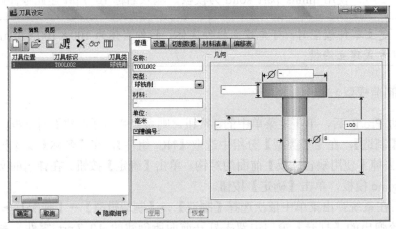

图 10-97 刀具设定

(3) 系统返回【操作设置】窗口,单击【加工零点】后的■按钮,设置加工零点,同时消息栏提示➡选取坐标系。,这时可以新建坐标或在特征树中选择创建工件的坐标,即工件坐标

系。由于这里装配参考模型时坐标零点在模型的上表面，所以可以直接在特征树中选择坐标系，系统完成工件坐标系的建立，如图 10-98 所示。

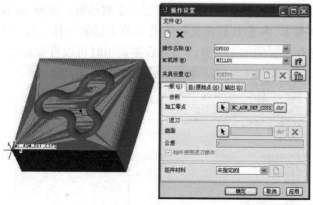

图 10-98　创建加工零点

（4）系统返回【操作设置】窗口，单击【曲面】后的■按钮，出现【退刀设置】对话框，退刀设置及退刀平面创建参考图 10-27。

（5）在【操作设置】对话框中单击【确定】按钮。弹出【制造设置】，单击【完成/返回】完成设置。

4．加工方法设置

（1）在完成操作之后，系统回到【制造】菜单。在【制造】菜单中依次选择【加工】→【NC 序列】。系统弹出【辅助加工】，选择【加工】/【定制轨迹】/【3 轴】→【完成】。系统弹出【序列设置】，选择【刀具】、【参数】→【完成】。菜单选择如图 10-99 所示。

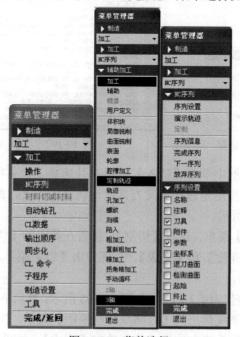

图 10-99　菜单选择

（2）系统弹出【刀具设定】对话框，选择前面设置好的相应刀具 TOOL002，如图 10-97 所示，单击【确定】按钮。

（3）系统弹出【编辑序列参数"定制轨迹铣削"】对话框，按图 10-100 所示设置各参数。所示设置各【制造参数】，各参数的含义和前面几节中讲的一样。可以在对话框中选择【文件】→【另存为】保存设置的加工参数，当以后需要用时可以直接检索到此参数。

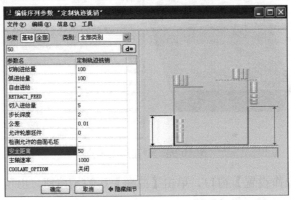

图 10-100 【编辑序列参数"定制轨迹铣削"】对话框

（4）在该对话框中单击【确定】，系统同时弹出的【定制】对话框和【CL 数据】窗口，主要是为了定制刀具运动的轨迹，如图 10-101 和图 10-102 所示。在【CL 数据】窗口中显示有关 CL 数据文件的信息。

图 10-101 【定制】对话框

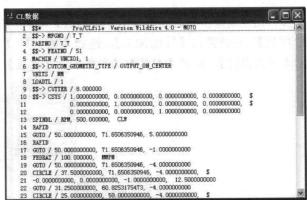

图 10-102 【CL 数据】窗口

（5）在【定制】对话框中单击【插入】按钮并且选择下拉菜单为【自动切削】。系统弹出【交互轨迹】菜单，其作用是选择定义刀具运动轨迹的方式，此处选择【曲线】，然后单击【完成】，如图 10-103 所示。

（6）系统弹出【切割】菜单，选择【切割】，接着在弹出的【切减材料】菜单中选择【曲线】、【方向】、【偏距】、【高度】和【完成】。系统弹出【链】菜单，选择【依次】/【选取】，菜单选择如图 10-104 所示。

（7）选择沟槽边的轨迹作为走刀轨迹，如图 10-105 所示。然后单击【链】菜单中的【完成】。

（8）选定走刀轨迹后系统弹出的【内部减材料偏距】菜单，注意观察空间模型中红色箭头的指向，选择【左】使箭头指向沟槽一侧，单击【完成】，如图 10-106 所示。

图 10-103 交互轨迹

图 10-104 菜单选择

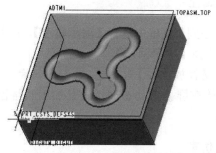

图 10-105 选择轮廓边界

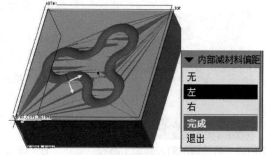

图 10-106 选择轮廓边界

（9）系统弹出切割【高度】设定菜单，单击【Z 轴深度】，系统消息栏提示
输入关于NC序列坐标系的高度[退出]，输入值为-4，单击✓按钮，系统弹出【高度】菜单，单击【完
成/返回】，系统会显示刀尖的走刀轨迹线，如图 10-107 所示。菜单选择如图 10-108 所示。

图 10-107 刀尖路径

图 10-108 菜单选择

（10）接着在【切割】菜单中选择【确认切减材料】，如图 10-109 所示。【定制】对话框
中的内容如图 10-110 所示，同时【CL 数据】窗口中也已经自动计算出刀具切削时的运动轨
迹数据，单击【定制】对话框中的【确定】按钮，完成刀具路径定义。

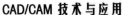 

CAD/CAM 技术与应用

图 10-109　确认切减材料

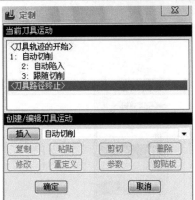

图 10-110　【定制】对话框

5. 演示刀具路径

（1）在【NC 序列】菜单中选择【演示轨迹】，在【演示路径】菜单中选择【屏幕演示】。

（2）系统弹出【播放路径】对话框，单击 ▶ 按钮，则系统开始在屏幕上动态演示刀具加工的路径，如图 10-111 所示。

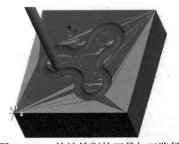

图 10-111　轨迹铣削的刀具加工路径

6. 观察加工仿真

（1）在【演示路径】菜单中选择【NC 检测】，系统弹出加工仿真界面。在菜单中单击 ▣ 按钮，开始仿真加工，如图 10-112 所示。

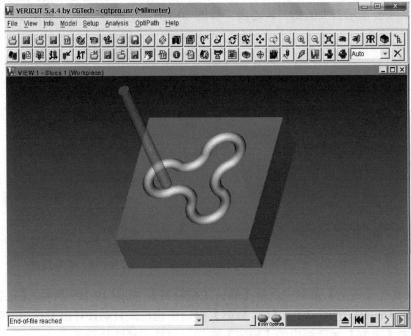

图 10-112　仿真轨迹加工

（2）在菜单【NC 序列】中单击【完成序列】→【加工】→【完成/返回】。

完成了轨迹铣削的全部设计过程。

在主菜单中单击【文件】→【保存】命令或直接单击工具栏中 ⬚ 按钮，则系统弹出【保存对象】对话框，直接单击【保存对象】对话框中的【确定】按钮，将文件以原来的名称保存。

10.8　孔加工——圆盘孔系加工

孔加工主要用于各类孔系零件的加工，主要包括钻孔、镗孔、铰孔和攻丝等。

在进行孔加工时，根据不同的孔所制定的加工工艺不同，所用的刀具也将不同，如钻孔时使用中心钻、镗孔时使用镗刀、铰孔时使用铰刀、攻丝时使用丝锥。

孔加工一般由相似的几个步骤完成，为了简化对这些动作的描述，把整个加工过程放在一个"孔集"中，由此形成孔加工固定循环指令。

在进行孔加工时需要考虑刀具的走刀路线，在确定刀具走刀路线时，一般原则是使刀具走刀时间最短和刀具定位准确。

在数控机床的孔加工循环中一般都具有一个参考面、一个间隙平面和一个主轴坐标轴。参考平面可以是工件表面或其上某一固定高度的平面。间隙平面平行于参考平面，位于参考平面一个基本高度上方，这个平面就是在孔到孔进行定位移动时的移动平面。主轴坐标轴一般是正交于参考平面，对于多数机床来说，主轴坐标轴一般为 Z 轴。参考平面和间隙平面平行于 XY 平面。

孔加工循环的基本运行步骤为：

（1）将刀具快速移动到孔轴线的正上方。

（2）将刀具从孔轴线正上方快速移动到间隙平面。

（3）主轴以切削速度进给到加工深度。

（4）在孔底进行相应的动作。

（5）以进给速度或快速将主轴退回到间隙平面。

（6）快速移动到初始点位置。

下面以圆盘孔系加工为例，来说明 Pro/NC 孔加工的操作方法。

参照模型如图 10-113 所示，工件如图 10-114 所示，要求以该零件为参照模型创建一个制造文件，对零件上均匀分布的六个孔进行加工。

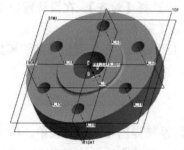
图 10-113　参照模型

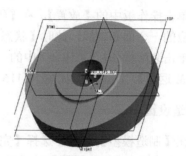
图 10-114　工件

1. 设计参考模型

启动 Pro/E 后，使用 mmns_part_solid 模板，建立名为 10_8.prt 的零件模型，单击【确定】按钮。

建立实体模型，可先建立拉伸实体，拉伸实体是外直径为 200mm、内孔直径为 50mm、高度为 40mm 的圆柱体。再通过"孔特征"及"阵列"等方式创建各孔，模型建立完成后选择主菜单中的【文件】→【保存】命令，保存建立的参考模型。

2. 建立制造模型

（1）启动 Pro/E 后，使用 mmns_mfg_nc 模板建立名为"10_8"制造模型，然后单击【确定】按钮。

（2）在系统弹出的【制造】菜单中选择【制造模型】，在弹出的【制造模型】菜单中选择【装配】，然后在弹出【制造模型类型】菜单中选择【参照模型】。在系统弹出的【打开】对话框中选择前面已经创建好的 10_8.prt 文件并打开。系统自动调入 10_8.prt 参照模型。

（3）系统在区下方弹出装配操作板 放置 移动 挠性 属性 。单击【放置】菜单，在【约束类型】菜单的下拉菜单框中单击【缺省】按钮。此时装配操作板中的【状态】显示为【完全约束】，则系统自动确定参照模型在空间的装配位置。

（4）单击装配操作板中的 按钮，完成参照模型装配。

（5）在【制造模型】菜单中选择【装配】，然后在弹出的【制造模型类型】菜单中选择【工件】按钮。系统弹出打开文件浏览窗口，选择已经创建好的工件名 10_8work.prt ，单击【打开】按钮。系统将 10_8work 工件调入空间后，如图 10-115 所示。

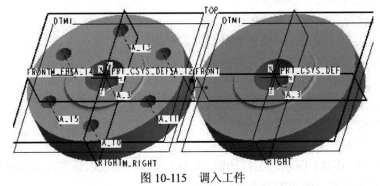

图 10-115　调入工件

（6）单击操作板中的【放置】，在【约束类型】中选择【对齐】。在设计窗口中分别选择模型中对应的一个面和轴线，此时【状态】栏显示为【完全约束】。

（7）单击装配操作板中的 按钮完成工件装配。系统弹出【制造模型】菜单，单击【完成/返回】。制造模型如图 10-116 所示。

3. 制造设置

（1）在【制造模型】菜单中选择【完成/返回】，系统弹出【制造】菜单。单击【制造设置】选项，系统弹出【操作设置】对话框，再单击【NC 机床】后面的 按钮，系统弹出【机床设置】对话框，将机床名称设置为 MILL01，类型为铣削，轴数为 3 轴，其他默认。

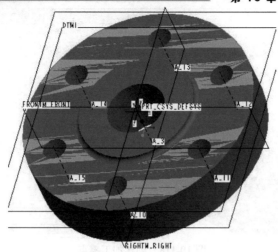

图 10-116　制造模型

（2）依次单击【切削刀具】选项卡，然后单击【切削刀具设置】图标，输入刀具名称 TOOL001，【类型】设置为【中心钻孔】，由于孔的直径为 20，所以此处的刀具直径设为 20，其他参数如图 10-117 所示，依次单击【应用】按钮→【确定】按钮，系统返回【机床设置】对话框，单击【确定】按钮。

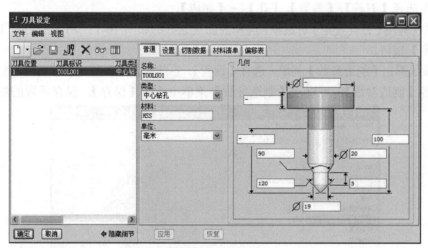

图 10-117　刀具设定

（3）系统返回【操作设置】对话框，单击【加工零点】后的按钮，设置加工零点，同时消息栏提示➡选取坐标系，这时可以直接在特征树中选择坐标零点，系统完成工件坐标系的建立，如图 10-118 所示。

（4）系统返回【操作设置】对话框，单击【退刀】后的按钮，建立退刀平面，依次单击【退刀选取】→【退刀曲面选项】→【沿 Z 轴】，然后输入 Z 轴深度 10，单击【确定】按钮。

（5）在【操作设置】对话框中单击【确定】按钮。弹出【制造设置】菜单，单击【完成/返回】完成设置。

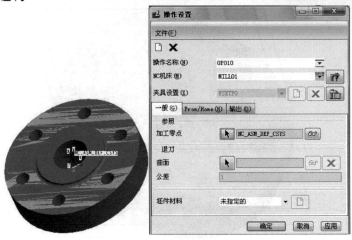

图 10-118 创建加工零点

4. 加工方法设置

（1）在完成操作之后，系统回到【制造】菜单。在【制造】菜单中依次单击【加工】→【NC 序列】。系统弹出【辅助加工】菜单，选择【加工】/【孔加工】/【3 轴】→【完成】。系统弹出【孔加工】菜单，选择【钻孔】/【标准】→【完成】，然后系统弹出【序列设置】菜单，在其中选择【刀具】、【参数】、【孔】→【完成】。

（2）系统弹出【刀具设定】对话框，选择前面设置好的如图 10-117 所示的刀具 TOOL001，单击【确定】按钮。

（3）系统弹出【制造参数】菜单，选择【设置】。系统弹出【参数树】对话框，按图 10-119 所示设置各【制造参数】，可以在【制造参数】菜单中选择【保存】，保存设置的加工参数。

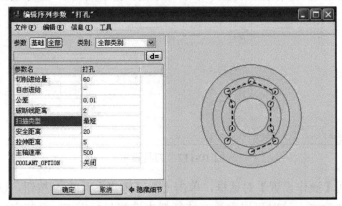

图 10-119 【编辑序列参数"打孔"】对话框

（4）在【制造参数】菜单中单击【完成】选项，系统弹出的【孔集】对话框，选择【直径】选项卡，然后单击【添加】按钮，如图 10-120 所示。

（5）系统弹出【选取孔直径】对话框，选择直径为 20 的孔，如图 10-121 所示，再单击【确定】按钮。

（6）在【孔集】对话框中单击【深度】按钮，则系统弹出【孔集深度】对话框，如图 10-122 所示，可以看到【孔深度】有【盲孔】、【自动】和【穿过所有】三种定义方式，此处选择【自

动】，然后单击【确定】按钮。

（7）系统返回到【孔集】对话框，再单击【确定】按钮，系统弹出【孔】菜单，再选择
【完成/返回】。

图 10-120　【孔集】对话框

图 10-121　选取孔直径

5. 演示刀具路径

（1）在【NC 序列】菜单中选择【演示轨迹】，在【演示路径】菜单中选择【屏幕演示】。

（2）系统弹出【播放路径】对话框，单击▶按钮，则系统开始在屏幕上动态
演示刀具加工的路径，如图 10-123 所示。

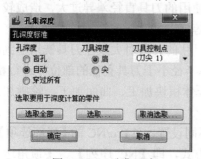

图 10-122　孔集深度

图 10-123　孔加工的屏幕演示

6. 观察加工仿真

（1）在【演示路径】菜单中选择【NC 检测】选项，系统弹出加工仿真界面。

（2）菜单中单击▶按钮，开始加工仿真，如图 10-124 所示。

（3）在【NC 序列】中单击【完成序列】→【加工】→【完成/返回】。

到此便完成了孔加工的全部设计过程。

在主菜单中单击【文件】→【保存】命令或直接单击工具栏中🖫按钮，则系统弹出【保
存对象】对话框，直接单击【保存对象】对话框中的【确定】按钮，将文件以原来的名称
保存。

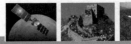

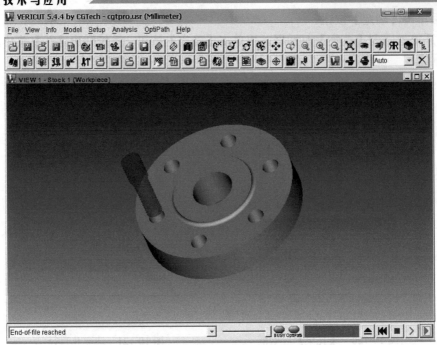

图 10-124　仿真轨迹加工

10.9　局部铣削——模具型腔清根

局部铣削是 Pro/NC 模块中提供的清根加工方法。通过局部铣削加工可以得到更大的材料切削量，同时还可以避免两不同的加工程序所使用的刀具直径差异过大，造成较小直径的刀具在切削时负荷大于设计量而造成震动或断刀等问题。

局部铣削通过配置加工参数，可以使用较小尺寸的刀具对大尺寸刀具铣切不到的根部、圆角或内外轮廓中曲率半径小于刀具直径的部位等进行精加工。

局部铣削一般用于体积块加工、曲面加工、轮廓加工、腔槽加工等 NC 序列之后。

根据加工区域的不同设置，在 Pro/NC 的【局部选项】菜单中，系统提供了 4 种加工方式，即【NC 序列】、【顶角边】、【根据先前刀具】及【铅笔描绘踪迹】，如图 10-125 所示。

① 【NC 序列】：该选项用于去除体积块、轮廓、曲面或另一局部铣削 NC 序列之后所剩下的材料。通常情况下，所使用的刀具直径应比先前工序所用的刀具直径小。

图 10-125　局部选项菜单

② 【顶角边】：通过选取边指定一个或多个要清除的拐角。系统将根据 CORNER_OFFSET 参数值或用户给定的"先前刀具半径"值来计算要去除的材料数量。

③ 【根据先前刀具】：使用较大的刀具进行加工后，计算指定面上的剩余材料，然后使用当前的较小刀具去除材料。先前刀具必须是球头刀具。系统计算完默认的刀具路径后，可选取要加工曲面的一个子集，或者定制这些曲面的加工顺序。

④【铅笔描绘踪迹】：通过沿拐角创建单一走刀路径，清除所选曲面的边。这种加工方式只允许使用球头铣刀。

下面以模具型腔清根为例，来说明 Pro/NC 局部铣削的操作方法。

已知模型 10_9.mfg 已经过体积块铣削加工，要求在此基础上创建局部铣削加工。

1. 打开 10_9.mfg 模型

（1）在主菜单【文件】中单击打开或直接单击 按钮，系统弹出文件打开窗口，找到 10_9 制造组件所在的目录，选中相应的*.mfg 文件后，单击【打开】按钮。

（2）系统成功打开模型必须正确显示模型，且完整显示特征树，如图 10-126 和图 10-127 所示。

图 10-126　完整显示特征树

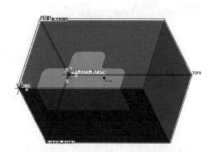

图 10-127　正确显示模型

> **小提示：** 要能够成功打开模型必须在当前目录中包含 4 个文件，其中一个是组件，扩展名为*.ASM，一个是制造文件，扩展名为*.MFG，另外还有两个*.PRT 文件，分别为参照模型和工件。

2. 开始局部铣削加工

（1）在【制造】菜单中选择【加工】，系统弹出【加工】菜单，在其中选择【NC 序列】，系统弹出【NC 序列列表】菜单，在其中选择【新序列】。然后在弹出的【辅助加工】菜单中选择【加工】/【局部铣削】/【3 轴】→【完成】。

（2）系统弹出【局部选项】菜单，在其中选择【NC 序列】→【完成】。

（3）系统弹出【选取特征】菜单，在其中选择【NC 序列】，系统弹出【NC 序列列表】菜单，在其中选择1：体积块铣削，操作：OP010选项，如图 10-128 所示。

（4）系统弹出【选取菜单】菜单，如图 10-129 所示，同时消息栏提示 选取参照体积块铣削NC序列的切割动作。，此时选择【切削运动#1】。

（5）系统弹出【序列设置】菜单，在其中选择【刀具】/【参数】→【完成】。

（6）在弹出的【刀具设定】对话框中，设置第二把刀具 TOOL002 的各参数如图 10-130 所示，设置完后依次单击【应用】按钮→【确定】按钮。

图 10-128 【NC 序列列表】选取　　　　图 10-129 切削动作选取

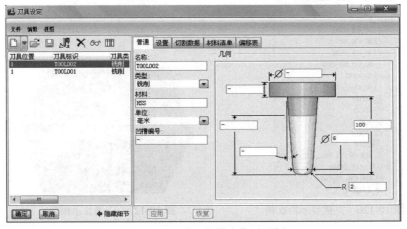

图 10-130 【刀具设定】对话框

（7）系统弹出【制造参数】菜单，在其中选择【设置】，系统弹出【参数树】对话框，按图 10-131 所示设置参数。

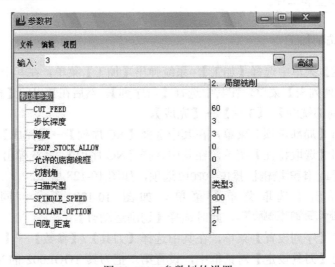

图 10-131 参数树的设置

（8）关闭【参数树】对话框，在【制造参数】菜单中选择【完成】，到此便完成了全部参数的设置。

3. 演示走刀路径

（1）在【NC 序列】菜单中选择【演示轨迹】，在【演示路径】菜单中选择【屏幕演示】。

（2）系统弹出【播放路径】对话框，单击 ▶ 按钮，则系统开始在屏幕上动态演示刀具加工的路径，如图 10-132 所示。

图 10-132　屏幕演示走刀路径

到此便完成了局部铣削的全部设计过程。

在主菜单中单击【文件】→【保存副本】命令，则系统弹出【保存副本】对话框，在【新建名称】文本框中输入"10_9_2"，单击【确定】按钮，系统弹出【组件保存为一个副本】对话框，将其中的模型和工件后都加上"_2"保存为新名称。

10.10　后置处理

Pro/NC 可以生成通用的刀位数据文件，这个文件包含着以 ASCII 码格式存储的刀具运动轨迹和加工工艺参数等很重要的数据信息。但是一般工程上要求被加工对象能够在特定的加工机床上进行加工，这时则需要把刀位数据文件转化为特定机床所配置的数控系统能够识别的数控代码程序，这一转化过程称为 NC 加工的后处理。由于数控系统现在并没有一个统一的标准，各厂商对数控代码功能的规定各不相同，所以，同一个零件在不同的机床上加工，所需要的代码可能是不同的。为了使 Pro/NC 制作的刀位数据文件能够适应不同机床的要求，需要将机床配置的特定数控系统的要求作为一个数据文件存放起来，使系统对刀位数据文件进行后处理时选择此数据文件来满足配置选项的要求，所以此数据文件又叫做选配文件。

这里简单介绍几个概念，对于选配文件的创建等内容本书不做详细讲解，读者若有兴趣可以参见其他相关书籍。

1）后处理器（Postprocessor）

后处理器是一个用来处理由 CAD 或 APT 系统产生的刀位数据文件的应用程序。刀具路径数据文件包含着完成某一个零件加工所需的加工指令，后处理器就是要把这种加工指令解释为特定加工机床所能识别的信息。

2）选配文件（Option File）

选配文件指由选配文件生成器所创建的文件，后处理器在运行期间读入此文件，并把文件中的字符理解为特定的加工控制信息。这些信息包括机床配置、机床控制寄存器(地址和格式)、调用某些功能所需的准备功能代码等。

3）选配文件命名规则

适用于车加工的选配文件为 uncl01.pnn；适用于铣削加工的选配文件为 uncx01.pnn。

此处，nn 为选配文件在创建时被分配的数字标识(ID)。文件内容为 ASCII 格式的文本文件。文件的前两行包含了文件的基本信息，第 1 行包含了文件名、创建此文件的时间和日期以及版本号，第 2 行包含了用户在创建此配置文件时给定的标题，以后在打开此文件时，在文件对话框内将出现此标识。

下面我们以第 10.8 节设置好的孔加工工序为例重点介绍后置处理方法。

（1）启动 Pro/E 后，在主菜单中依次选择【文件】→【打开】命令，则系统弹出【文件打开】对话框，选择第 10.8 节设置好的文件"10_8.mfg"后，单击【打开】按钮。

（2）系统在绘图区调入制造模型，如图 10-133 所示。

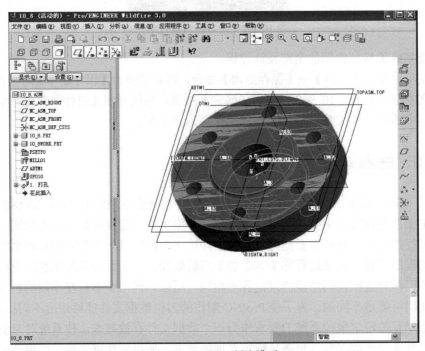

图 10-133　调入制造模型

（3）在弹出的【制造】菜单中依次选择【CL 数据】→【输出】/【选取一】/【操作】，如图 10-134 所示。

（4）系统弹出【选取菜单】菜单，如图 10-135 所示，选择【OP010】。

（5）系统弹出【轨迹】菜单，选择【文件】选项后，在【输出类型】菜单中选择【CL文件】、【MCD 文件】、【交互】和【完成】，如图 10-136 所示。

（6）系统弹出【保存副本】对话框，在【新建名称】文本框中输入文件名称 op010_1,

然后单击【确定】按钮，系统生成刀位文件。

图 10-134　【CL 数据】菜单

图 10-135　【选取菜单】菜单

（7）系统弹出【后置处理选项】菜单，选择【全部】、【跟踪】和【完成】选项。

（8）系统弹出【后置处理列表】菜单，如图 10-137 所示，选择【UNCX01.P11】选项。

图 10-136　【轨迹】菜单

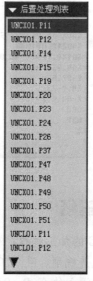

图 10-137　【后置处理列表】

（9）再在系统弹出的程序窗口输入"1"后直接按回车键确认。

（10）系统弹出了如图 10-138 所示的【信息窗口】，该窗口中显示后置处理的各项信息。最后单击【关闭】按钮。此时系统已经在工作目录下生成了"op010_1.cnl"和"op010_1.tap"等文件。

（11）在 Windows 环境下找到"op010_1.tap"文件，将其文件名改为"op010_1.txt"，然

后双击打开可以看到生成的文件，如图 10-139 所示。至此，后置处理操作完成，CL 数据创建完成，并生成了 MCD（机床控制数据）文件。

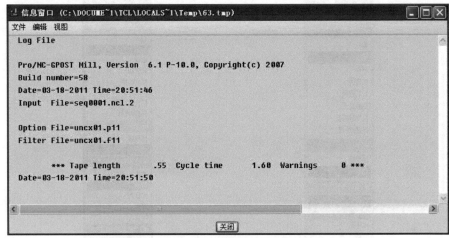

图 10-138 【信息窗口】

图 10-139 NC 程序

知识梳理与总结

本章介绍 Pro/NC 的加工过程、制造模型概念、平面铣削、体积块铣削、轮廓铣削、腔槽加工、曲面铣削、轨迹铣削、孔加工、局部铣削及 Pro/NC 后处理等内容。主要通过实例讲解的方式让大家逐步深入体会 Pro/NC 加工中的操作方法，学完本章之后读者应掌握常用的铣削加工方法的自动编程步骤，理解各种方法的特点及用 Pro/NC 生成 NC 加工程序的方法。

习 题 10

打开随书光盘 .\example\zuoye10 文件夹，分别以文件"zuoye10.prt"与"zuoye10work"为参照模型和工件进行加工，如图 10-140 和图 10-141 所示。要求如下：

（1）以平面铣削加工方式切除工件上表面多余的材料。

（2）以轮廓铣削加工方式切除工件四周多余的材料。

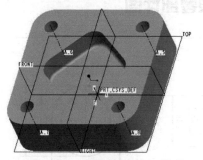

图 10-140 "zuoye10.prt" 模型

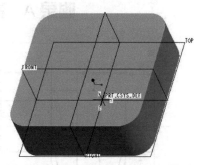

图 10-141 "zuoye10work.prt" 模型

（3）以体积块铣削加工方式切除内部凹槽多余材料。

（4）以腔槽加工方式对工件内部凹槽进行清根精加工。

（5）以孔加工方式对 4 个 ϕ20 的通孔进行加工。

附录 A 真空泵零部件图

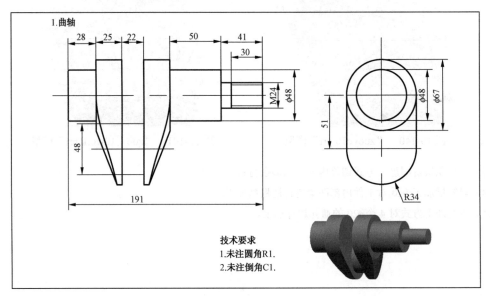

图 A-1 曲轴

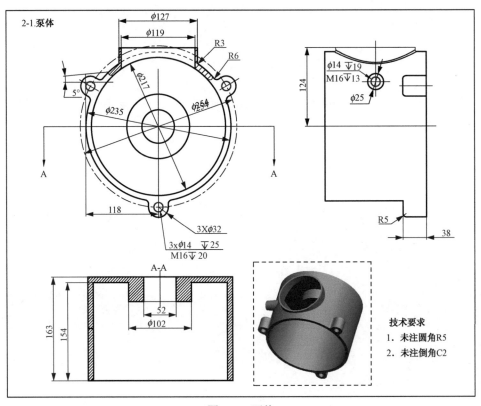

图 A-2 泵体

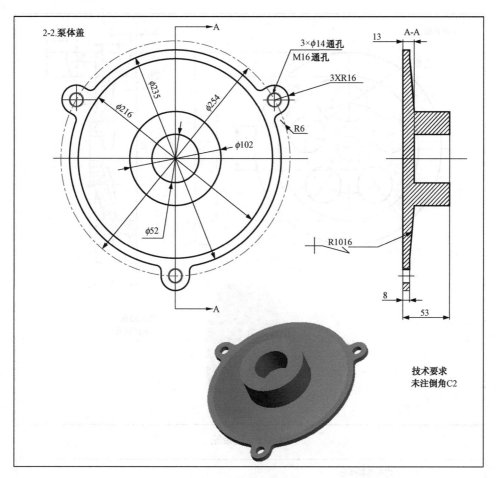

图 A-3　泵体盖

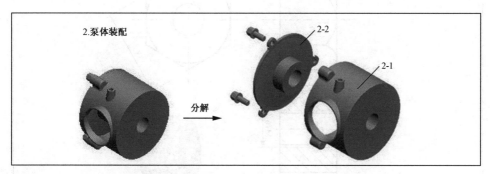

图 A-4　泵体装配

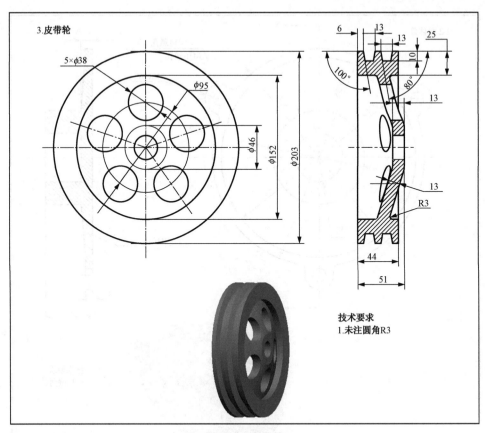

图 A-5　皮带轮

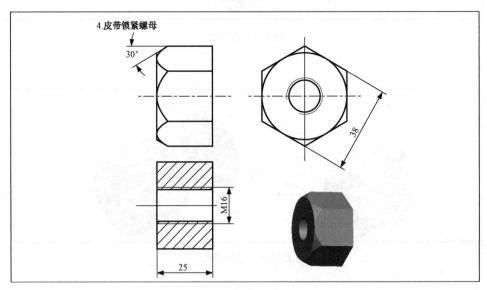

图 A-6　皮带锁紧螺母

5-1.连杆

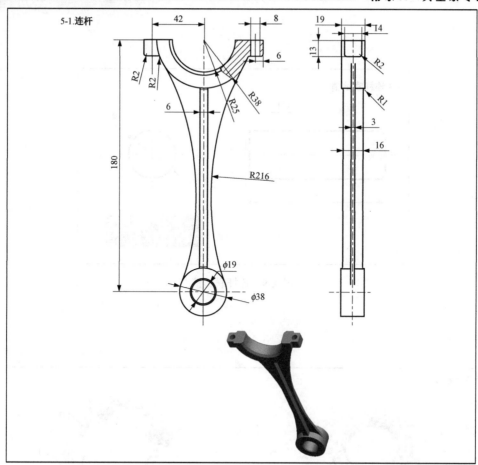

图 A-7　连杆

5-2.连杆盖

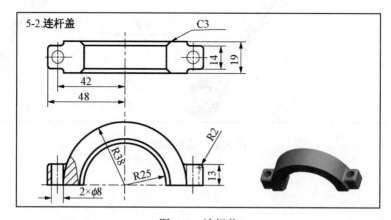

图 A-8　连杆盖

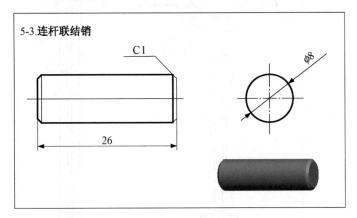

图 A-9　连杆联结销

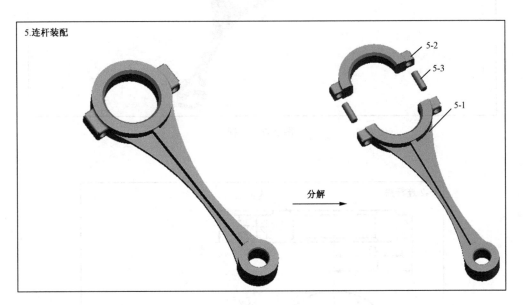

图 A-10　连杆装配

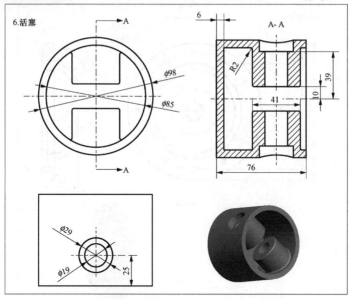

图 A-11 活塞

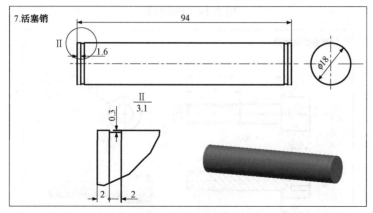

图 A-12 活塞销

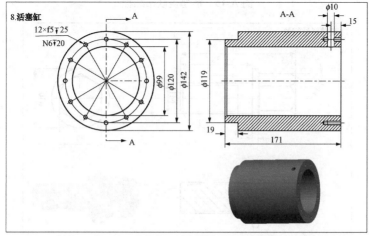

图 A-13 活塞缸

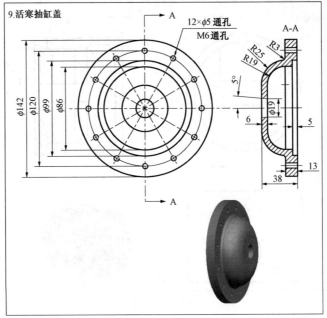

图 A-14　活塞缸盖

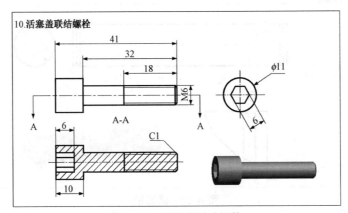

图 A-15　活塞盖联结螺栓

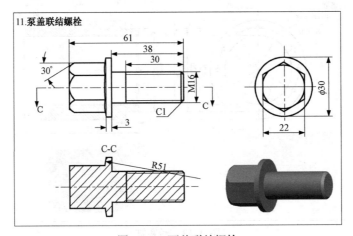

图 A-16　泵盖联结螺栓

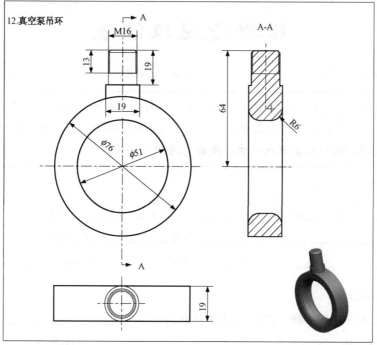

图 A-17　真空泵吊环

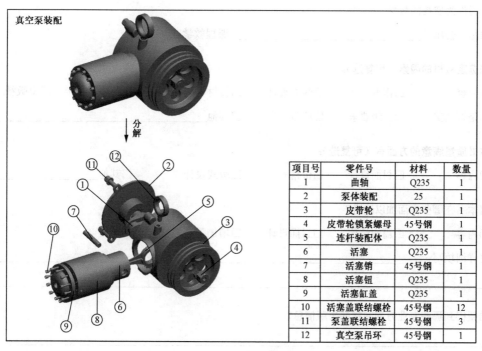

项目号	零件号	材料	数量
1	曲轴	Q235	1
2	泵体装配	25	1
3	皮带轮	Q235	1
4	皮带轮锁紧螺母	45号钢	1
5	连杆装配体	Q235	1
6	活塞	Q235	1
7	活塞销	45号钢	1
8	活塞钮	Q235	1
9	活塞缸盖	Q235	1
10	活塞盖联结螺栓	45号钢	12
11	泵盖联结螺栓	45号钢	3
12	真空泵吊环	45号钢	1

图 A-18　真空泵装配

读者意见反馈表

书名：CAD/CAM 技术与应用　　　　主编：史翠兰　　　　策划编辑：陈健德

　　谢谢您关注本书！烦请填写该表。您的意见对我们出版优秀教材、服务教学，十分重要。如果您认为本书有助于您的教学工作，请您认真地填写表格并寄回。**我们将定期给您发送我社相关教材的出版资讯或目录，或者寄送相关样书。**

个人资料

姓名＿＿＿＿＿年龄＿＿＿＿联系电话＿＿＿＿＿＿＿＿＿（办）＿＿＿＿＿＿＿＿（宅）＿＿＿＿＿＿＿＿（手机）

学校＿＿＿＿＿＿＿＿＿＿＿＿＿＿＿＿＿＿专业＿＿＿＿＿＿＿职称/职务＿＿＿＿＿＿＿＿＿＿

通信地址＿＿＿＿＿＿＿＿＿＿＿＿＿＿邮编＿＿＿＿＿＿E-mail＿＿＿＿＿＿＿＿＿＿＿＿＿＿

您校开设课程的情况为：

本校是否开设相关专业的课程　□是，课程名称为＿＿＿＿＿＿＿＿＿＿＿＿＿＿＿＿　□否

您所讲授的课程是＿＿＿＿＿＿＿＿＿＿＿＿＿＿＿＿＿＿＿＿＿课时＿＿＿＿＿＿＿＿＿＿

所用教材＿＿＿＿＿＿＿＿＿＿＿＿＿＿＿＿出版单位＿＿＿＿＿＿＿＿＿＿印刷册数＿＿＿＿

本书可否作为您校的教材？

□是，会用于＿＿＿＿＿＿＿＿＿＿＿＿＿＿＿＿＿课程教学　　□否

影响您选定教材的因素（可复选）：

□内容　　　□作者　　　□封面设计　　□教材页码　　　□价格　　　□出版社

□是否获奖　□上级要求　□广告　　　　□其他＿＿＿＿＿＿＿＿＿＿＿＿＿＿＿＿＿＿＿

您对本书质量满意的方面有（可复选）：

□内容　　　□封面设计　　□价格　　□版式设计　　　□其他＿＿＿＿＿＿＿＿＿＿＿＿＿

您希望本书在哪些方面加以改进？

□内容　　　□篇幅结构　　□封面设计　　□增加配套教材　　□价格

可详细填写：＿＿＿＿＿＿＿＿＿＿＿＿＿＿＿＿＿＿＿＿＿＿＿＿＿＿＿＿＿＿＿＿＿＿＿＿

＿＿

您还希望得到哪些专业方向教材的出版信息？

＿＿

　　谢谢您的配合，请将该反馈表寄至以下地址。如果需要了解更详细的信息或有著作计划，请与我们直接联系。

通信地址：北京市万寿路 173 信箱　高等职业教育分社　　　邮编：100036

http://www.hxedu.com.cn　　　E-mail:baiyu@phei.com.cn　　　电话：010-88254563